Anatomie
für Künstler

Tom Flint

Anatomie
für Künstler

Ein Standardwerk zur künstlerischen Gestaltung des menschlichen Körpers

GONDROM

Titel der englischen Originalausgabe: *Anatomy for the Artist*

Übersetzung: Dieter Krumbach, Nürnberg

ISBN 3-8112-2094-2

Inhalt

Einleitung

Der menschliche Körper hat schon immer die Künstler inspiriert, und er ist das Thema vieler großer Kunstwerke. Ohne ein sorgfältiges Studium und genaue Beobachtung wären diese Werke allerdings kaum möglich gewesen. Heutzutage scheint der menschliche Körper als künstlerisches Motiv etwas aus der Mode zu kommen. Leider wird dieses Gebiet auch in den Kunstakademien zu Gunsten anderer Kunst- und Designrichtungen etwas vernachlässigt.

Als Künstler sind wir auf die visuelle Information angewiesen, um unsere Gedanken und Ideen umzusetzen. Der menschliche Körper und seine Eigenschaften wurden schon immer von den Künstlern herangezogen, um vielfältigste Vorstellungen auszudrücken. Diese Vorstellungen und Ideen dem Betrachter zu vermitteln zählt zu den anspruchsvollsten Aufgaben der Kunst.

Um Menschen gut zu zeichnen sind sowohl eine scharfe Beobachtungsgabe als auch eine gründliche Kenntnis der menschlichen Anatomie erforderlich. Nicht nur das Auge, auch das Gehirn des Künstlers muss »sehen« können. Dieses Buch soll hierbei helfen, indem die Anatomie des Menschen so dargestellt wird, dass der Künstler wirklich etwas damit anfangen kann. Dabei entsteht stufenweise und anschaulich ein Bild des Körpers ohne zu viel begleitende Theorie. »Anatomie für Künstler« bietet eine rein visuelle Präsentation zum Zeichnen des menschlichen Körpers.

Zunächst studieren wir das Skelett des Menschen, anschließend die Muskulatur. Die äußere Schicht des Körpers – die Haut – ermöglicht es uns, die Besonderheiten einer Person auszudrücken. In jedem Kapitel beginnen wir mit dem Kopf und arbeiten uns nach unten über den Rumpf bis zum Becken. Anschließend betrachten wir die Extremitäten – zuerst Arme und Hände, dann Beine und Füße.

Nachdem wir den Körper von innen nach außen kennen gelernt haben, geht es um Proportionen, Körperhaltungen und die Grundformen der Pose. Die Basistechniken bedingen und unterstützen einander bei der Erfassung von Körperform und der zugrunde liegenden Anatomie. Es gibt verschiedene künstlerische Möglichkeiten, den menschlichen Körper in den verschiedenen Posen für den Betrachter darzustellen.

Zum Schluss geht es um die Zeichnung als Ganzes. Hier wird das bisher Gelernte zusammengefasst und gezeigt, wie wichtig Proportionen und richtige Formen für eine wirkungsvolle Zeichnung sind.

Der menschliche Körper ist eines der komplexesten Gebilde auf unserer Erde; er bietet dem Künstler eine unendliche Vielfalt der Darstellungsmöglichkeiten. Dieses Buch wird Ihnen helfen, bald Ihren eigenen kreativen Stil zu finden.

Das Skelett

Das menschliche Skelett ist ein wunderbares Gebilde ohne Fehler; trotzdem empfinden es viele Menschen als etwas Hässliches, weil es so oft mit dem Tod assoziiert wird. Der Künstler sieht das allerdings völlig anders. Für ihn ist es ein Mittel auszudrücken, was den menschlichen Körper im allgemeinen und ein Individuum im besonderen auszeichnet.

Wenn wir die nackte Person betrachten, sehen wir vom Skelett kaum etwas – höchstens dort, wo sich ein Knochen oder Gelenk unter der Haut abzeichnet. Den Rest kennen wir nur ungenau, als Struktur oder Rahmen für unsere Organe und Gliedmaßen. Für den Künstler ist es wichtig, über diese Struktur und ihre Funktionsweise gut Bescheid zu wissen.

Früher studierten Künstler das Skelett im wesentlichen nur durch ihre Zeichenpraxis. Spätere Generationen erkannten anhand solcher Skizzen die wichtige Rolle, die das Skelett für unser visuelles Verständnis des menschlichen Körpers spielt.

In diesem Kapitel lernen Sie das Skelett abschnittweise von oben nach unten kennen. Sie sehen, wie die einzelnen Teile zusammenhängen und -wirken.

Ansicht von vorn

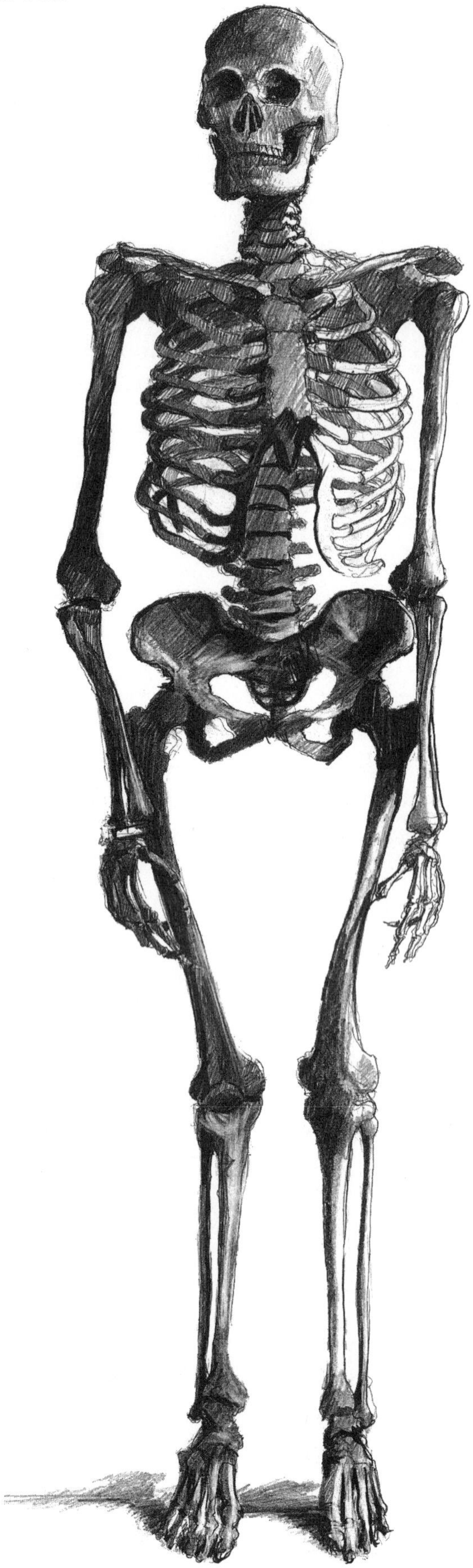

Ansicht von hinten

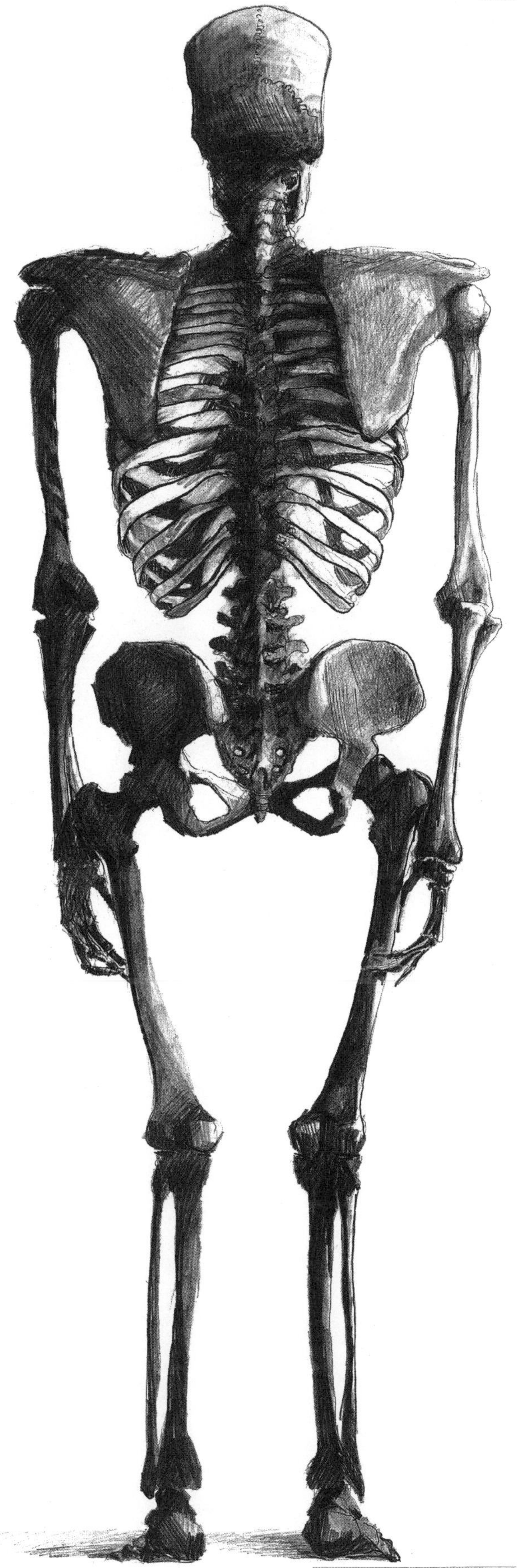

Seitenansicht

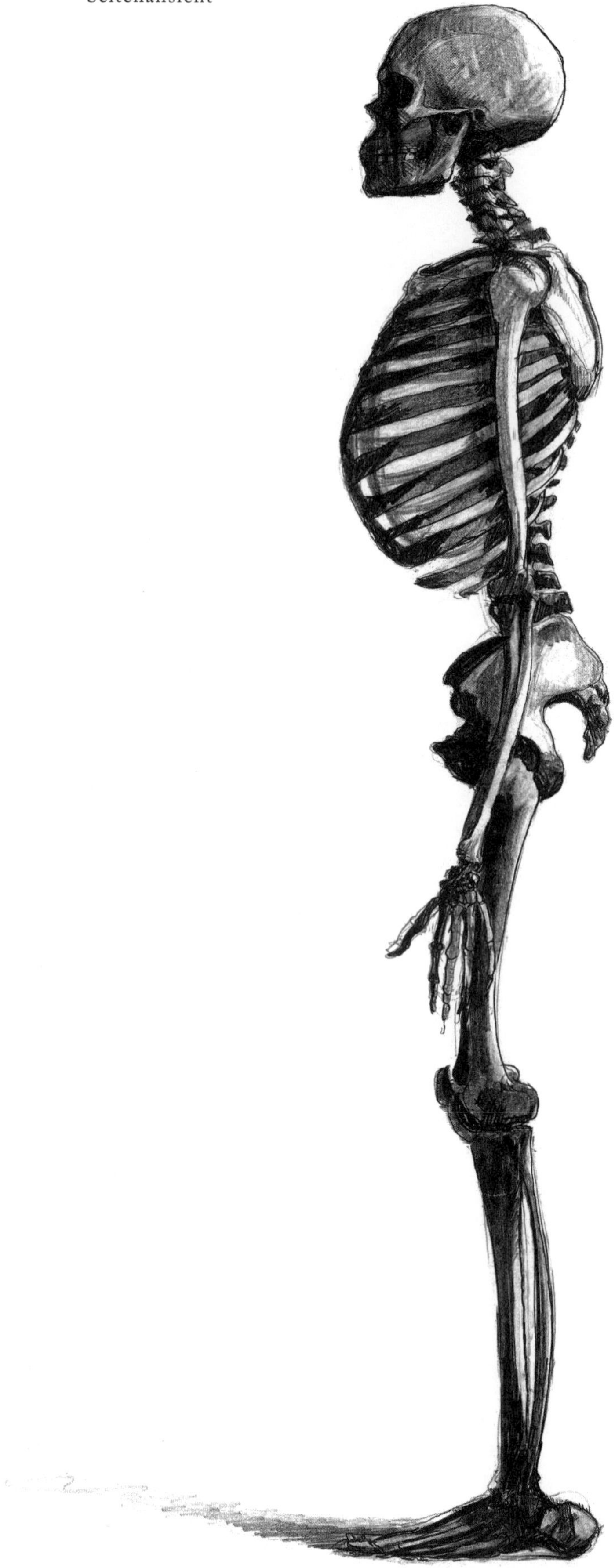

Ansicht von oben

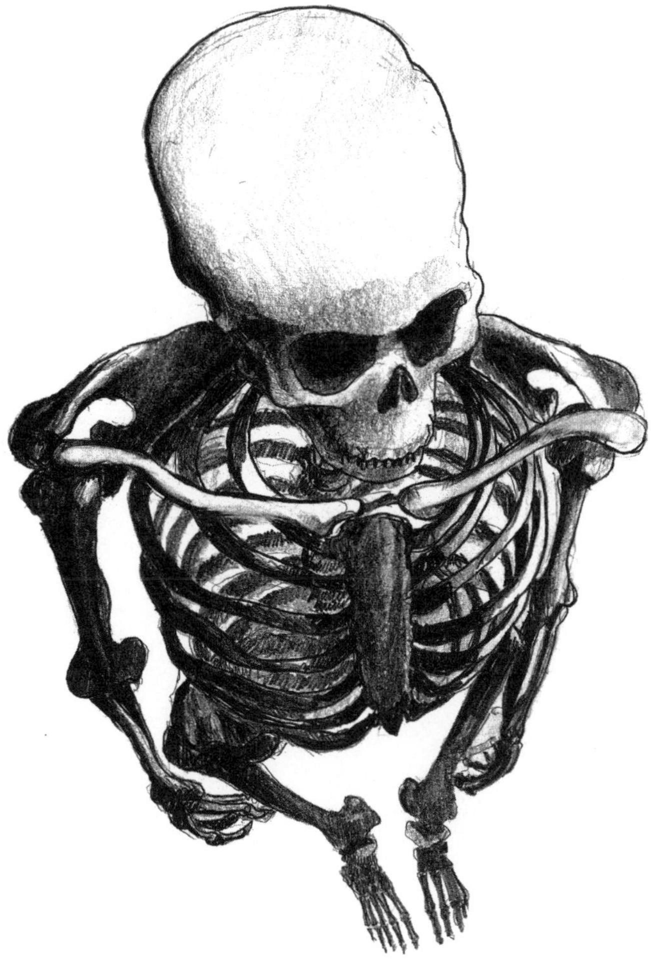

Ansicht von unten

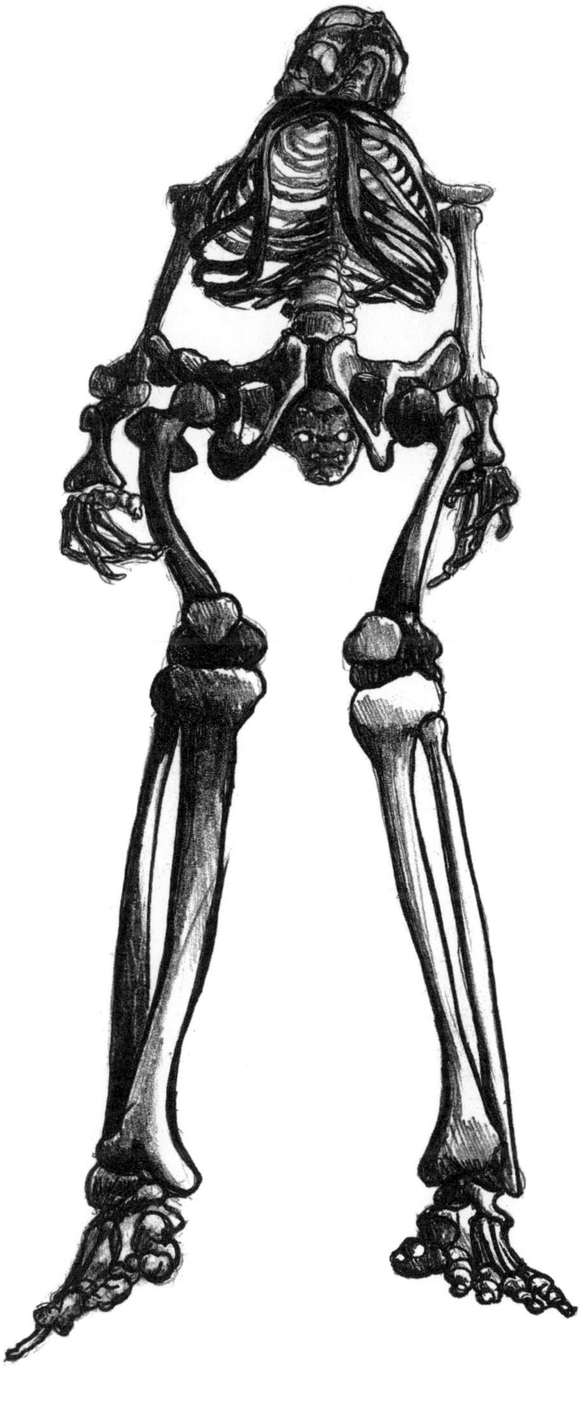

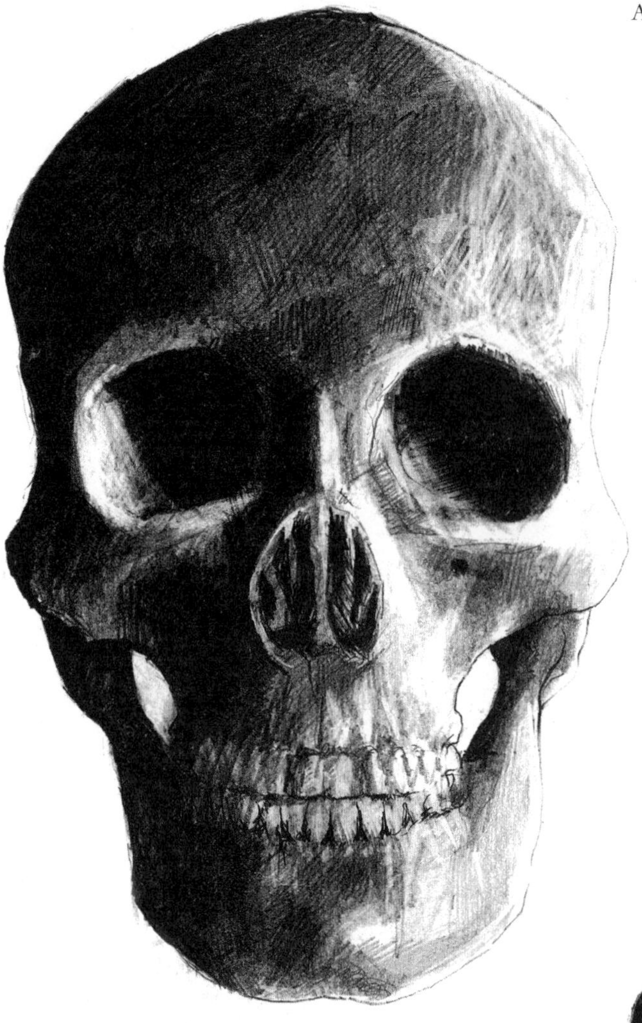

Ansicht von vorn

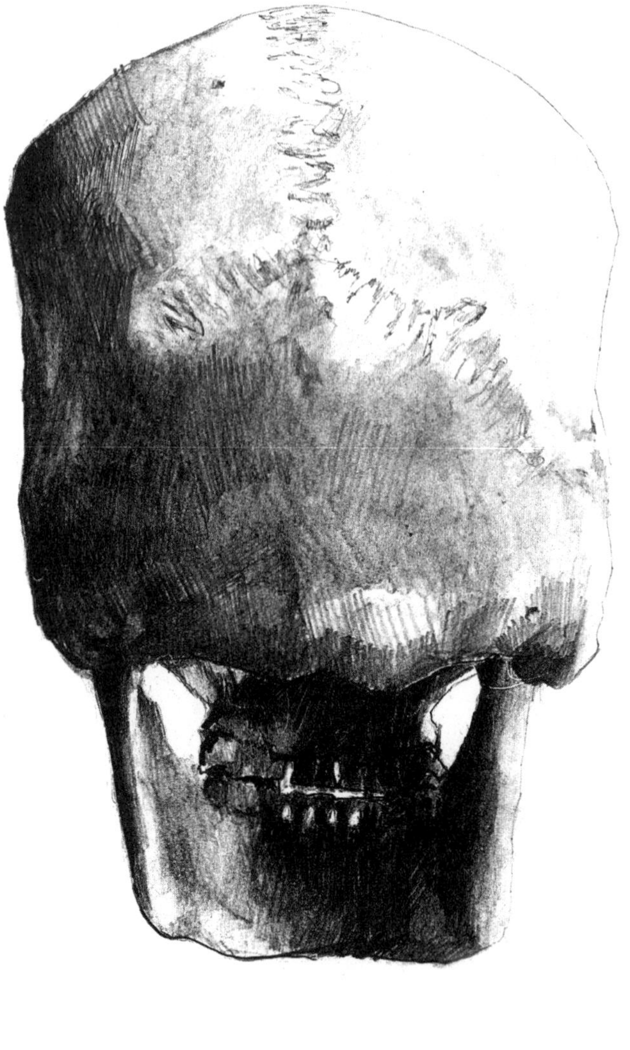

Ansicht von hinten

Seitenansicht

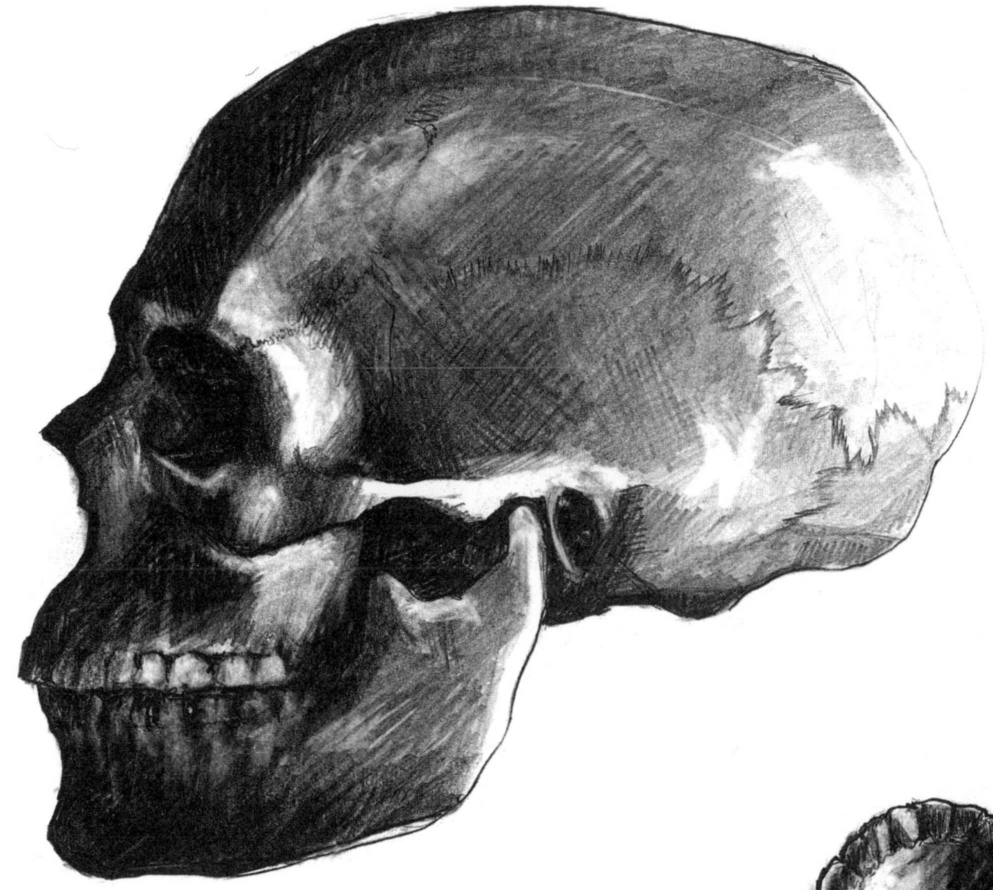

Ansicht von unten

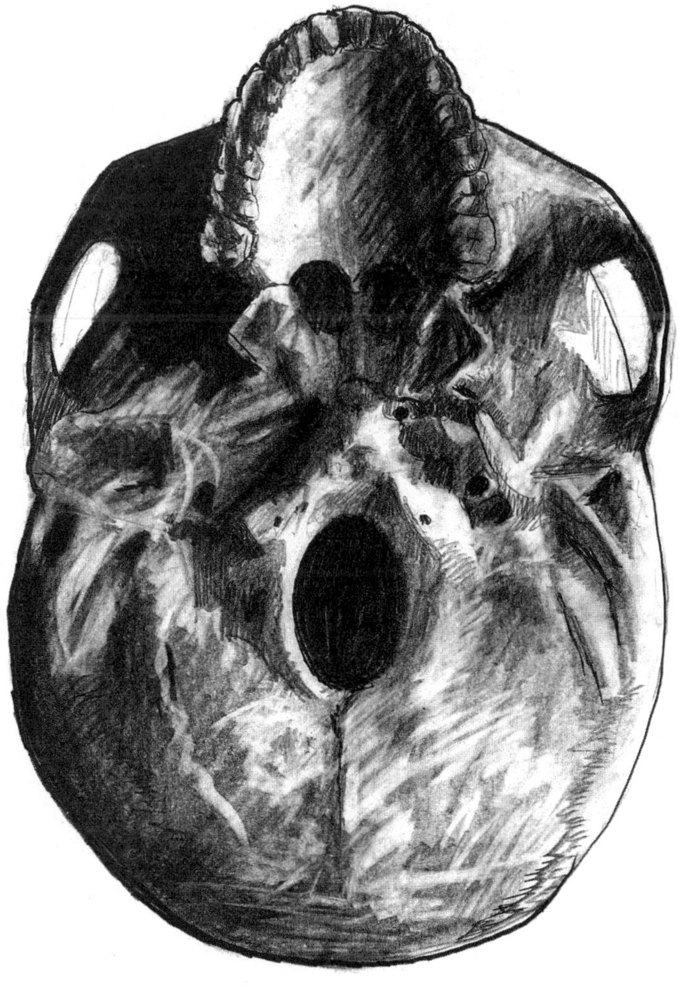

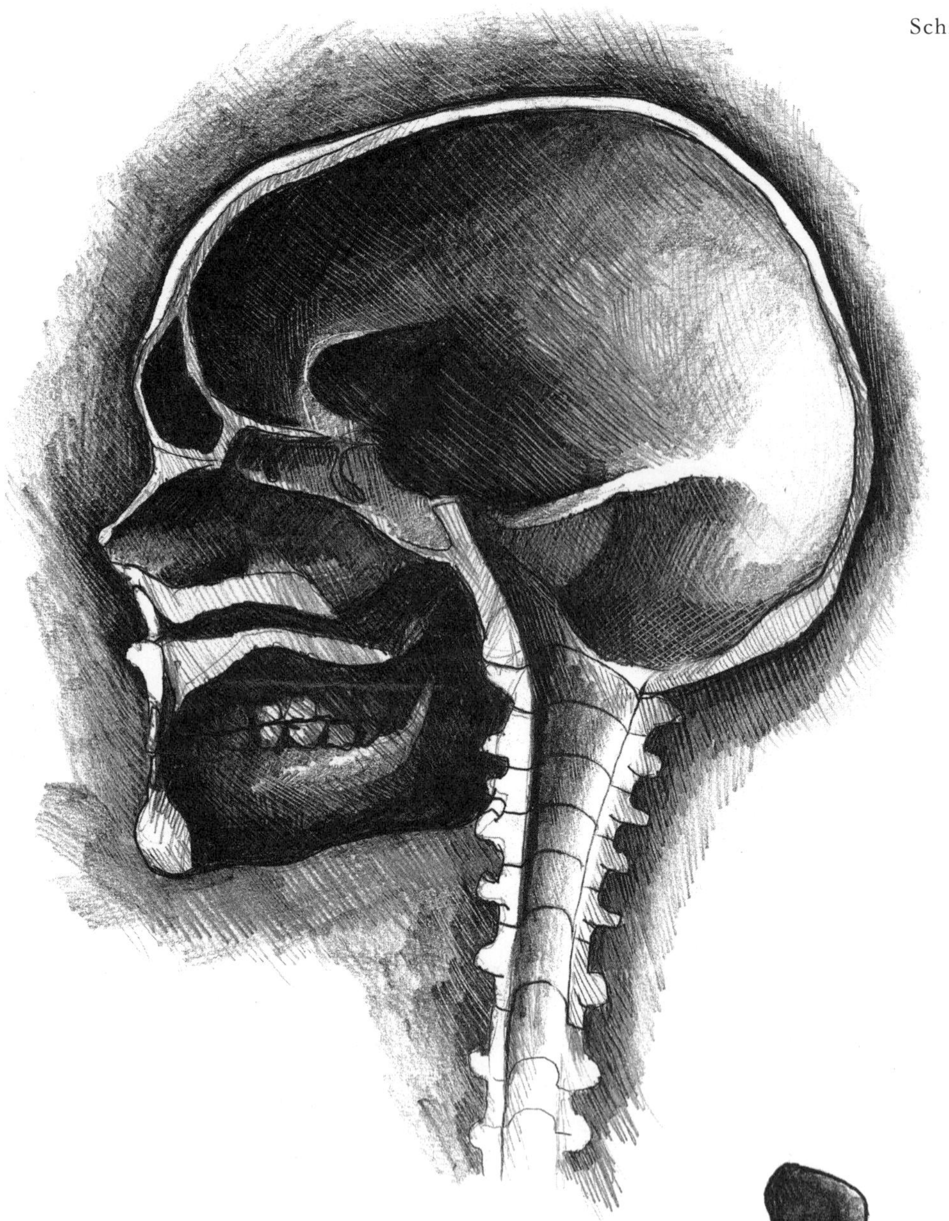

Schnitt durch den Schädel

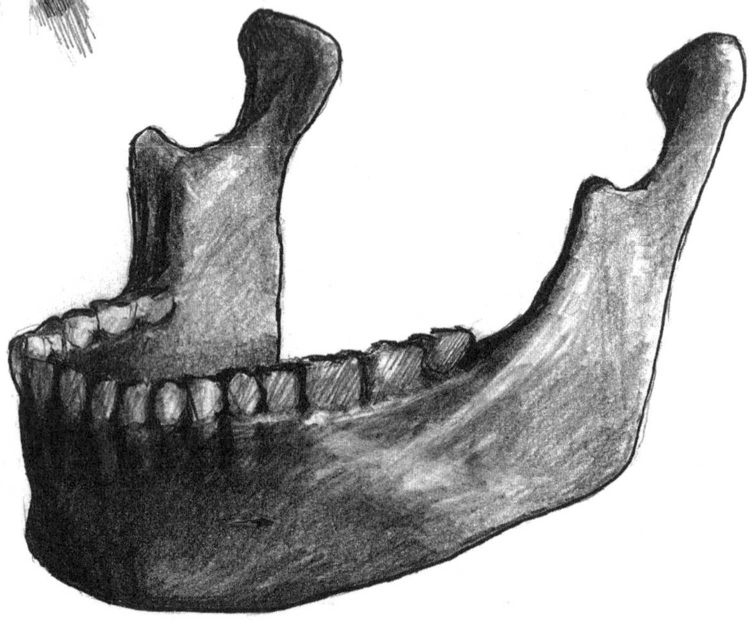

Unterkiefer

Ansicht von vorn

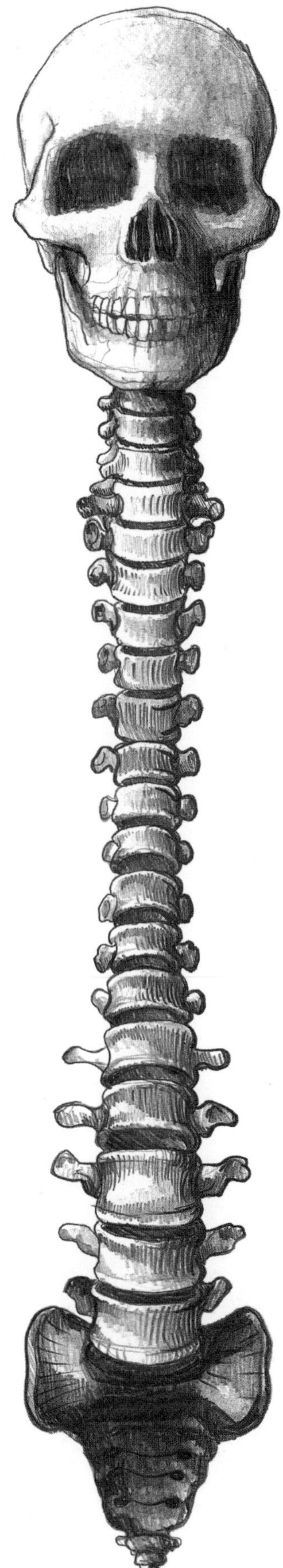

von hinten

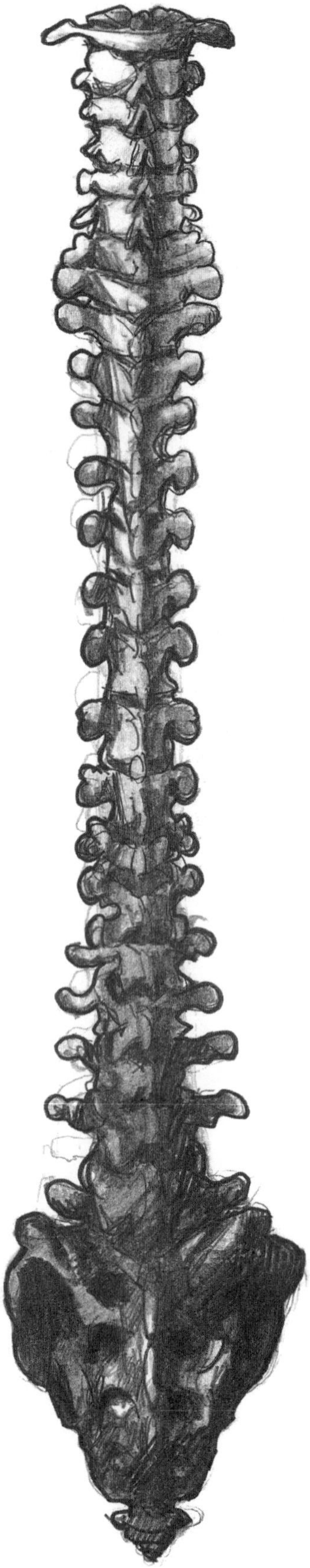

von vorn

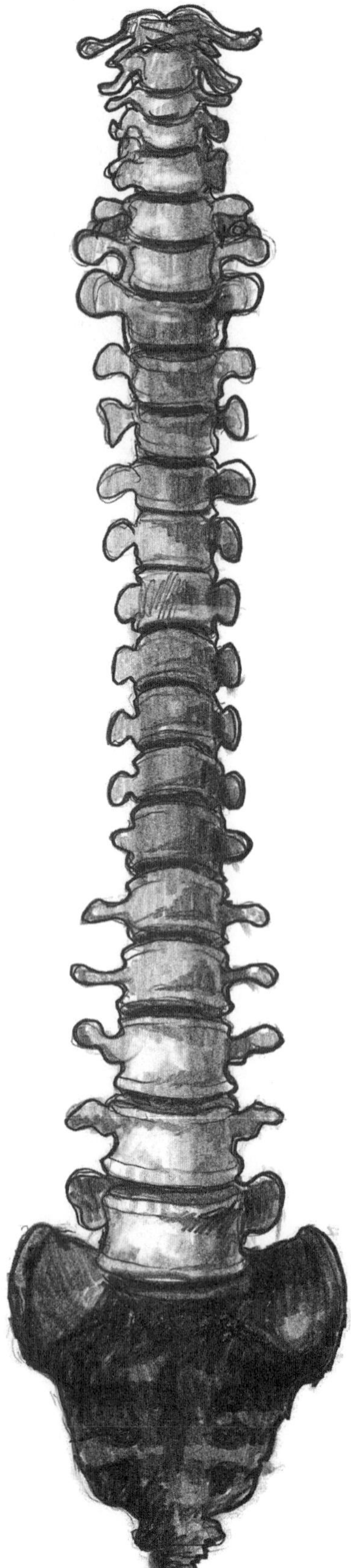

von der Seite

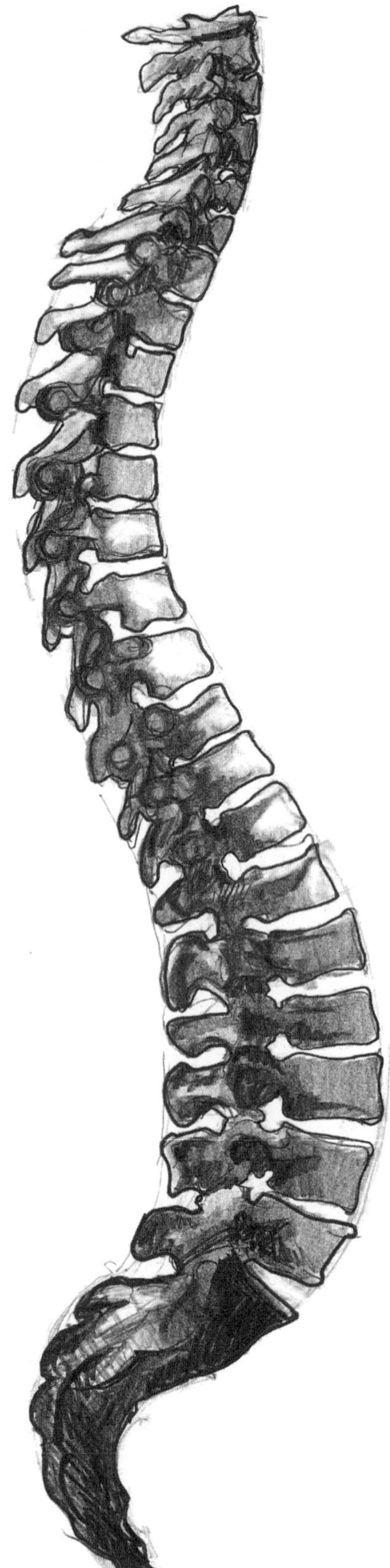

Ansicht von vorn

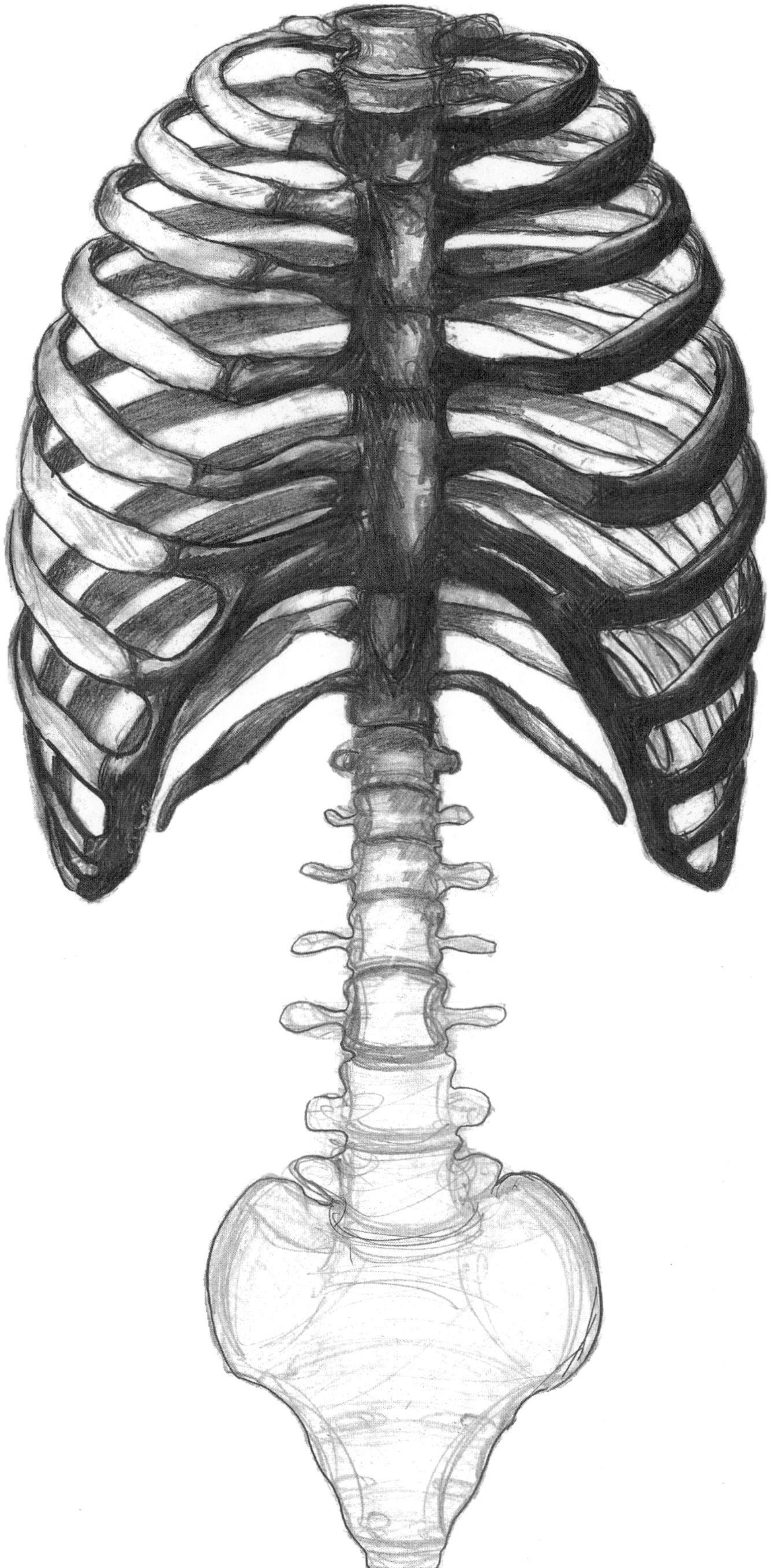

Ansicht von hinten

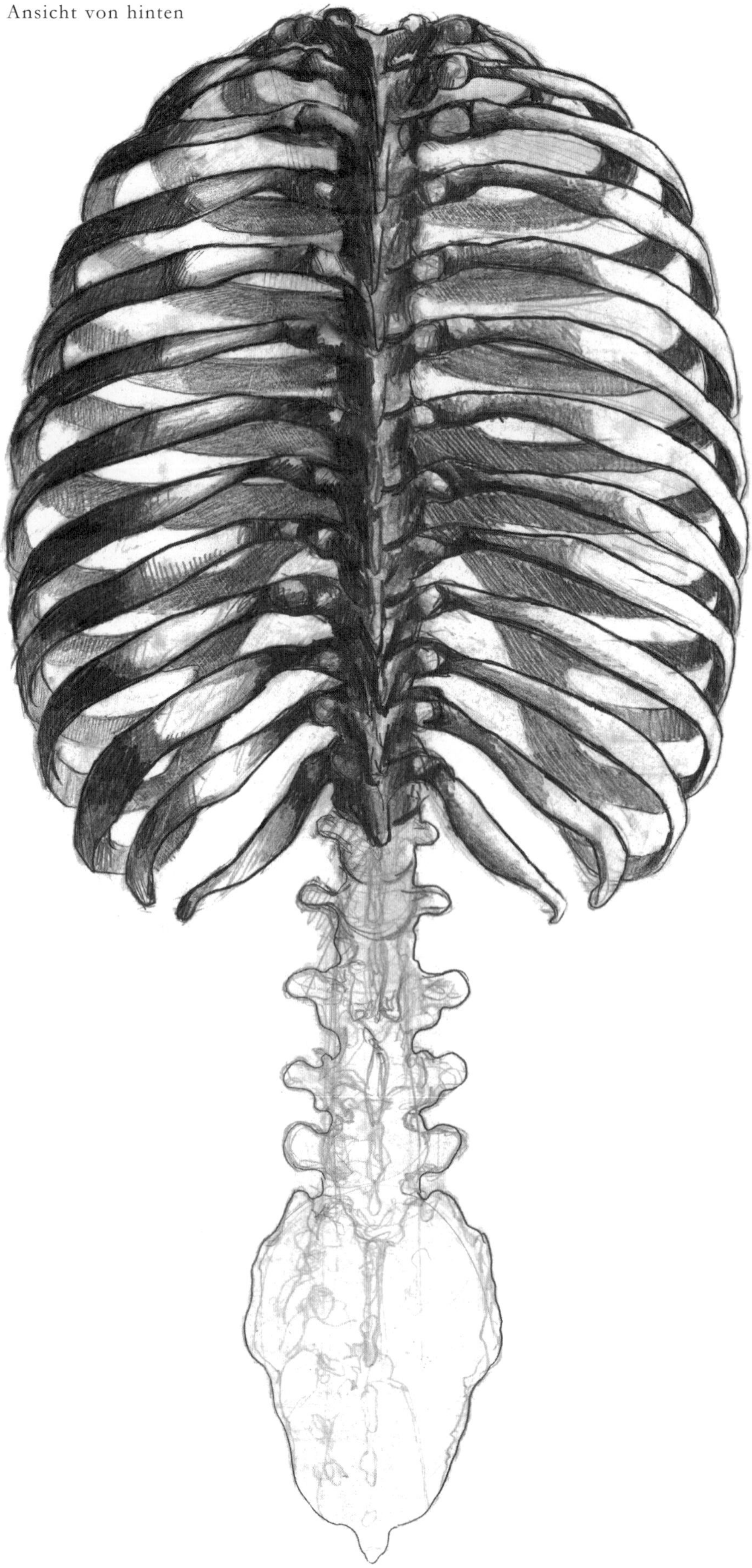

Seitenansicht

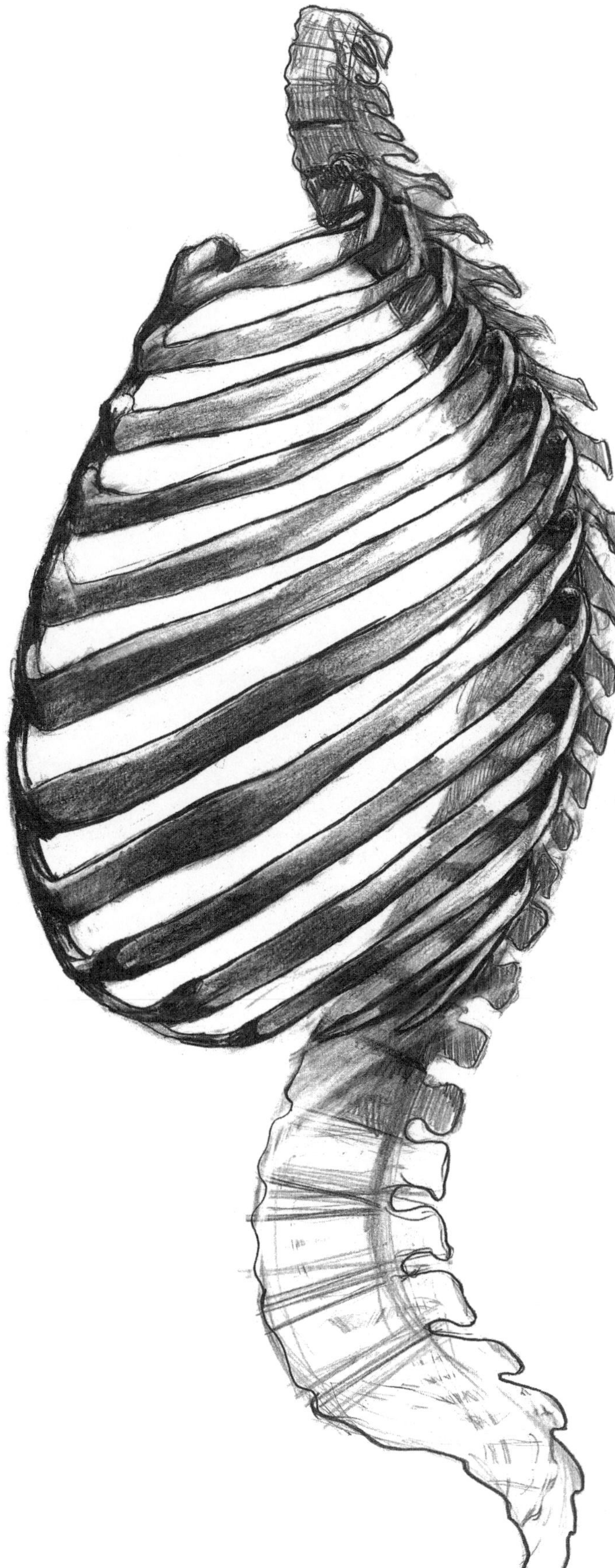

Ansicht von vorn

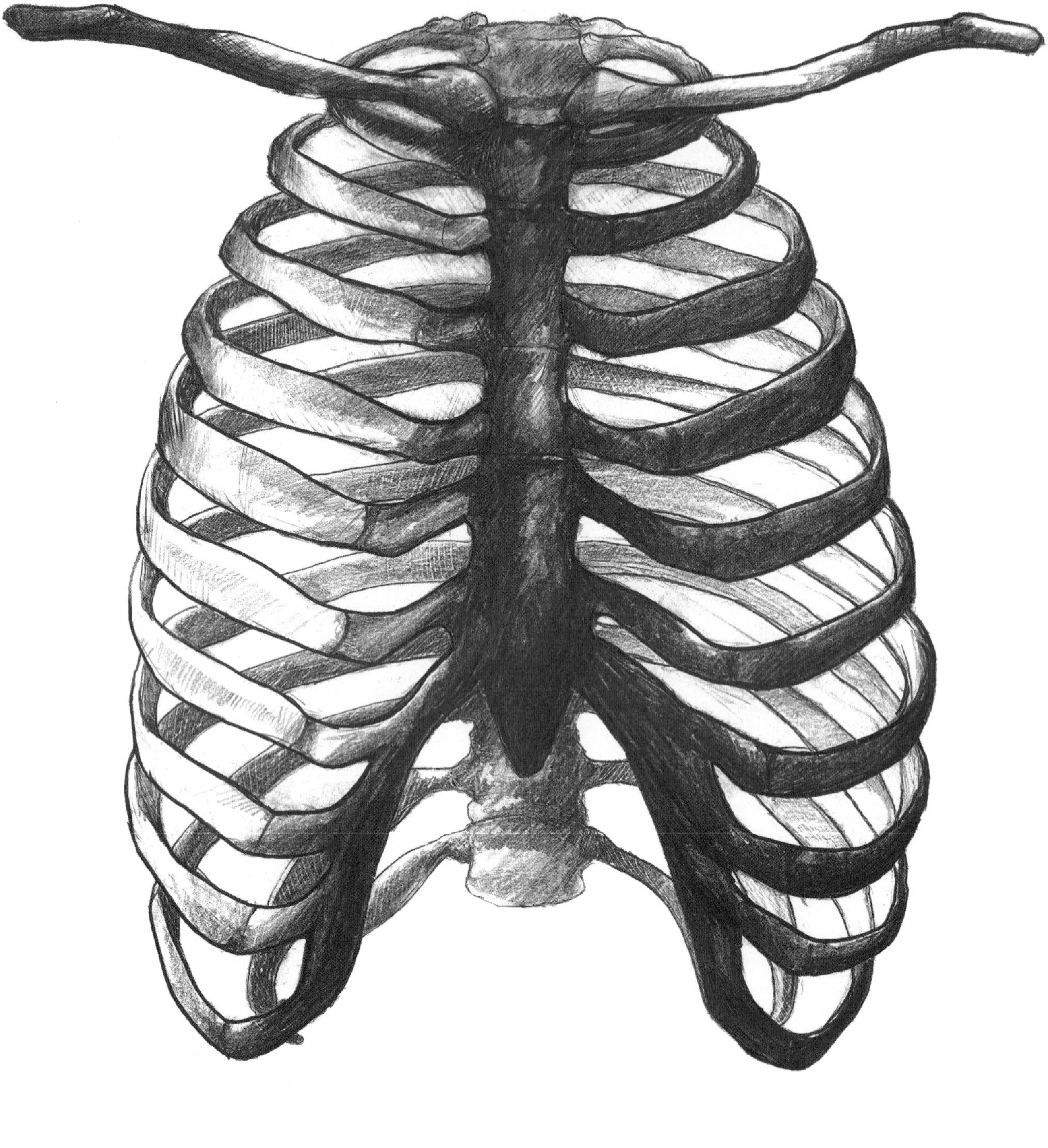

Ansicht von hinten
(mit Wirbelsäule)

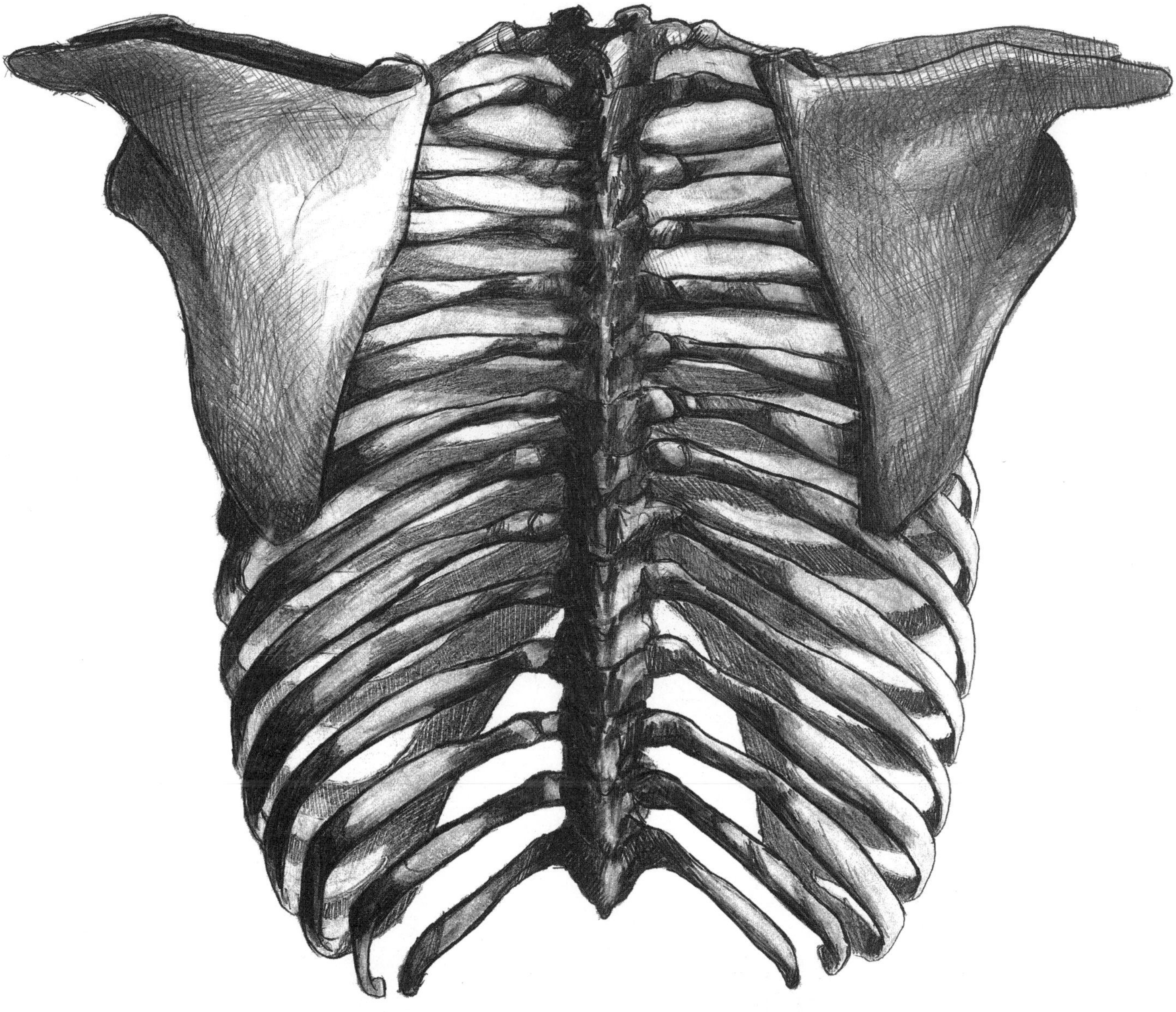

Ansicht von vorn

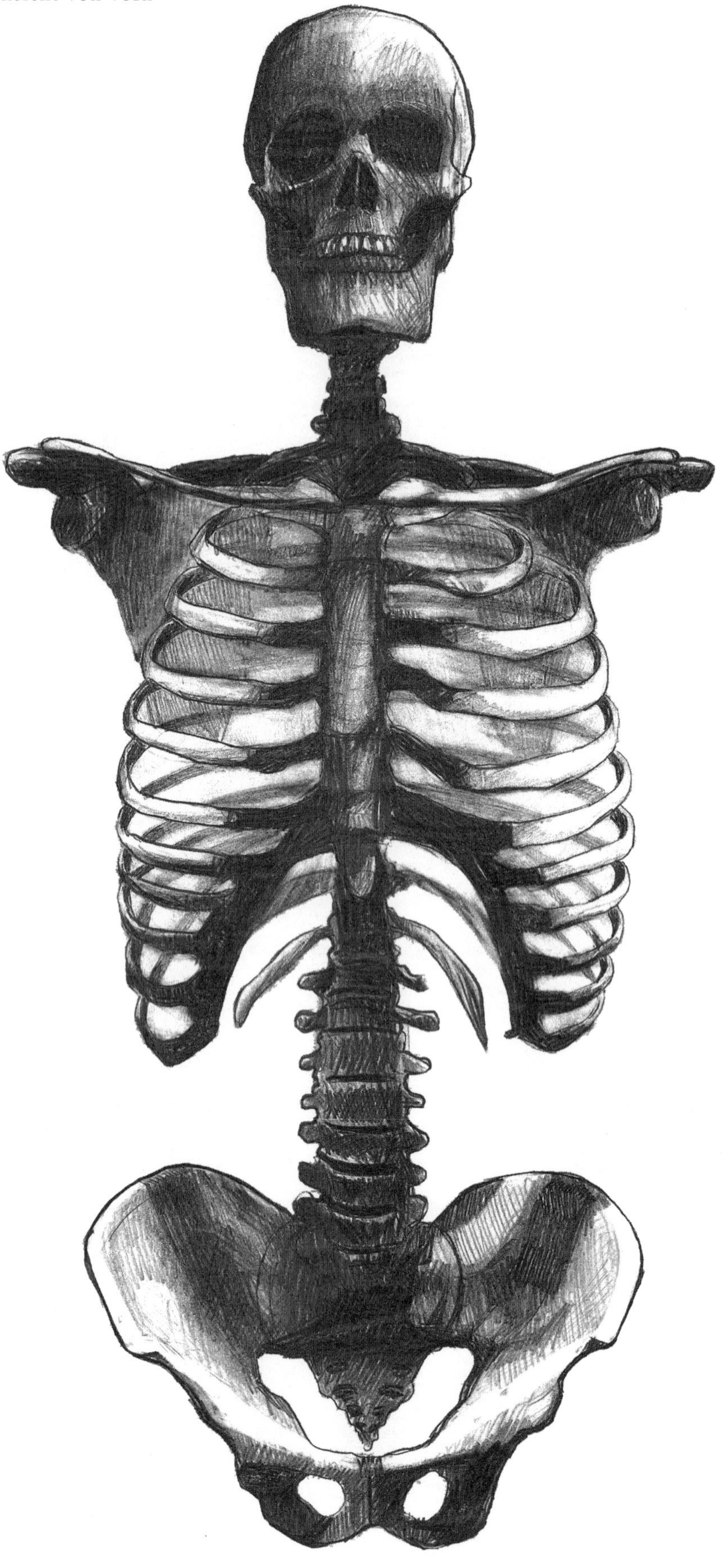

Ansicht von vorn

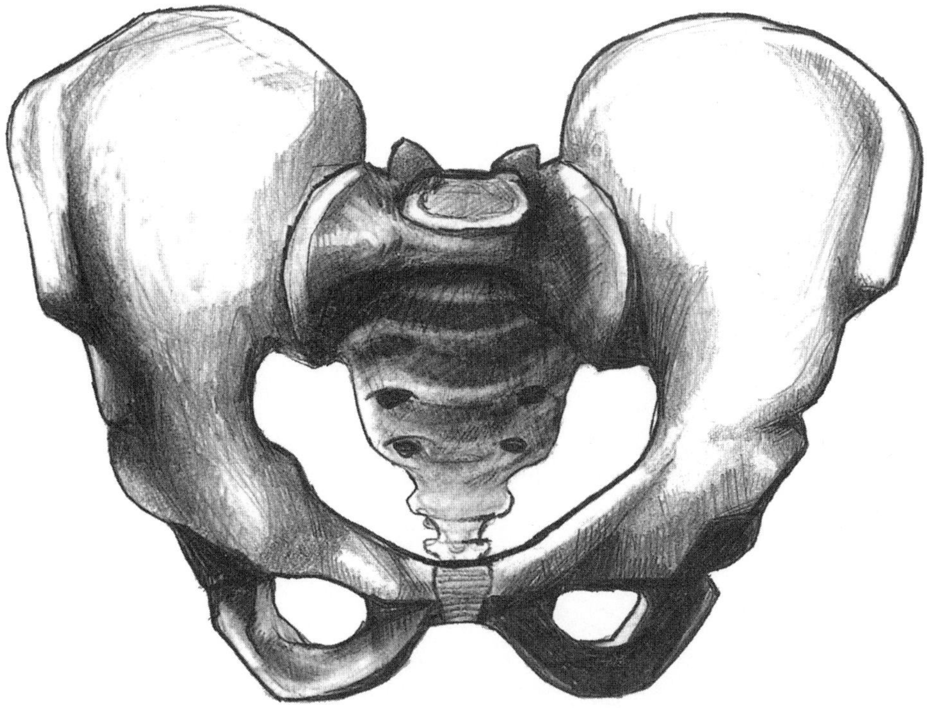

Ansicht von hinten

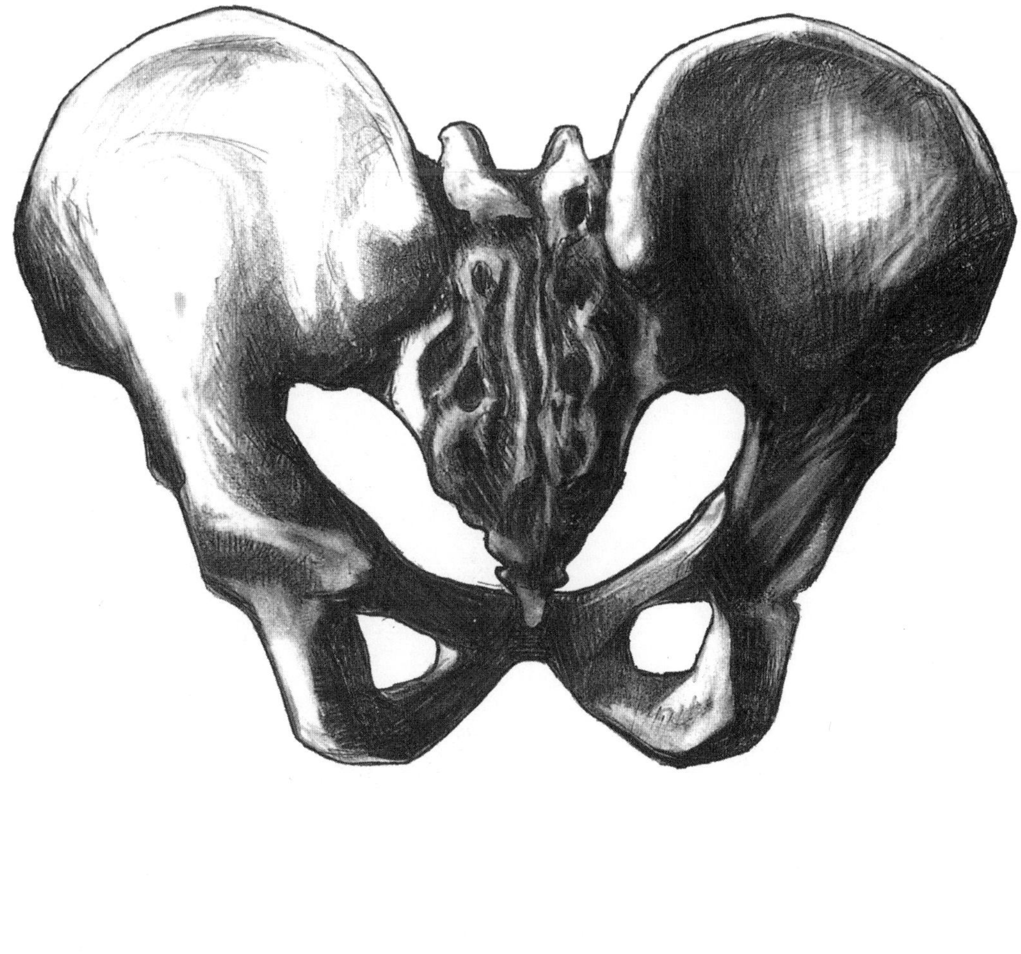

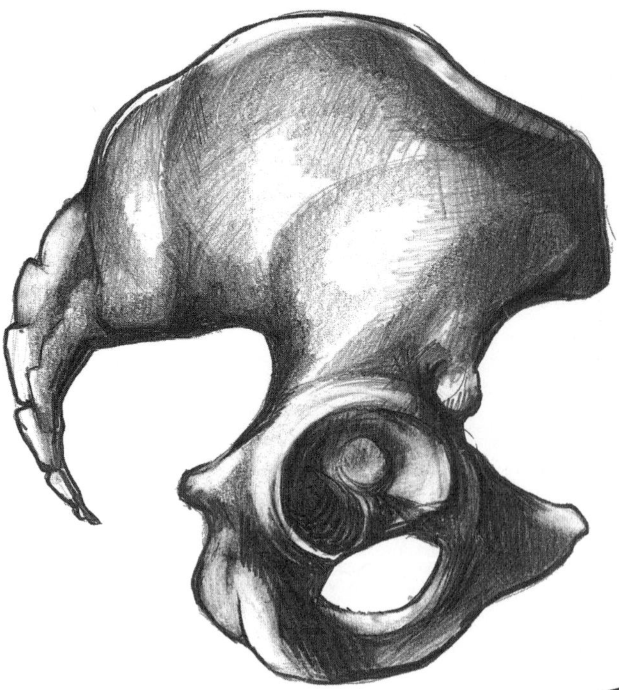

Seitenansicht

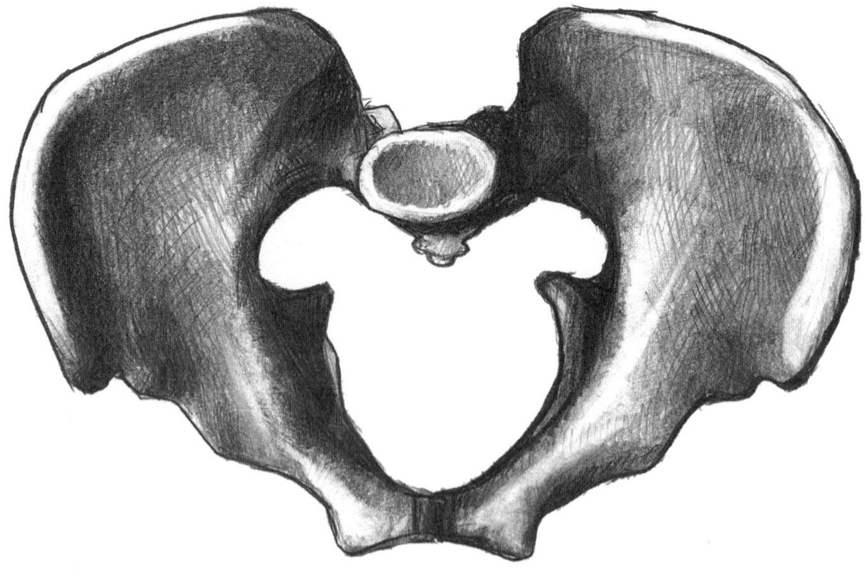

Ansicht von oben

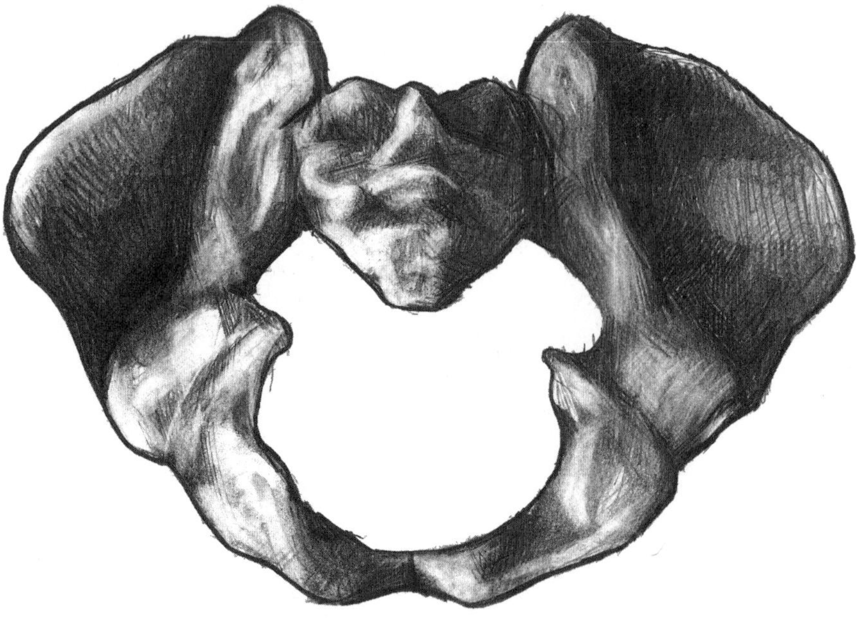

Ansicht von unten

Ansicht von vorn

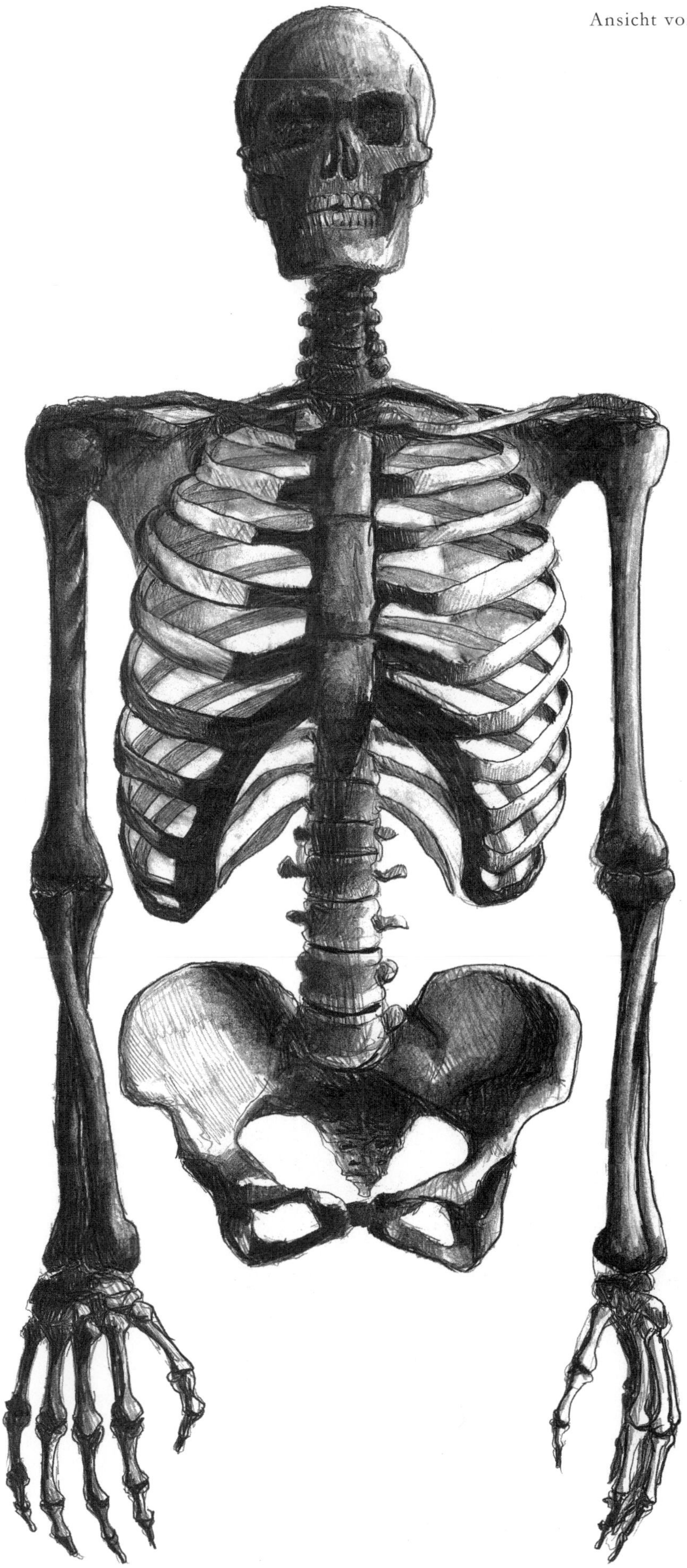

Ansichten des Arms

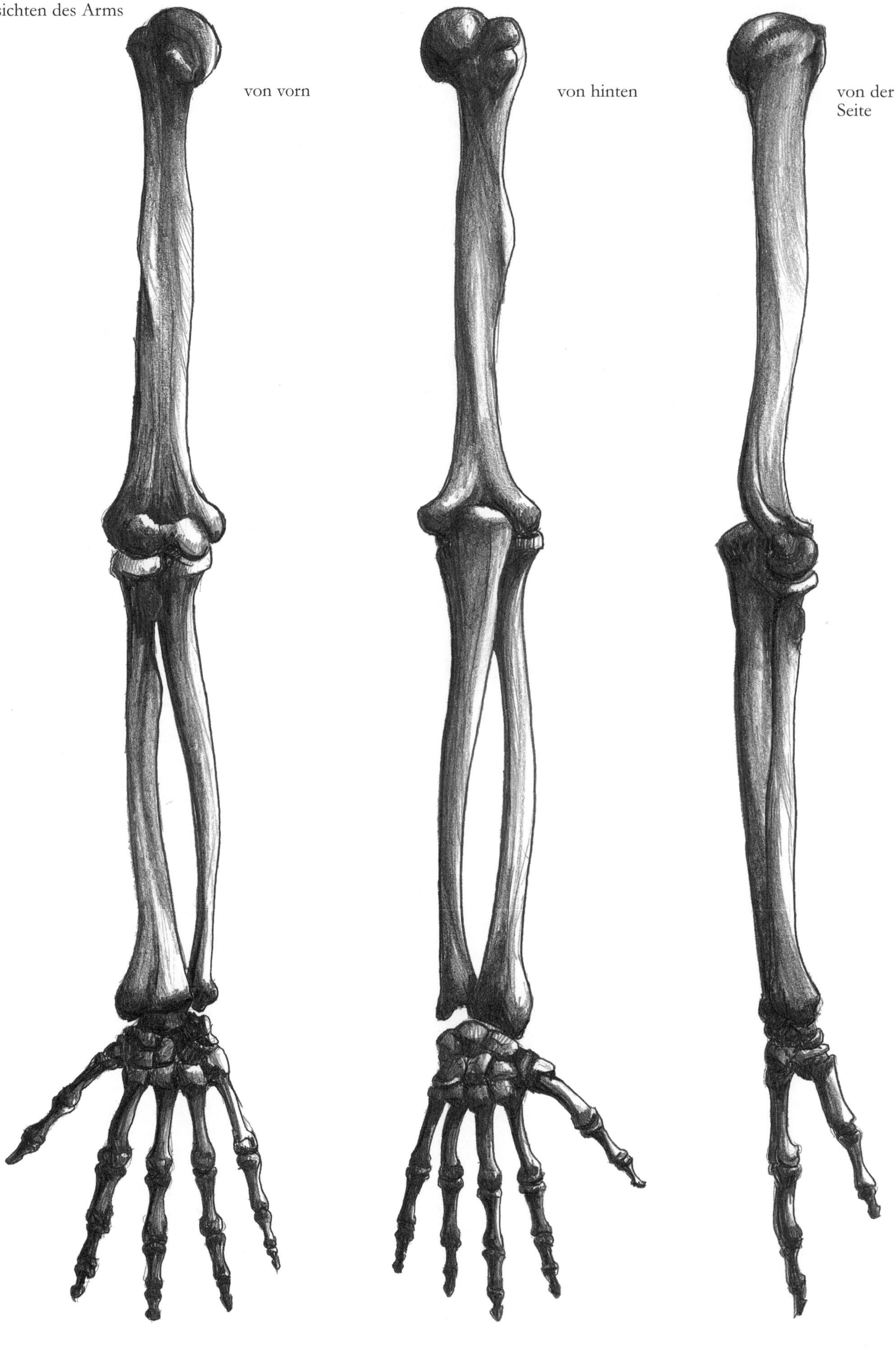

Handteller

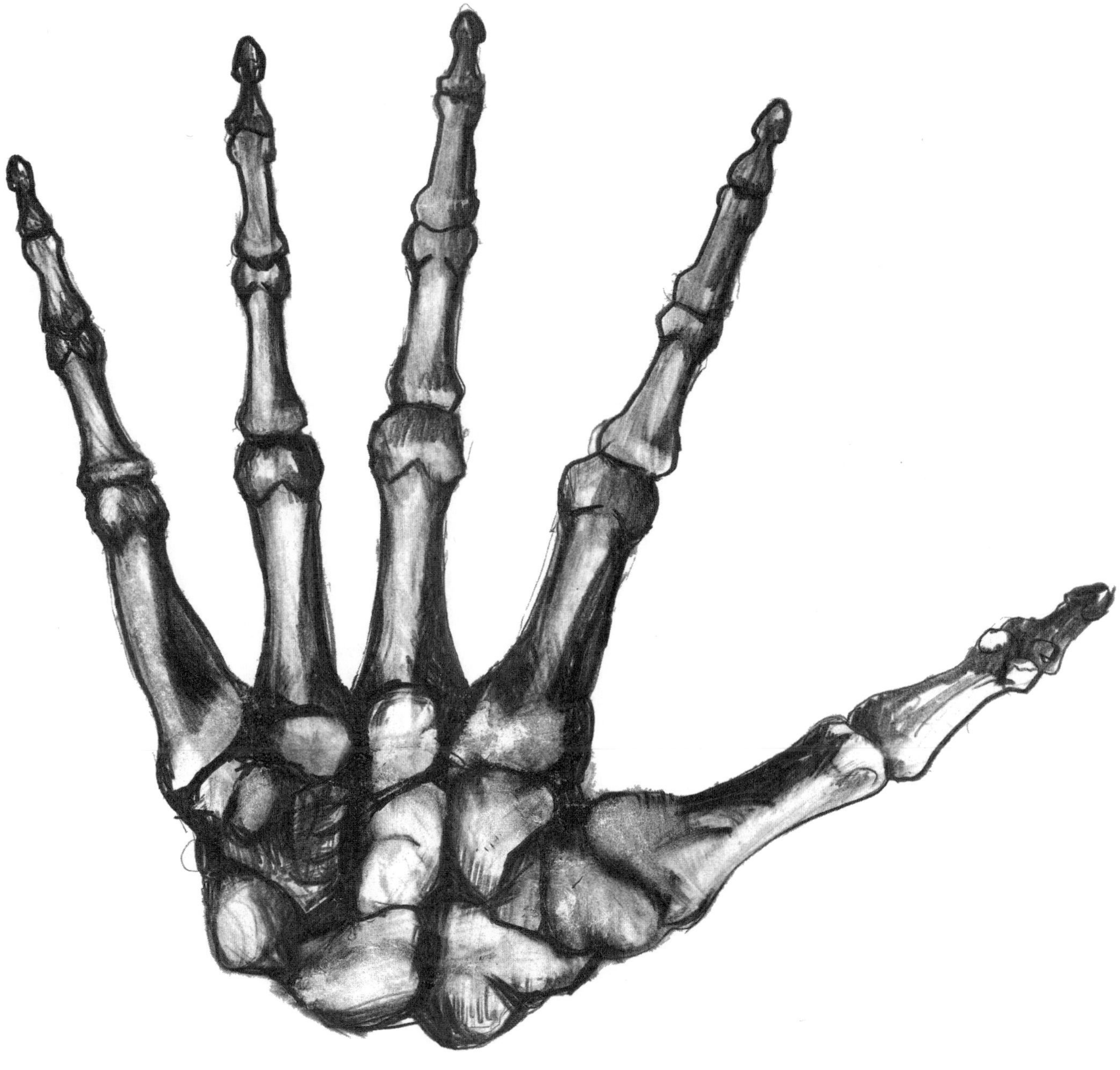

Handrücken

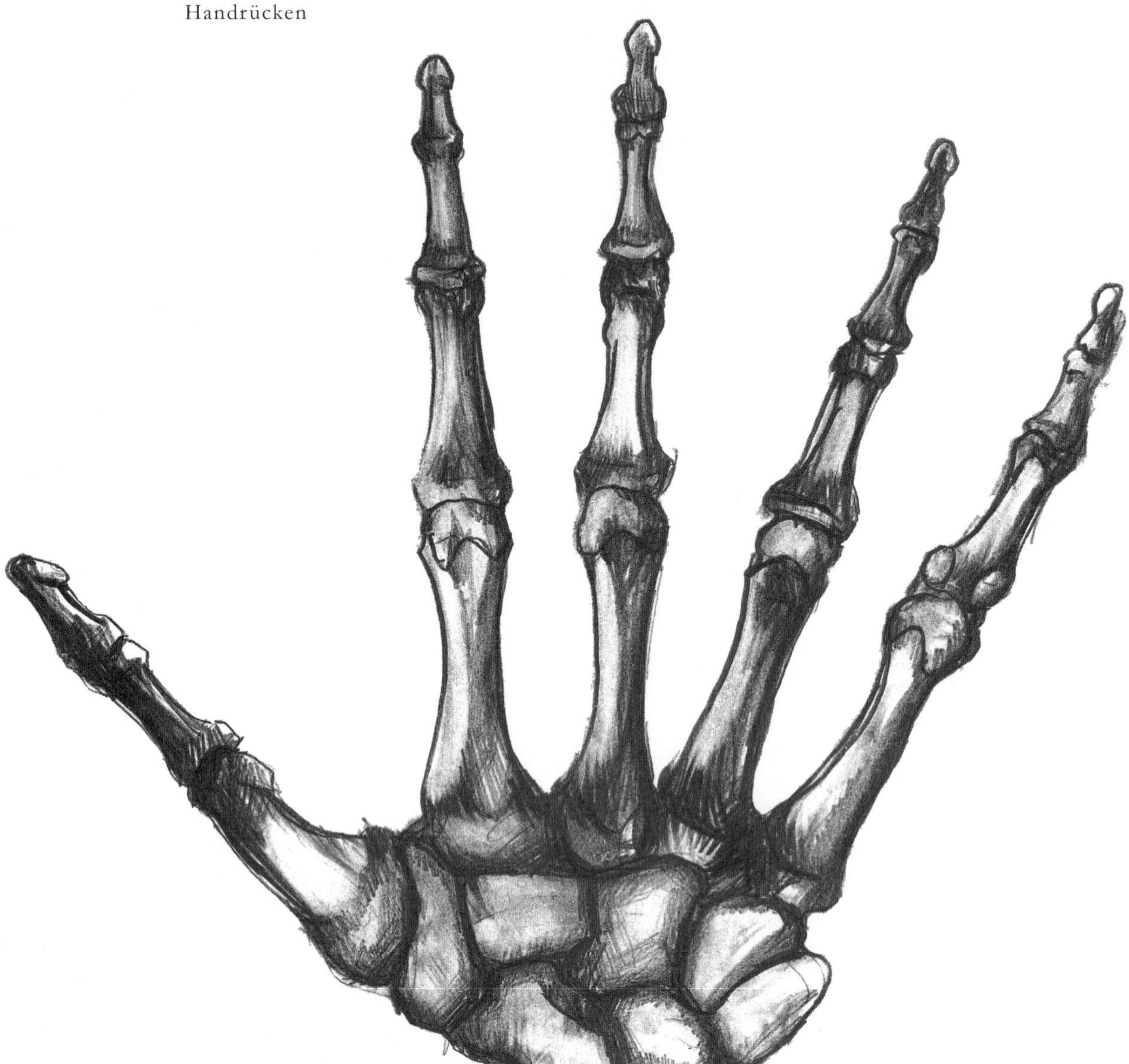

Die Hand aus verschiedenen Blickwinkeln

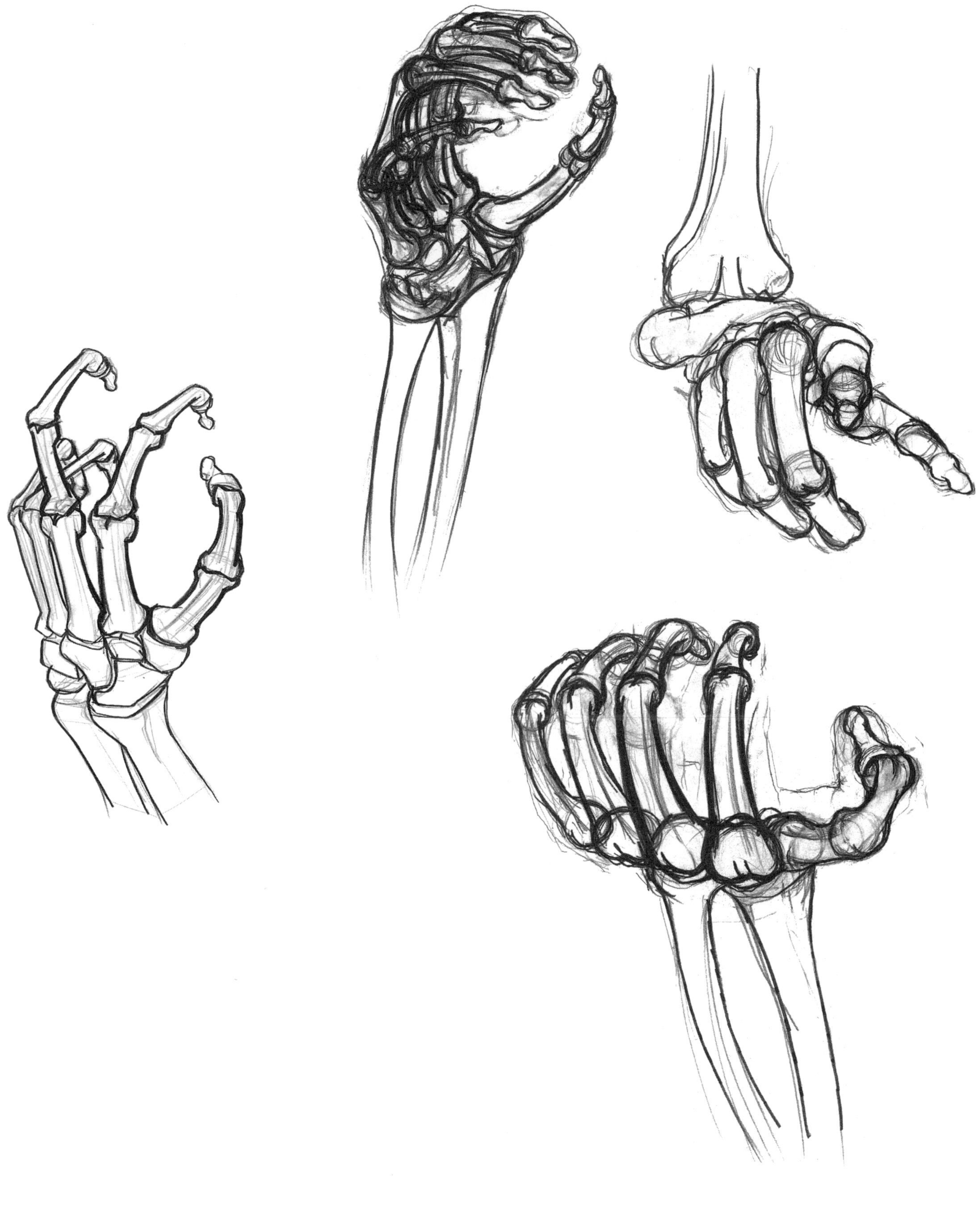

Ansicht von vorn

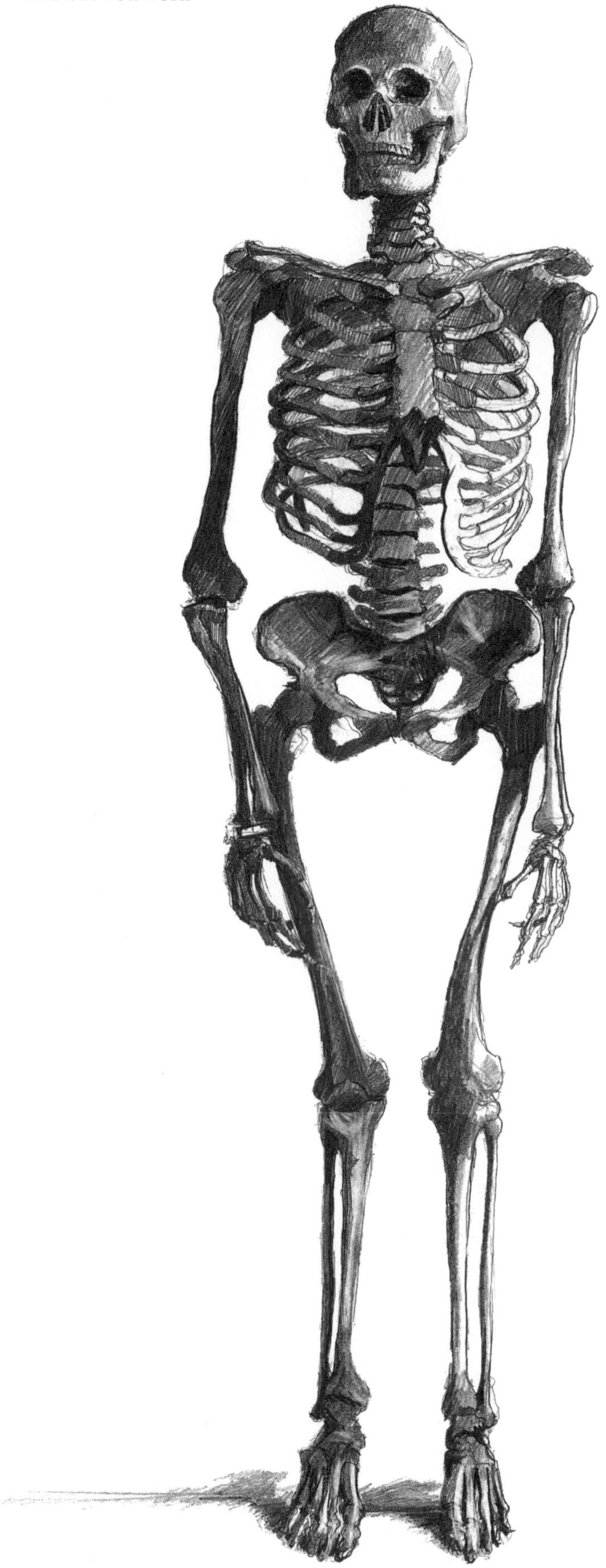

Ansichten des Beins

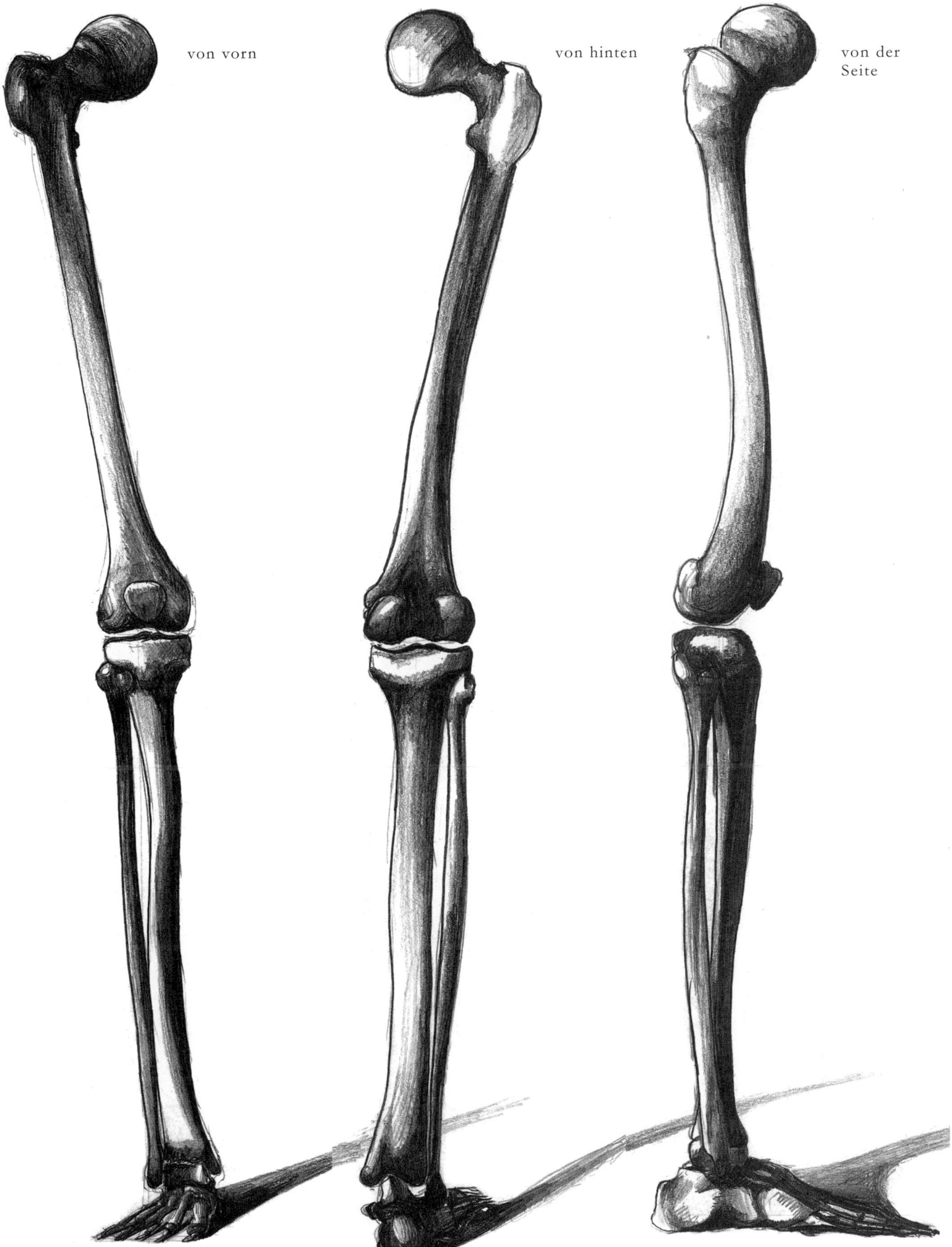

Fuß von oben

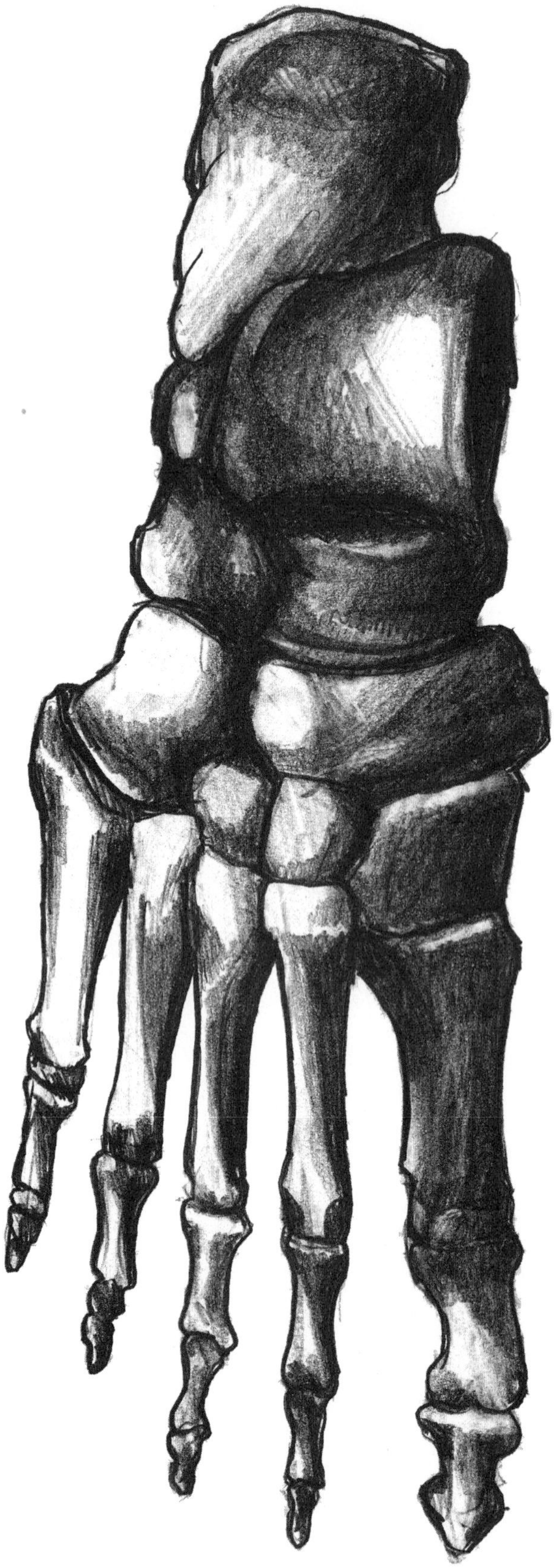

Fuß von unten

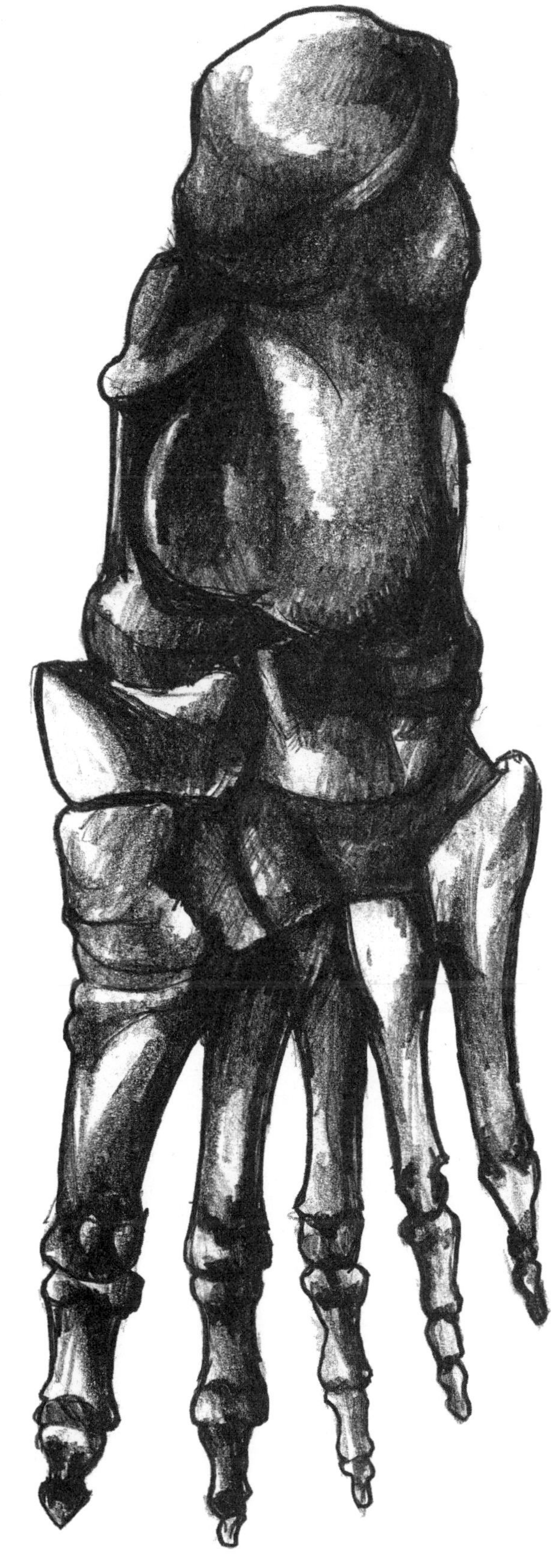

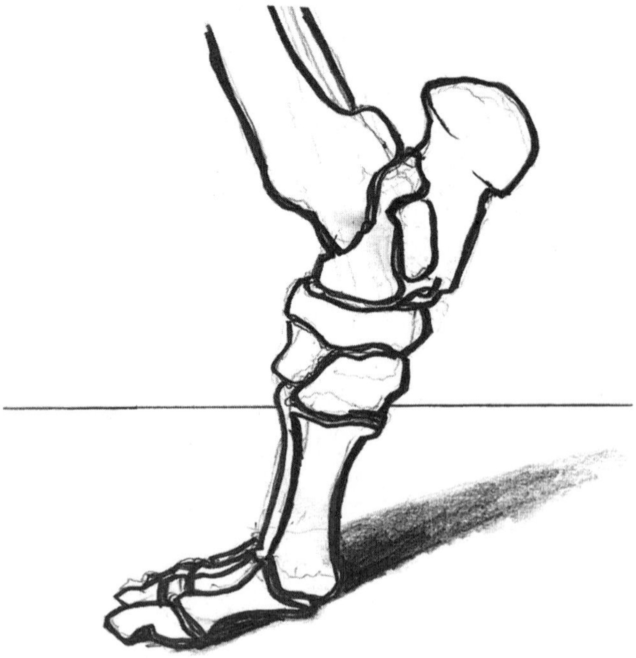

Der Fuß in Bewegung
aus verschiedenen
Winkeln

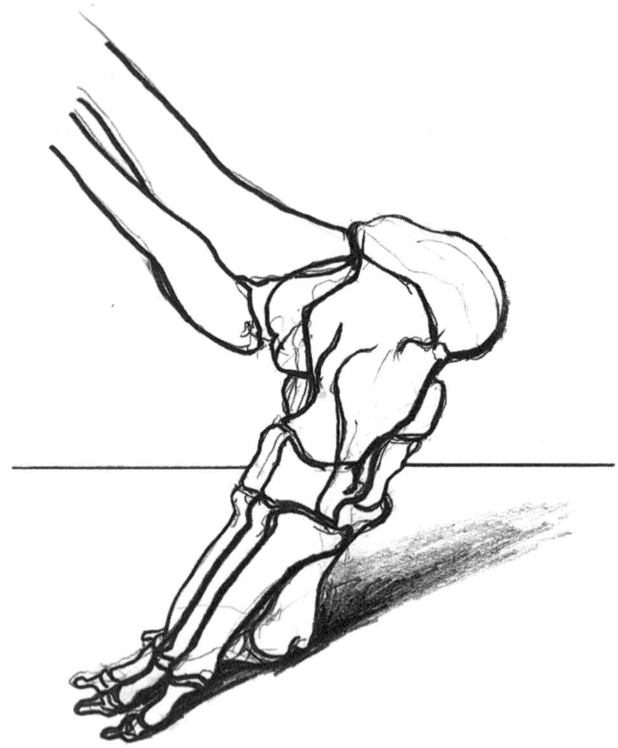

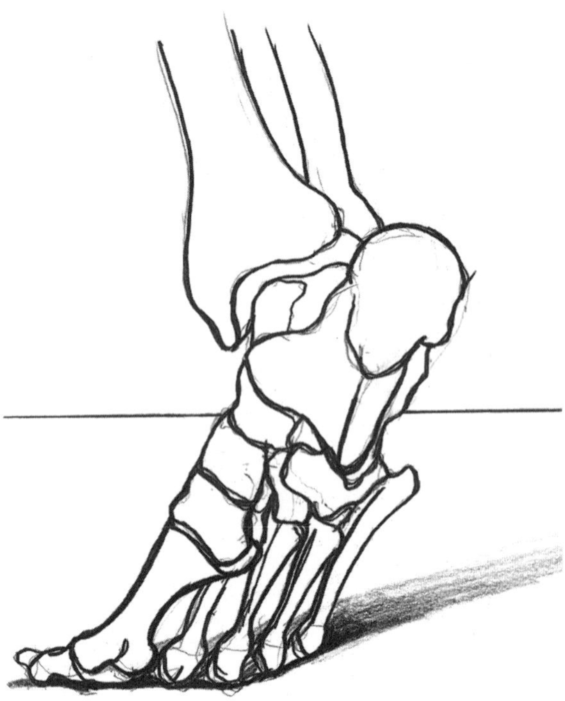

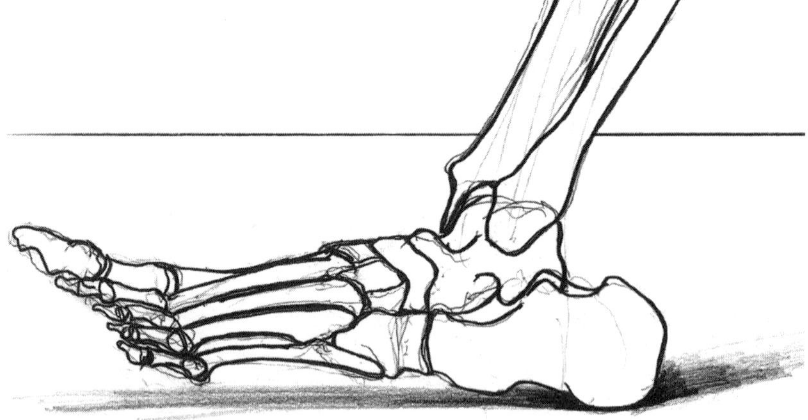

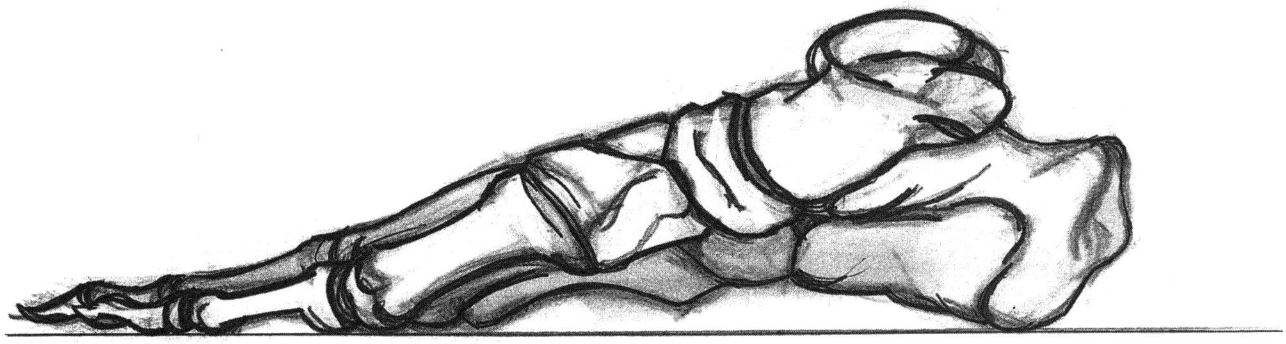

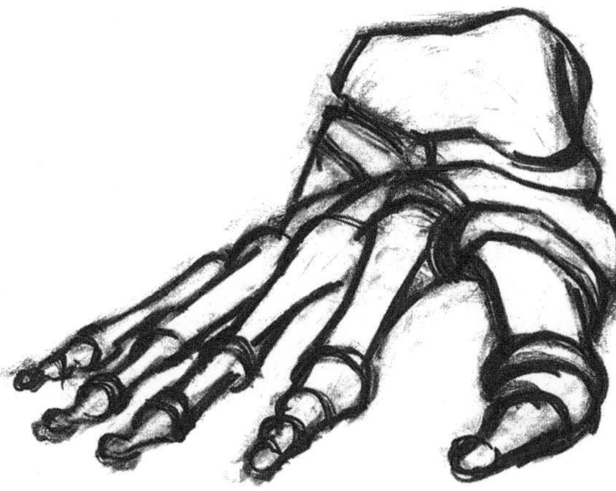

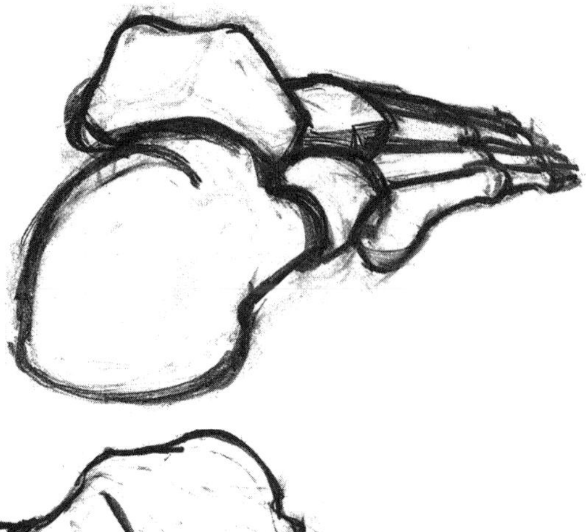

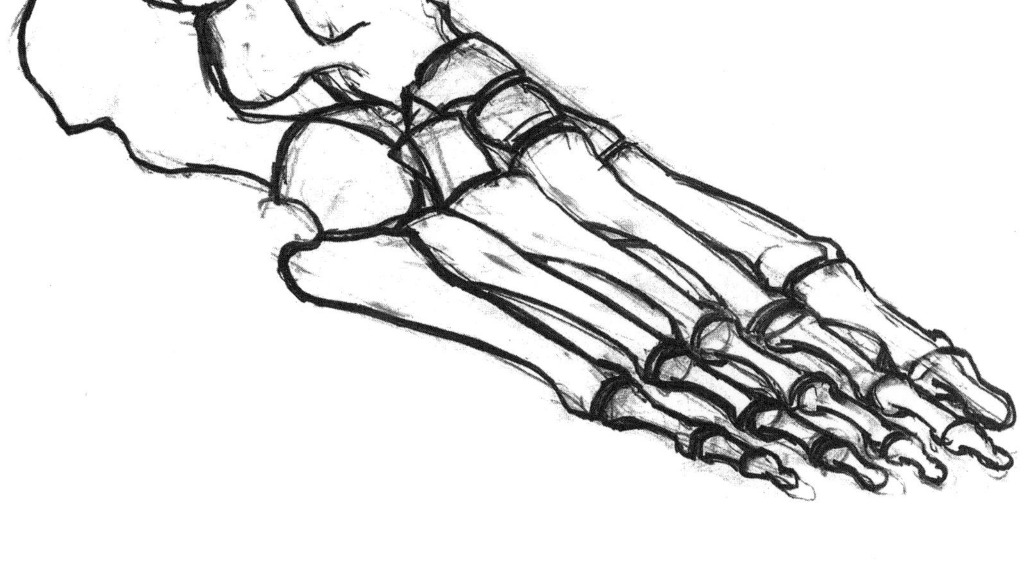

Die Muskeln

Unsere Muskulatur ist eine faszinierende Struktur: Das zentrale Nervensystem sendet Befehle durch die Nerven aus, damit sich ein Muskel streckt oder beugt. Die Aufgabe der Muskeln besteht darin, den Körper zu stabilisieren, zu bewegen oder auch eine Ruhestellung beizubehalten. Es gibt drei Arten von Muskeln: quergestreifte bzw. Skelettmuskeln, glatte Muskeln und die Herzmuskulatur. Für den Künstler sind die Skelettmuskeln am wichtigsten.

Die Skelettmuskeln sind durch Sehnen – parallelfaserigem kollagenem Bindegewebe – mit den Knochen verbunden. Wenn sich ein Muskel zusammenzieht, wird der Knochen mittels der Sehne gezogen und somit zu einer Bewegung veranlasst. Viele Muskeln sind paarweise vorhanden: Wenn sich ein Muskel zusammenzieht, dehnt sich der andere. Dieses Zusammenspiel wird bei den Bewegungen von Armen und Beinen deutlich; man könnte es mit einem hydraulischen System vergleichen, das eine Apparatur antreibt.

Es gibt zwei Arten von Skelettmuskeln. Eine liegt direkt unter der Haut, die andere tiefer, unter den äußeren Muskeln. Die äußere Muskulatur bildet zusammen mit den Knochen die Struktur des Körpers. Ihr Studium ist für den Künstler besonders wichtig. Daher wollen wir diesen Bereich sehr genau untersuchen.

Ansicht von vorn

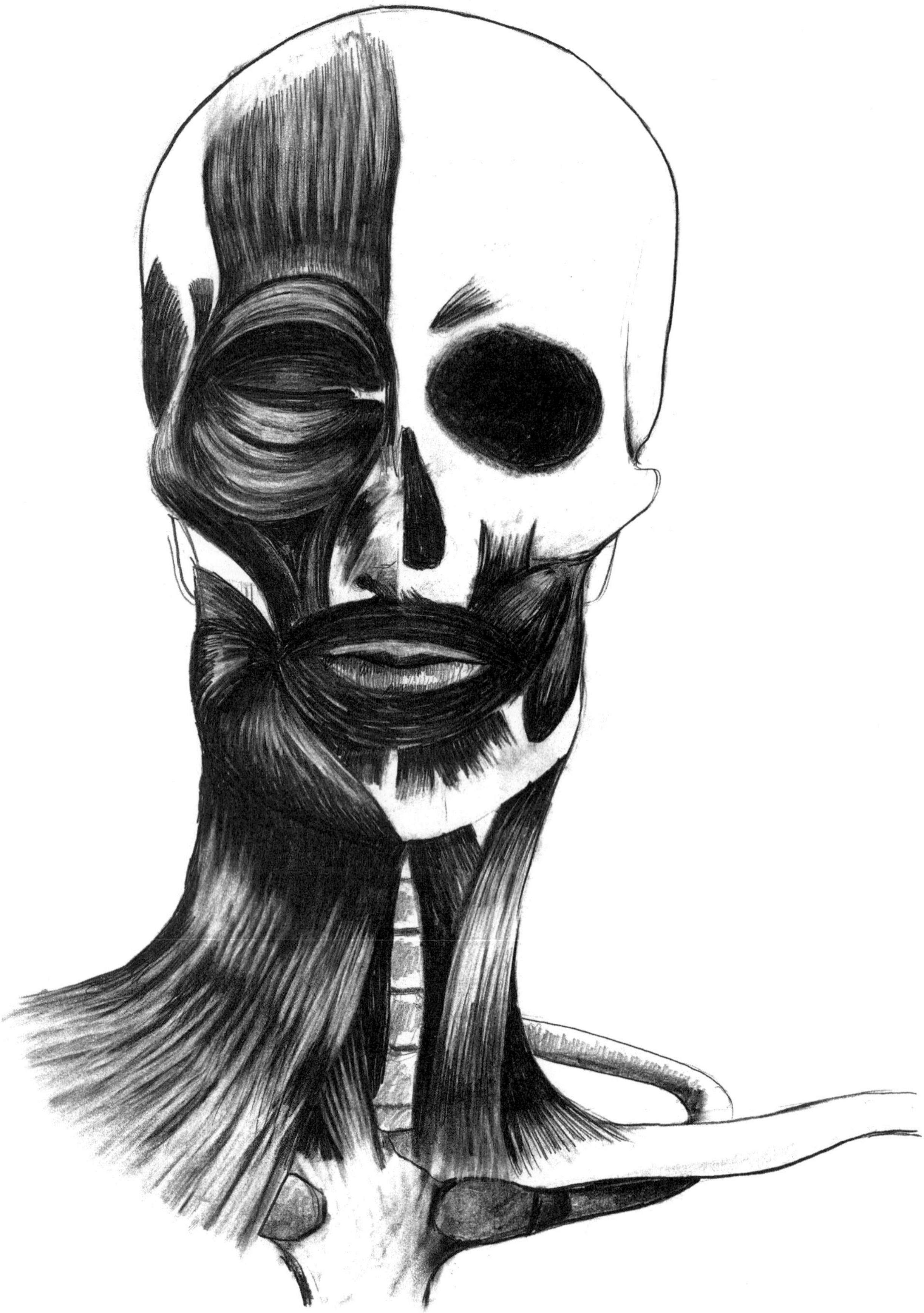

Seitenansicht

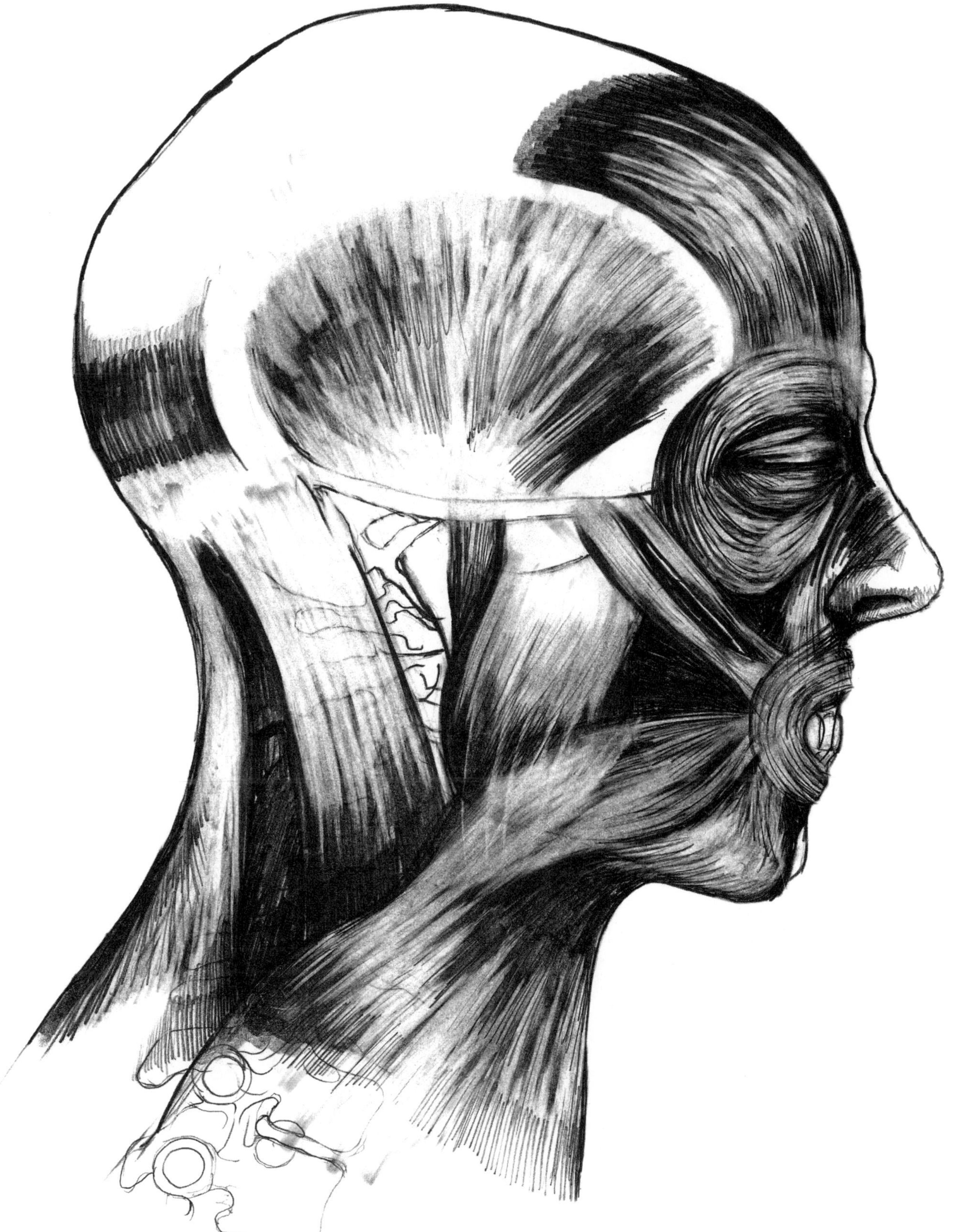

Halbprofil

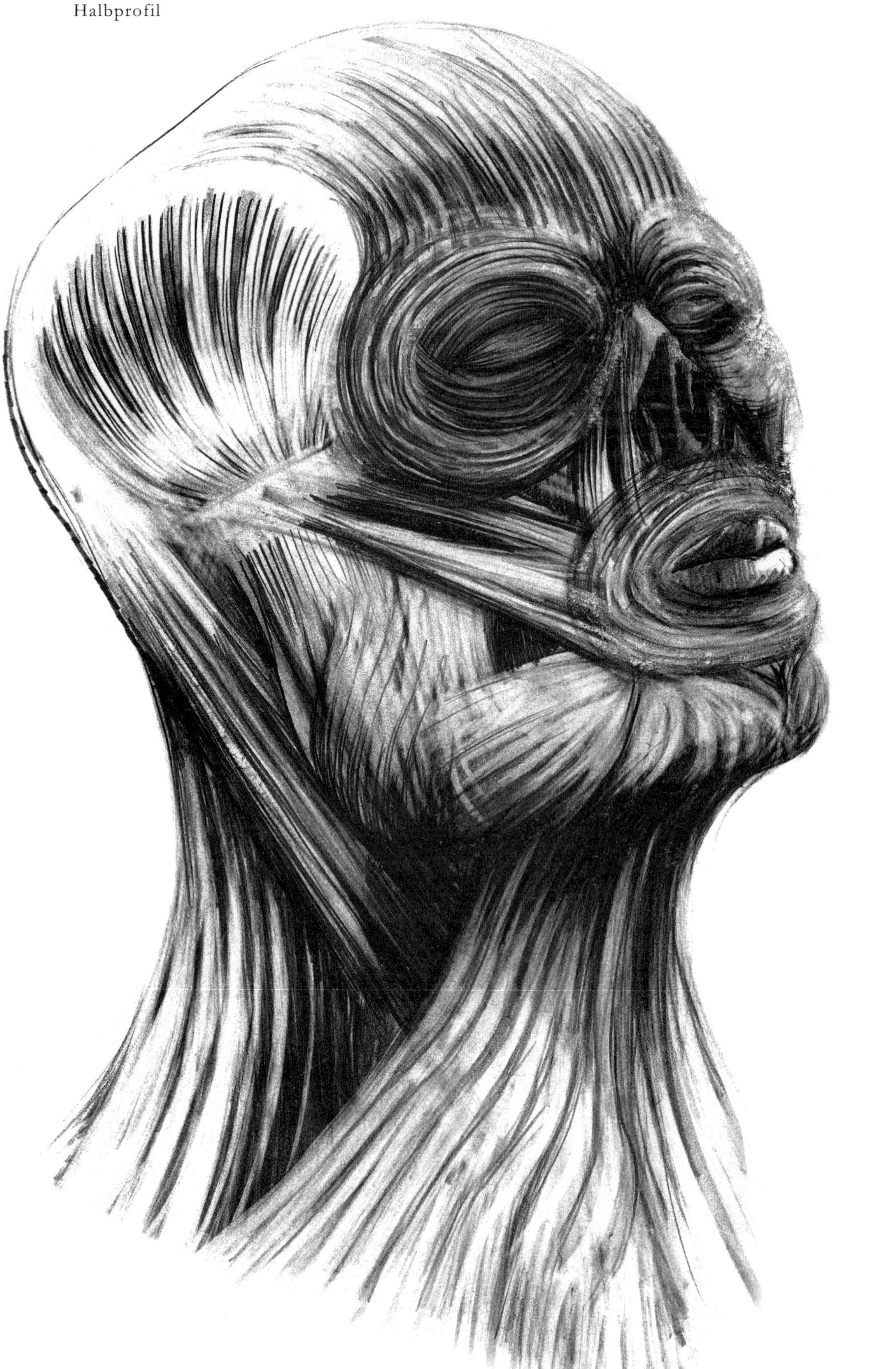

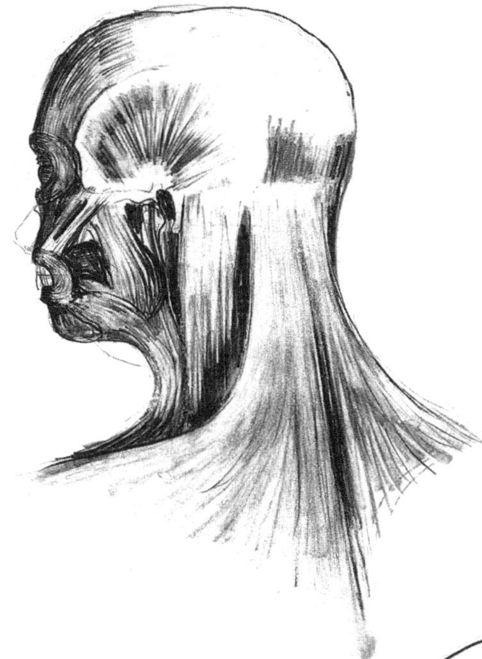

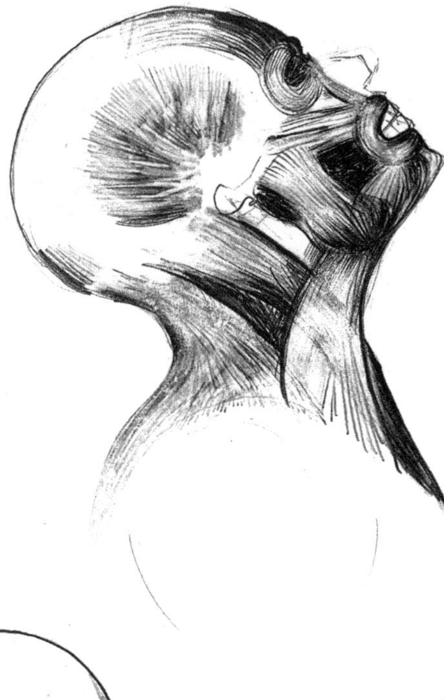

Verschiedene
Blickwinkel

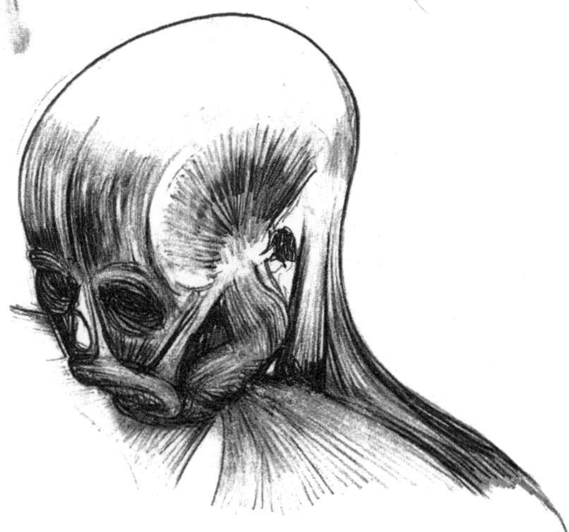

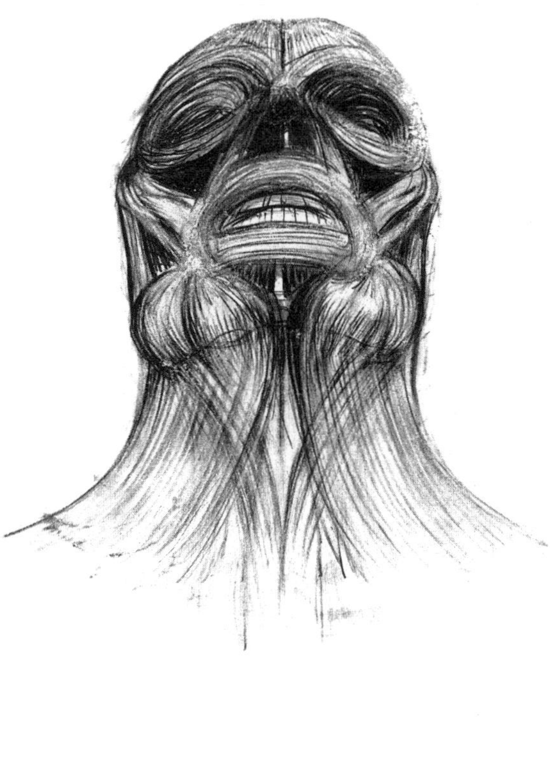

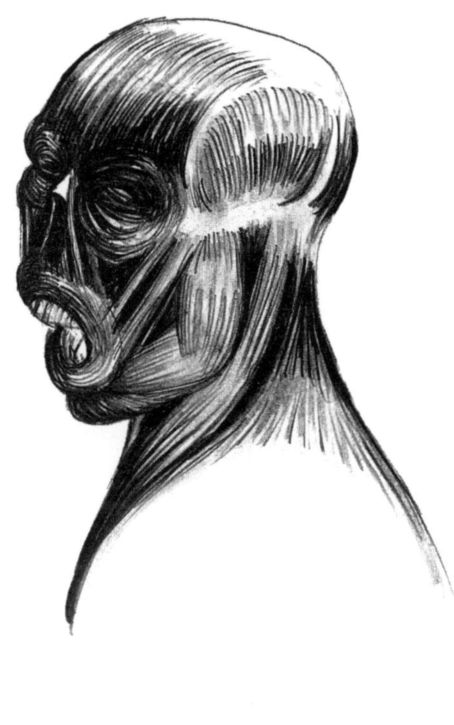

Ansicht von hinten, mit den innen liegenden Muskeln

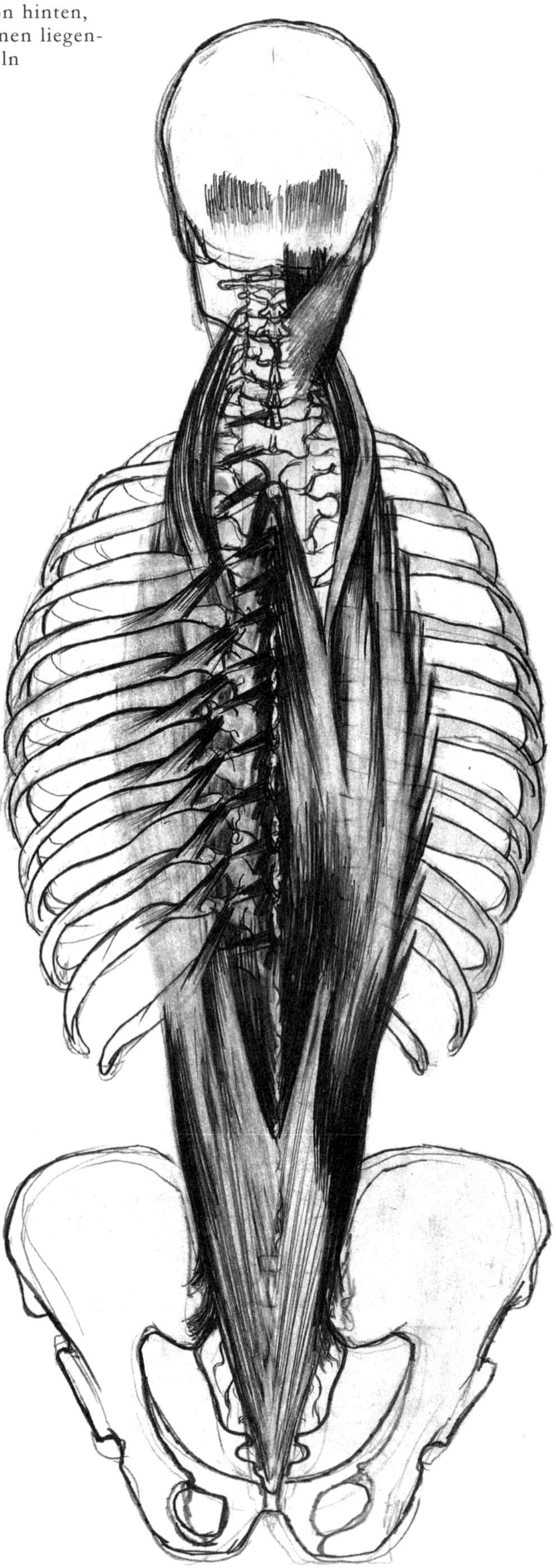

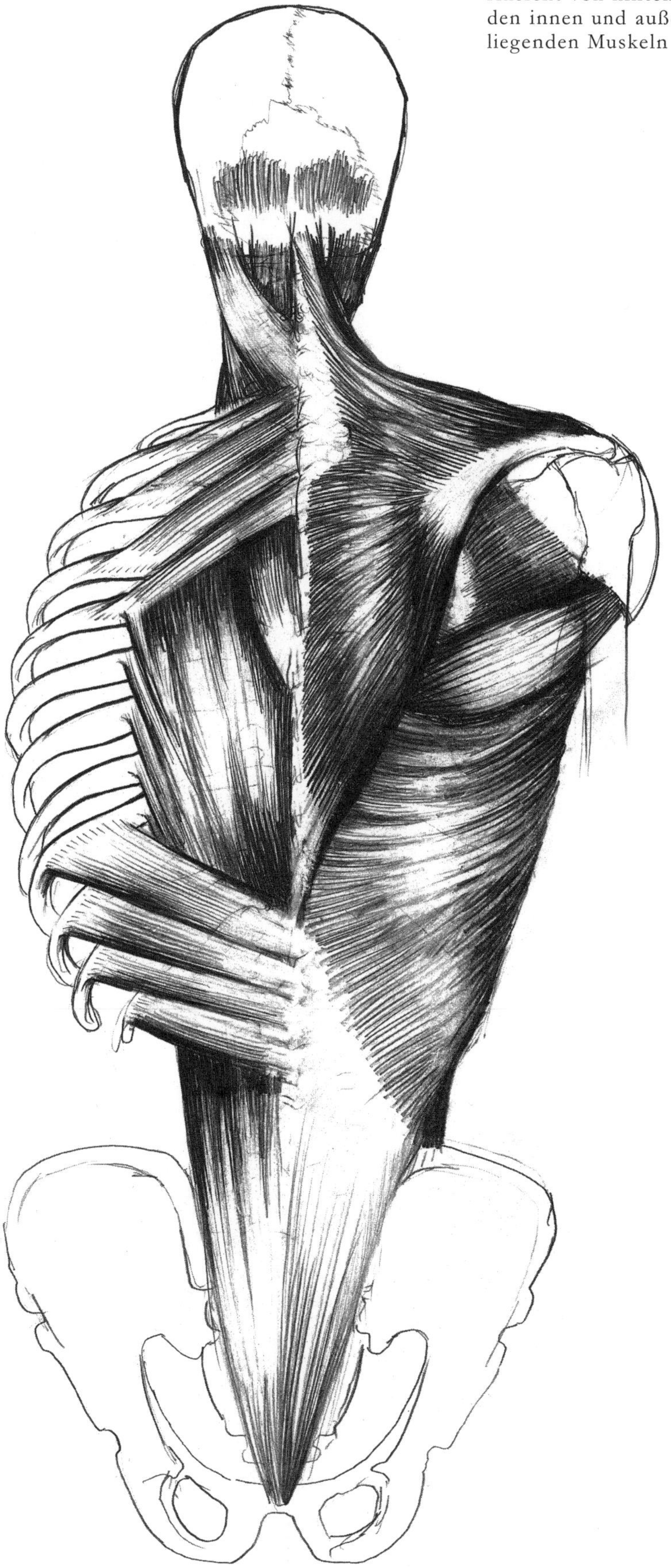

Ansicht von hinten, mit
den innen und außen
liegenden Muskeln

Ansicht von vorn

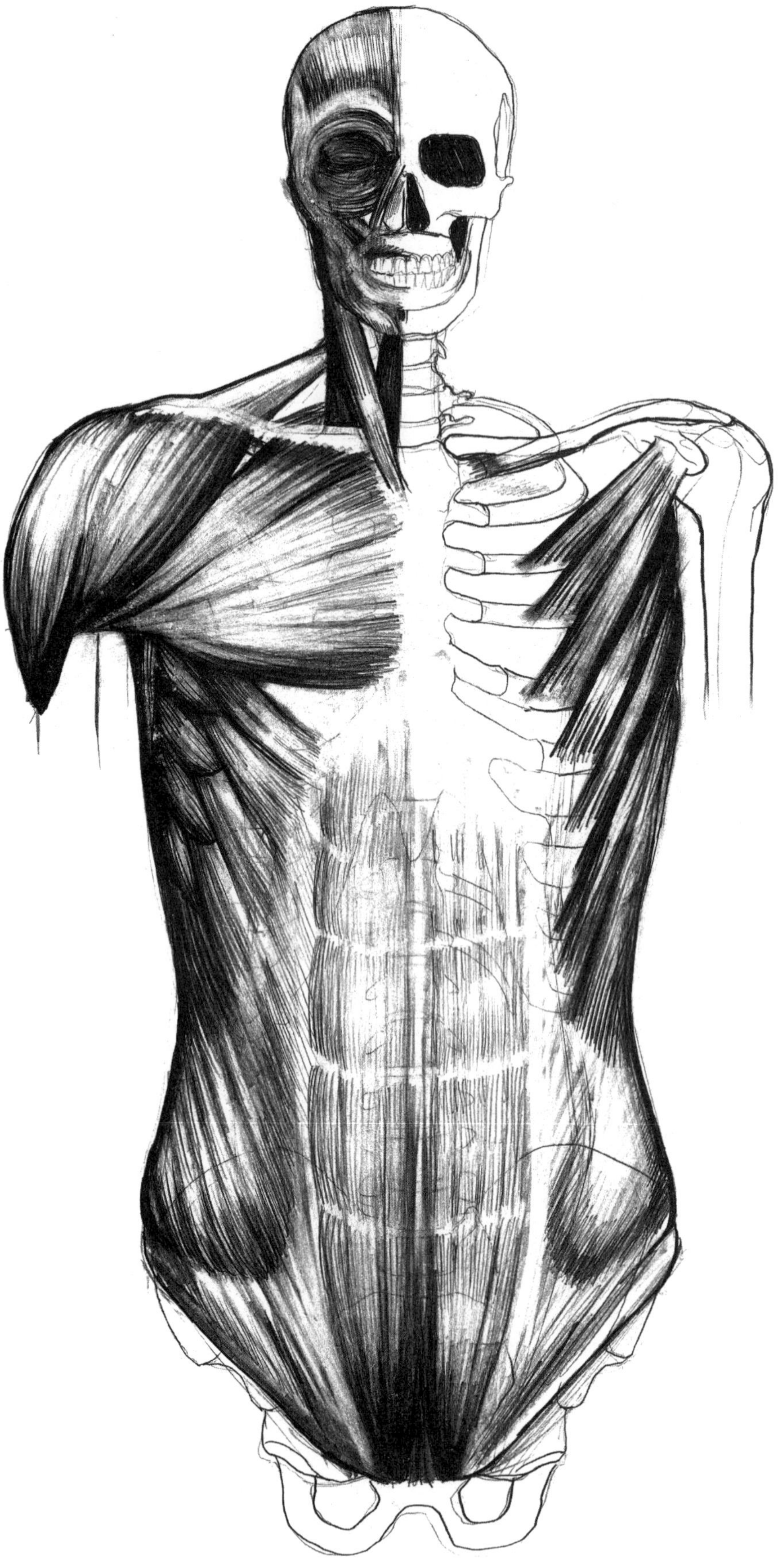

Seitenansicht

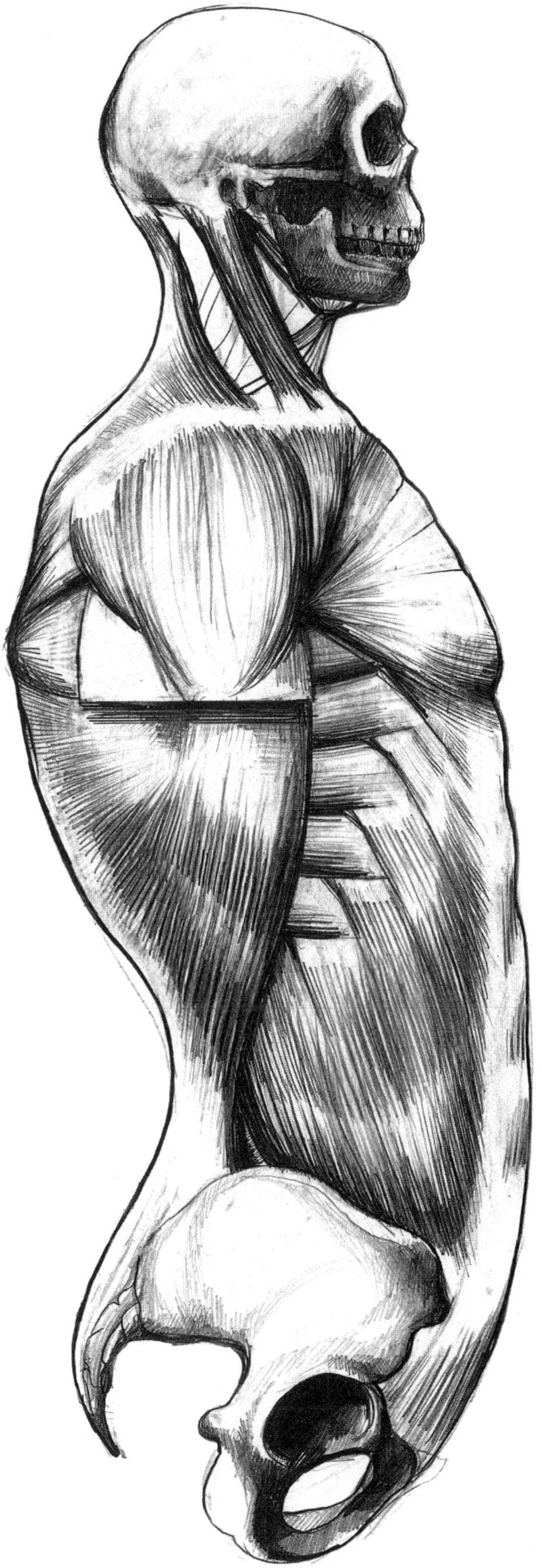

Der Oberkörper aus verschiedenen Blickwinkeln

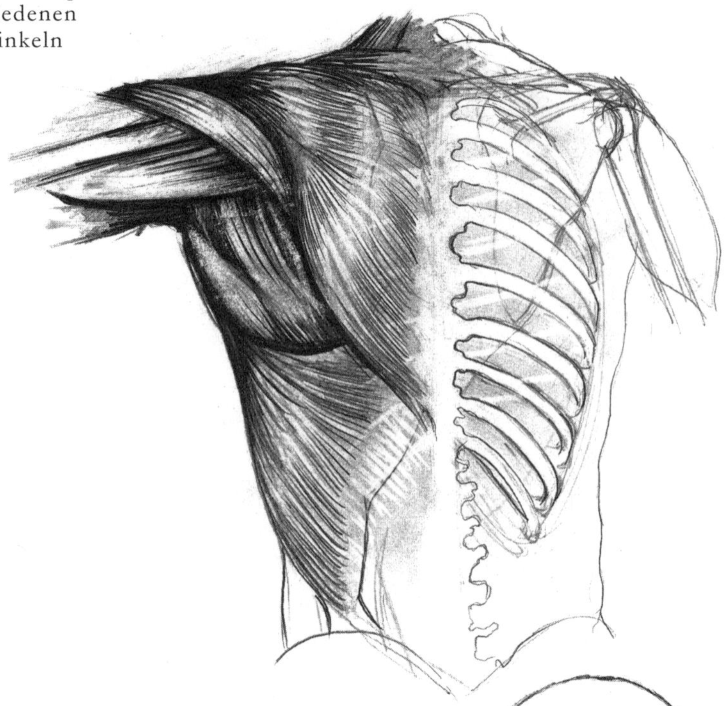

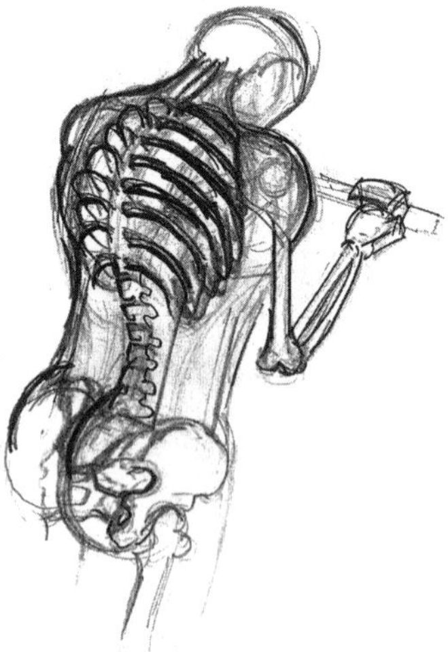

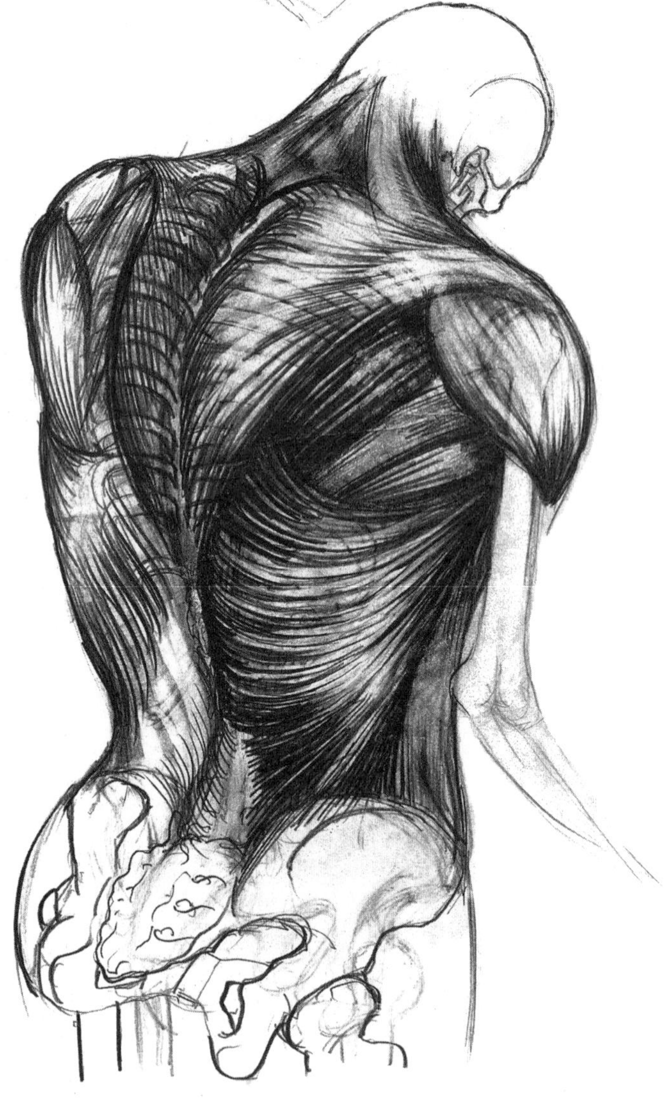

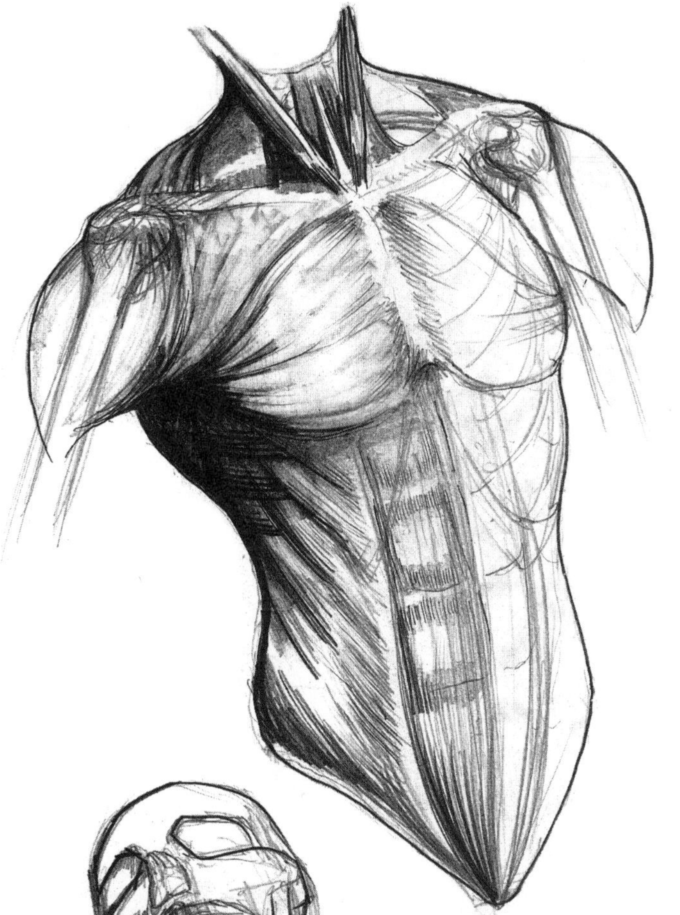

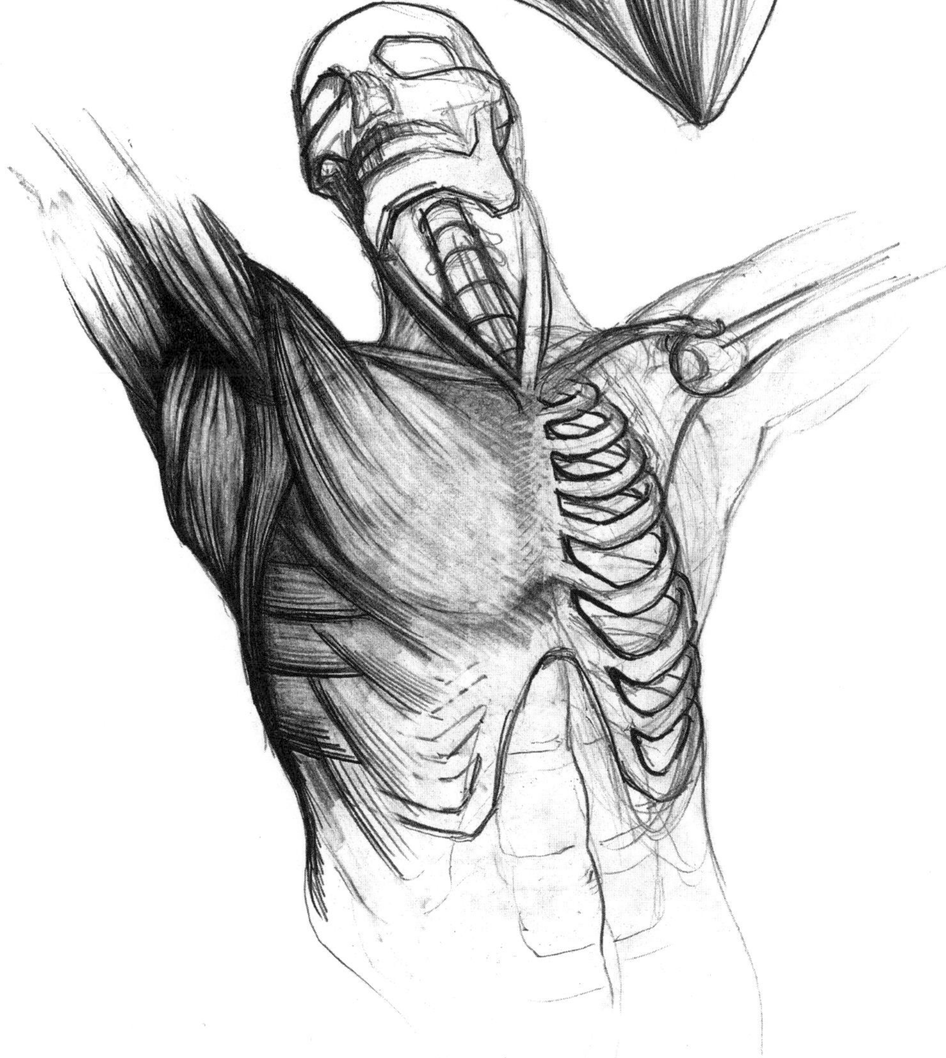

Ansicht von vorn

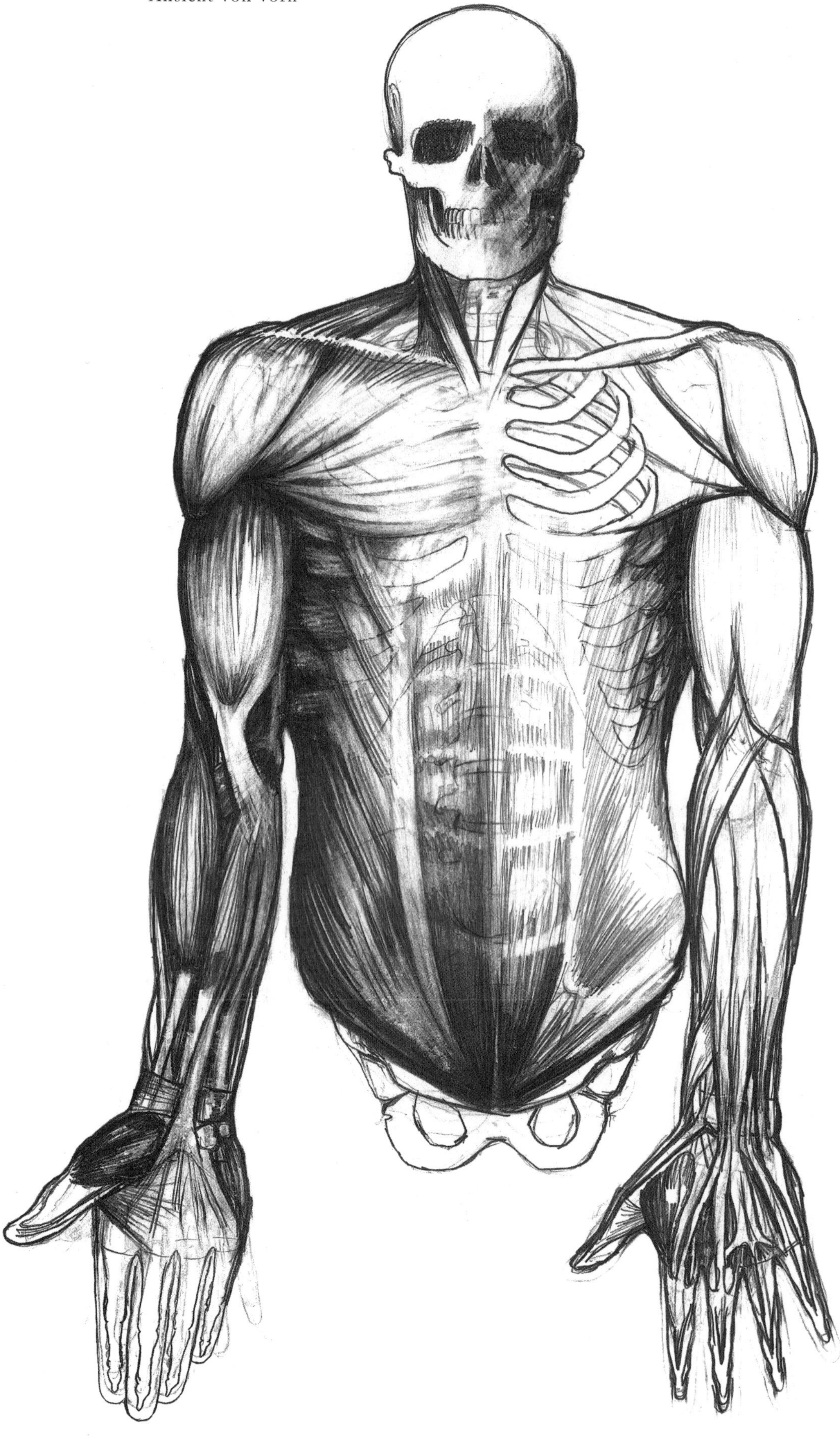

Seitenansicht

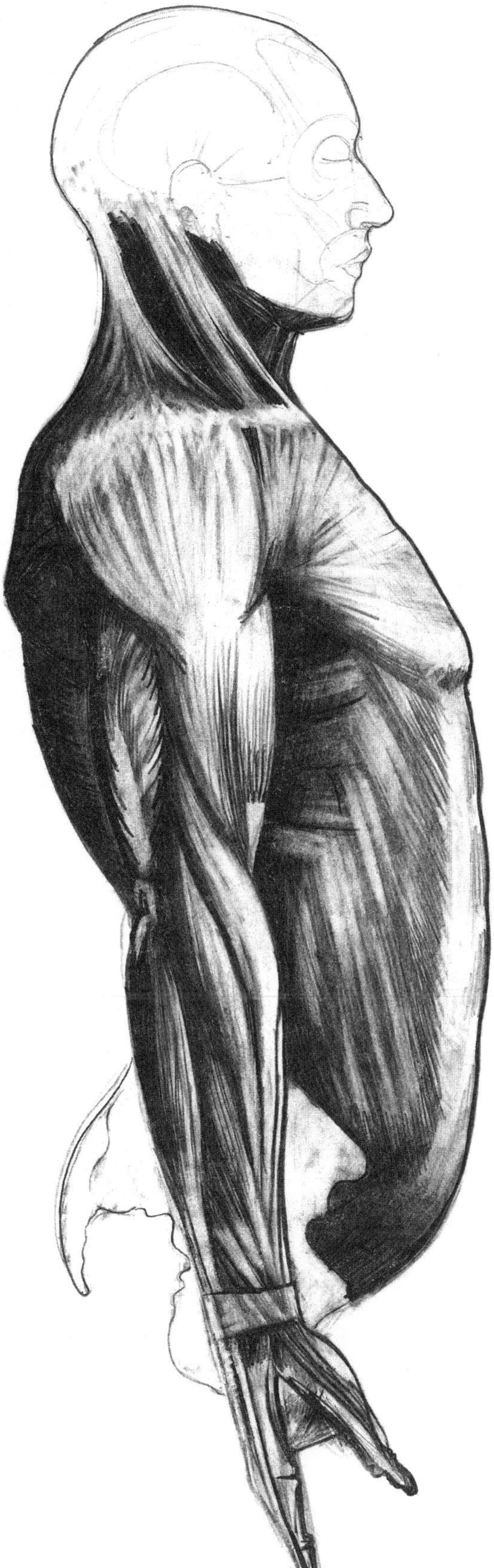

Armmuskeln von der Seite

Armmuskeln gebeugt

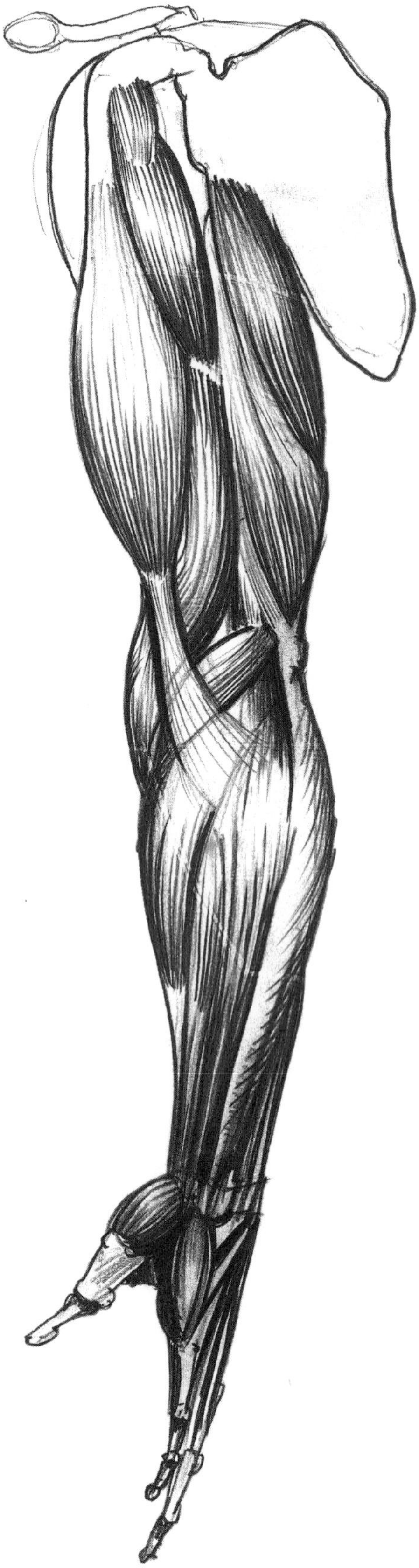

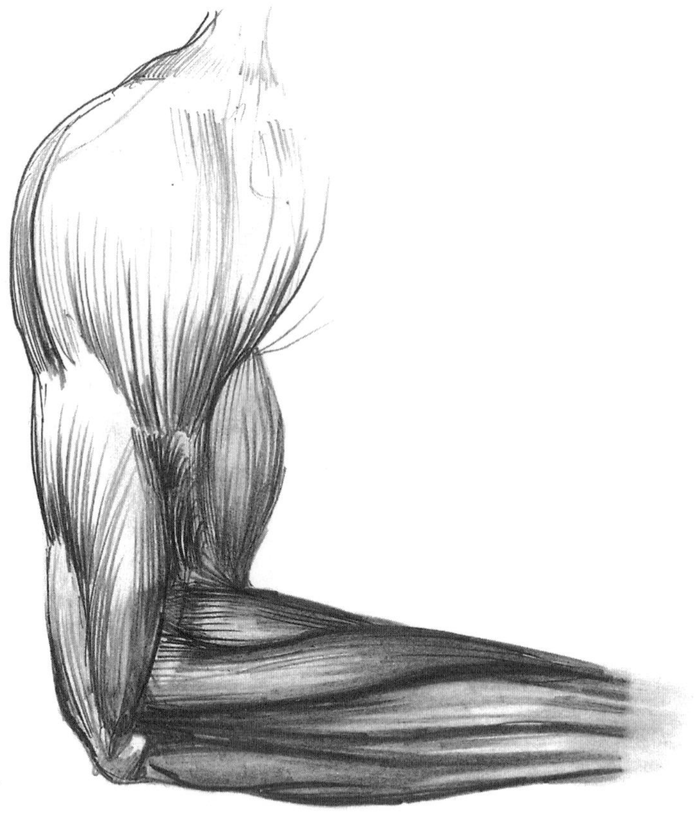

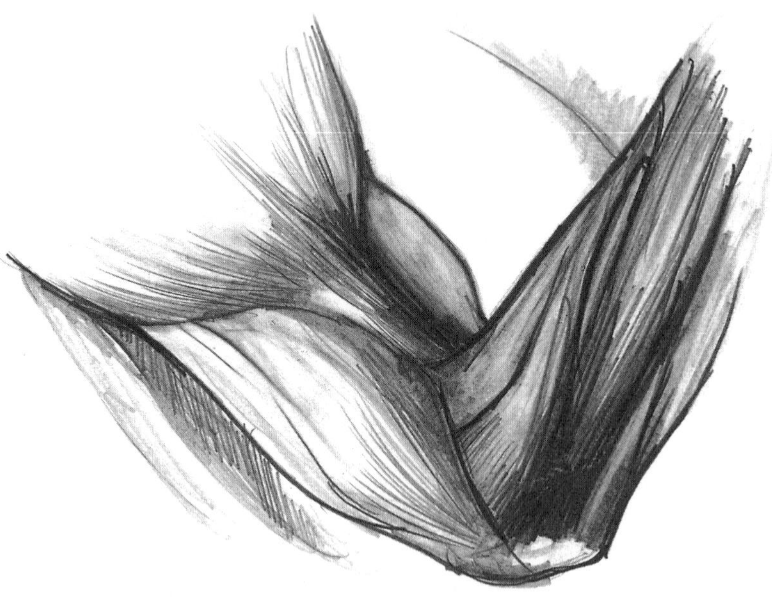

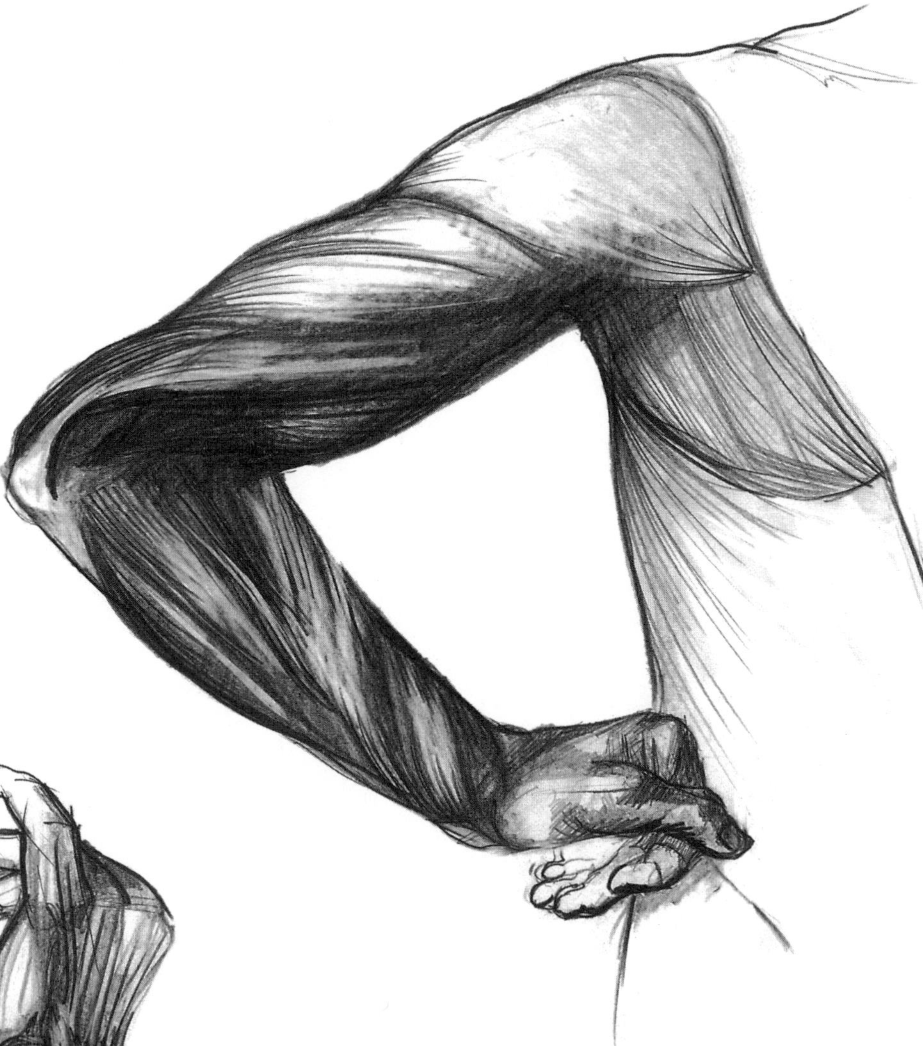

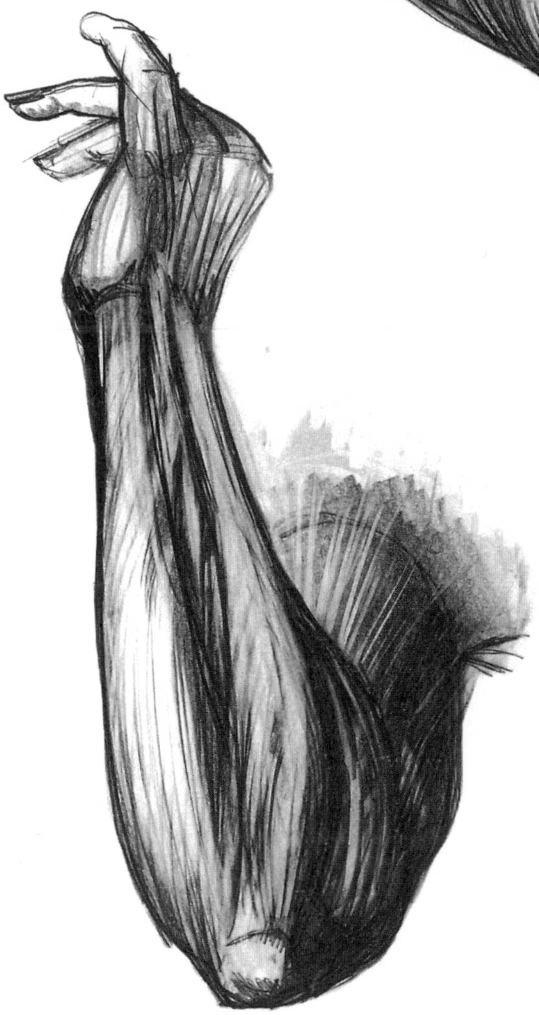

Handrücken

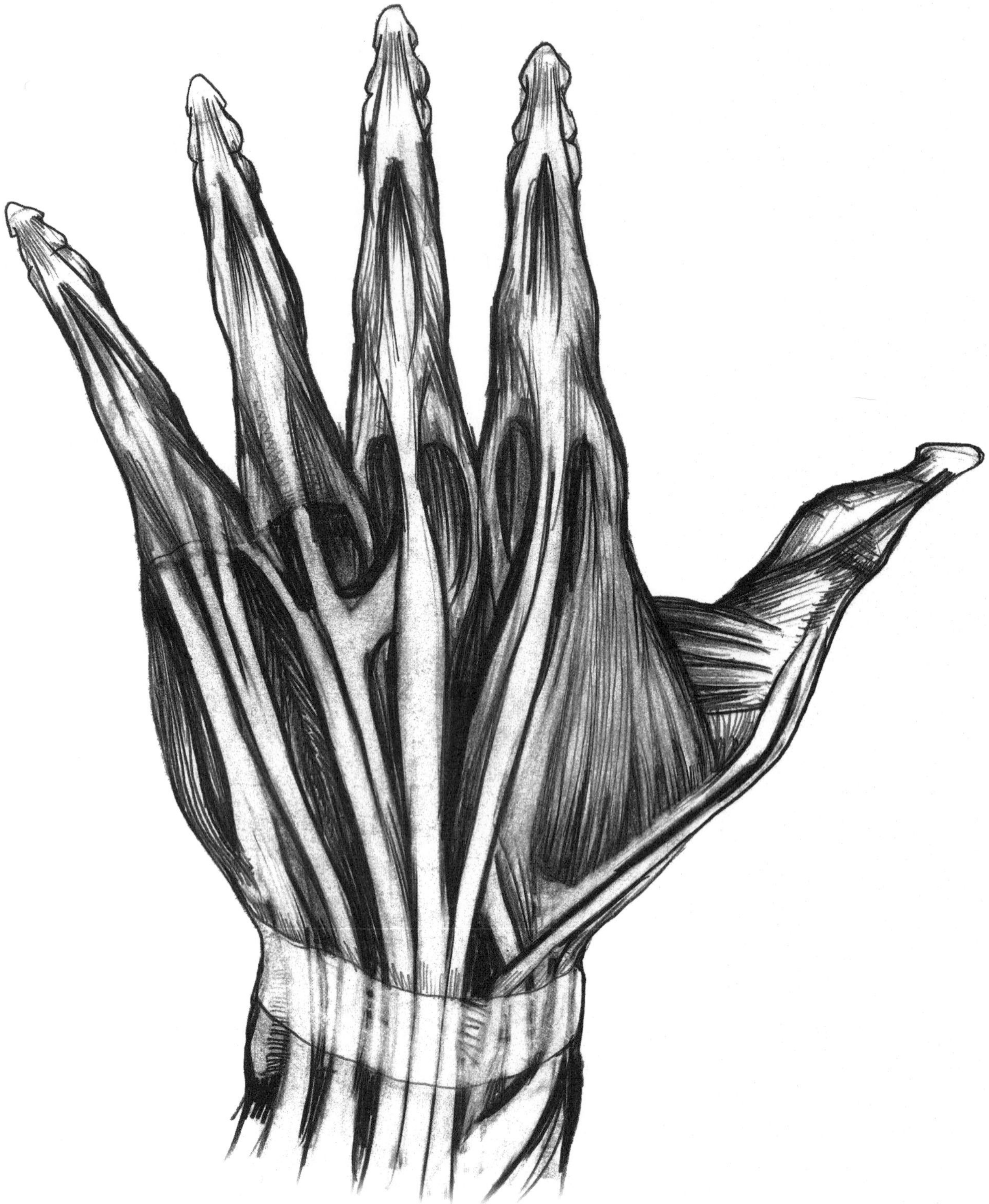

Handteller

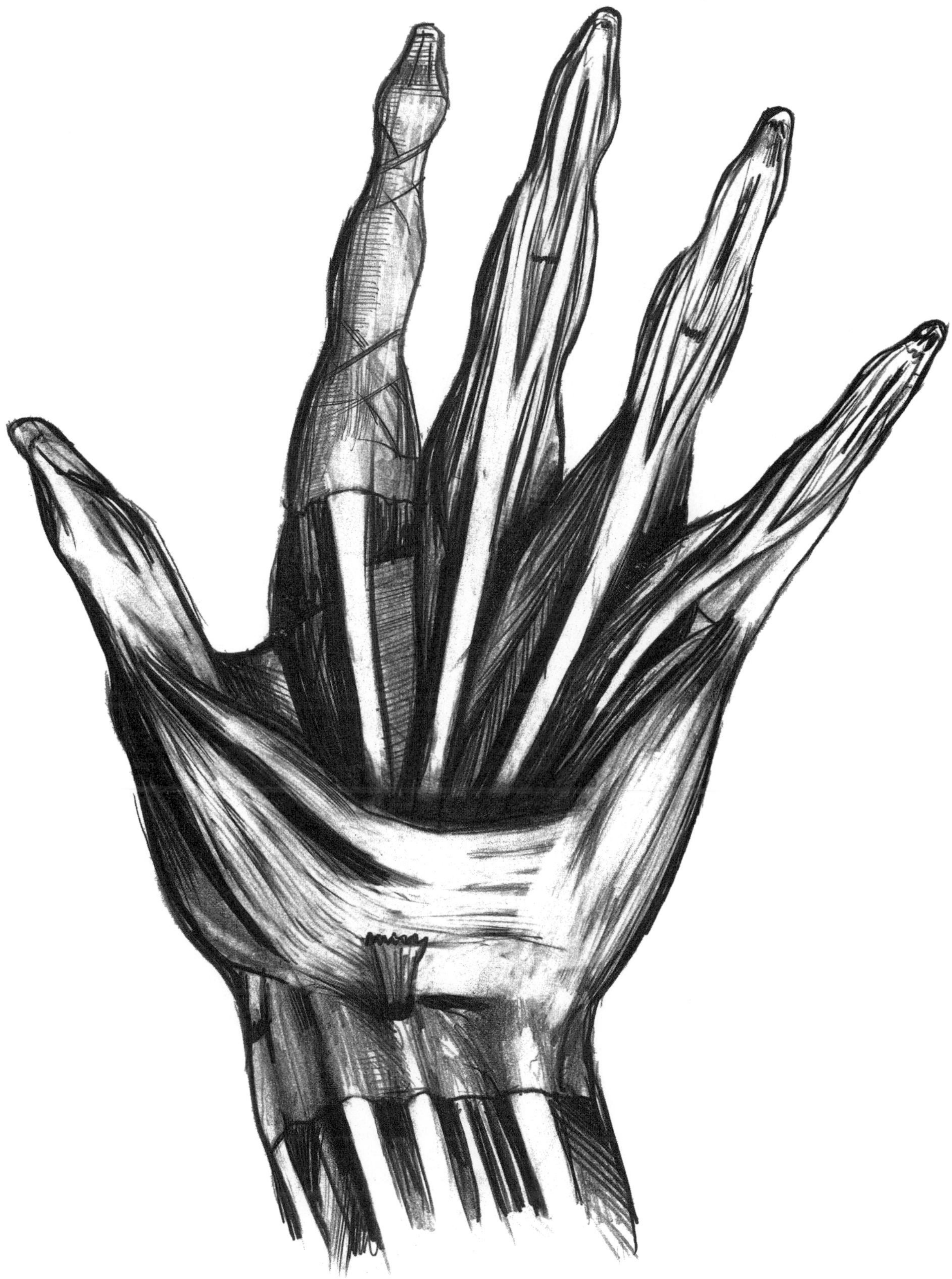

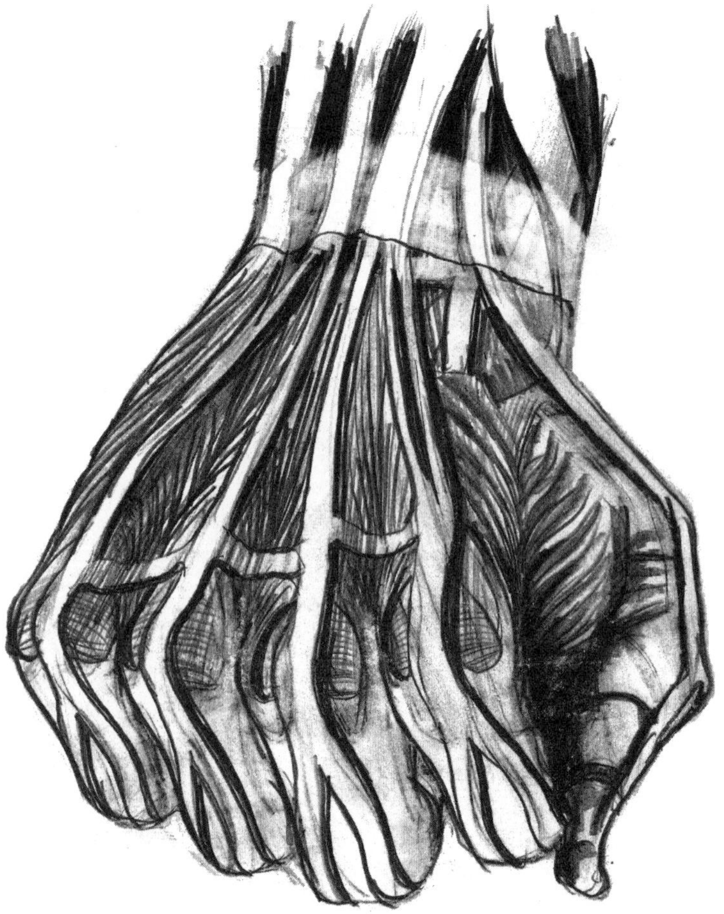

Die Hand aus verschiedenen
Blickwinkeln

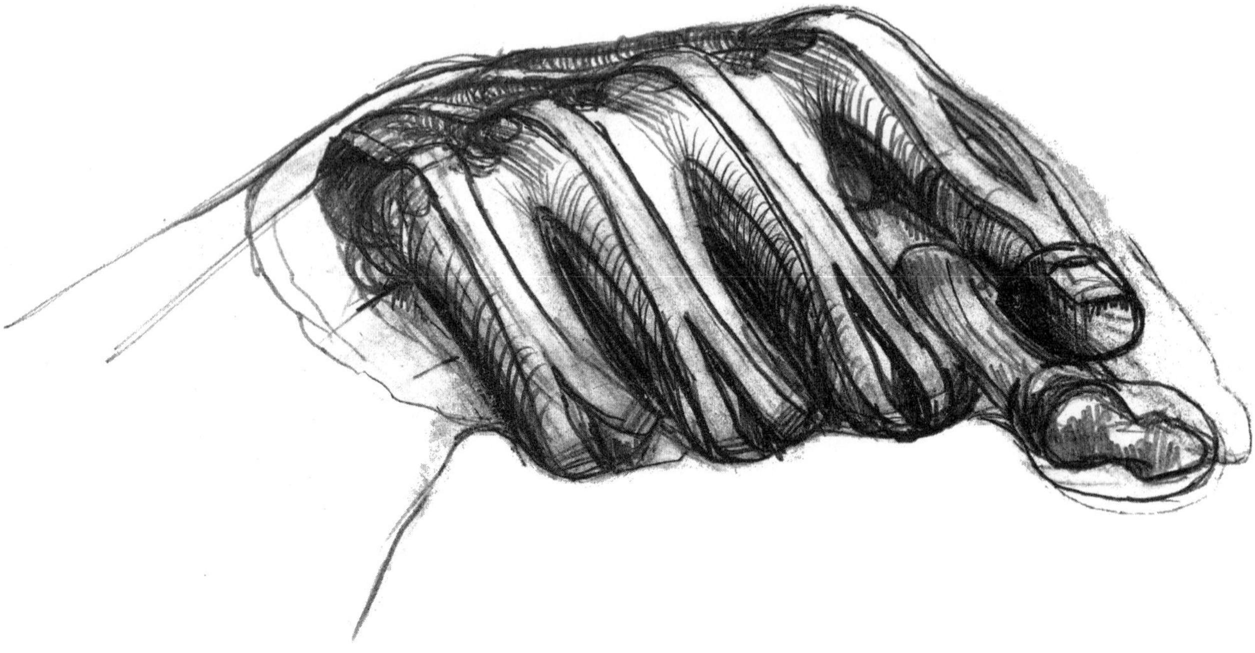

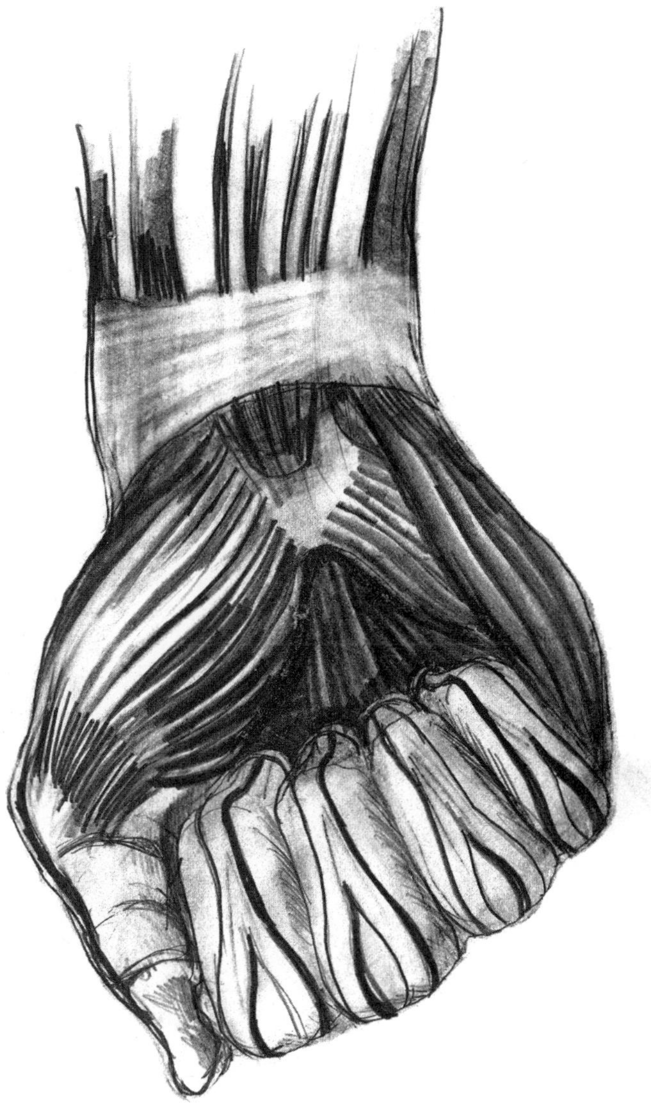

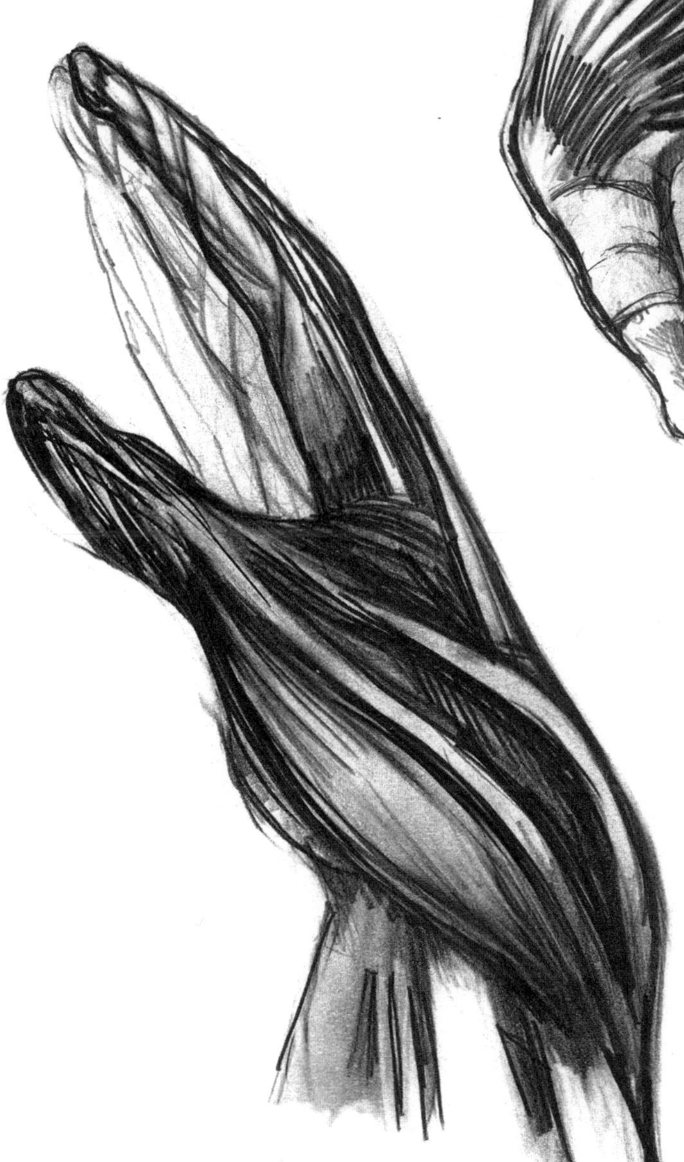

Abgewinkeltes Bein aus verkürzter Perspektive

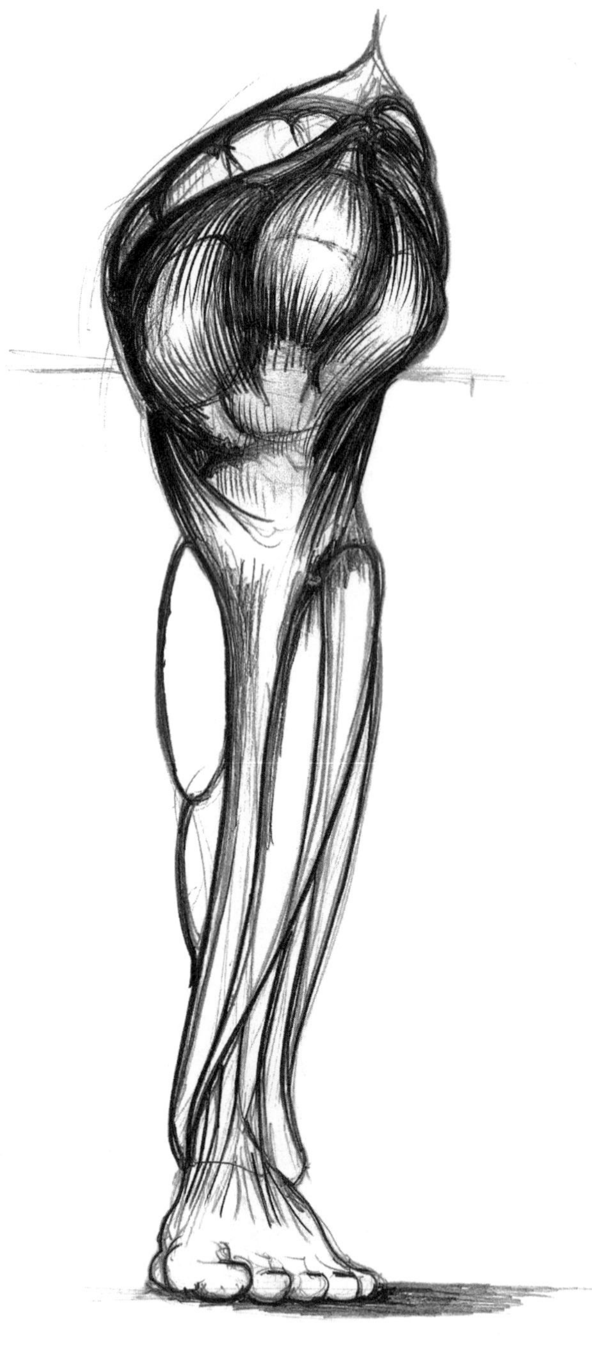

Bein, Ansicht von vorn

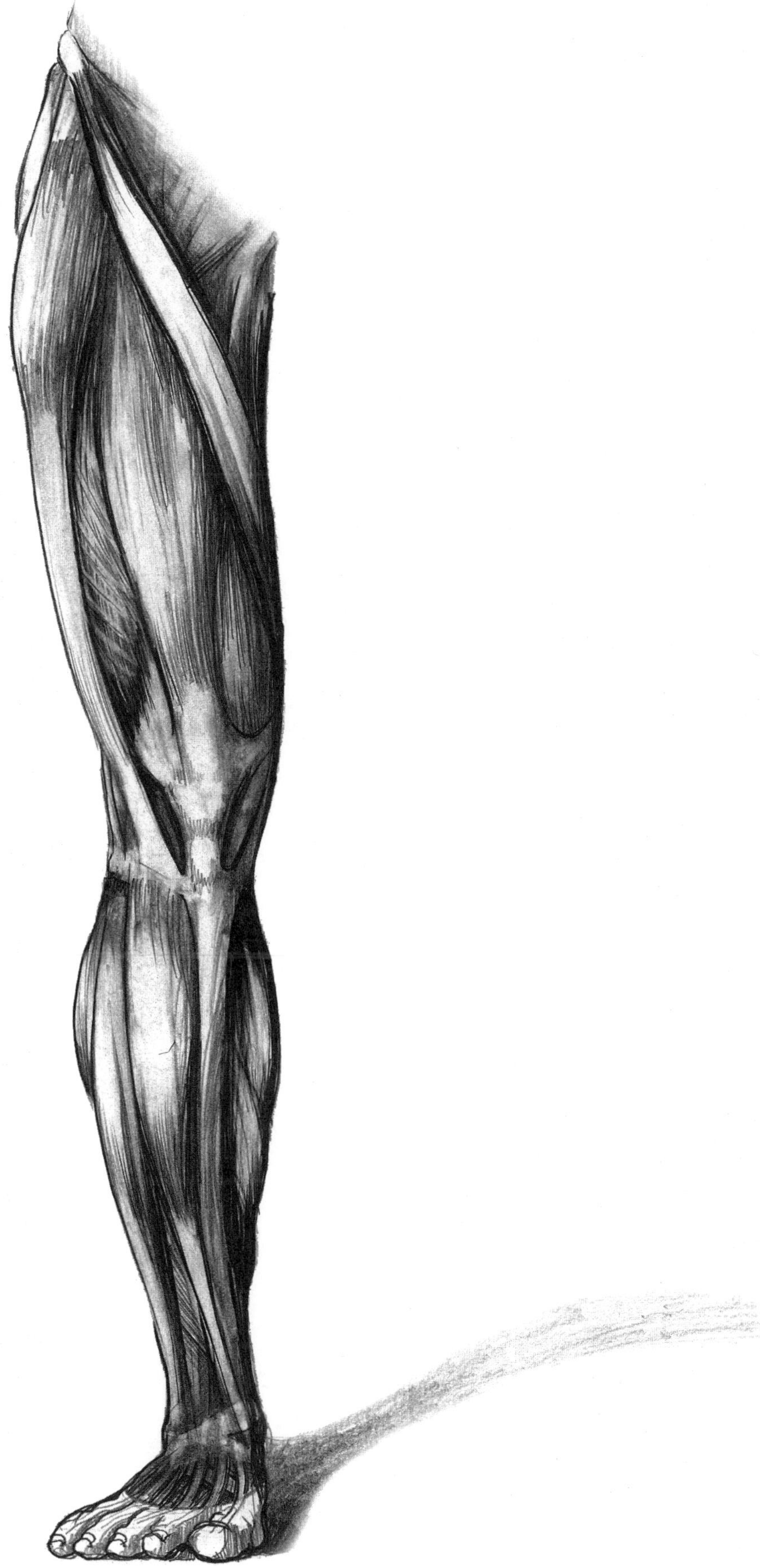

Bein, Ansicht von hinten

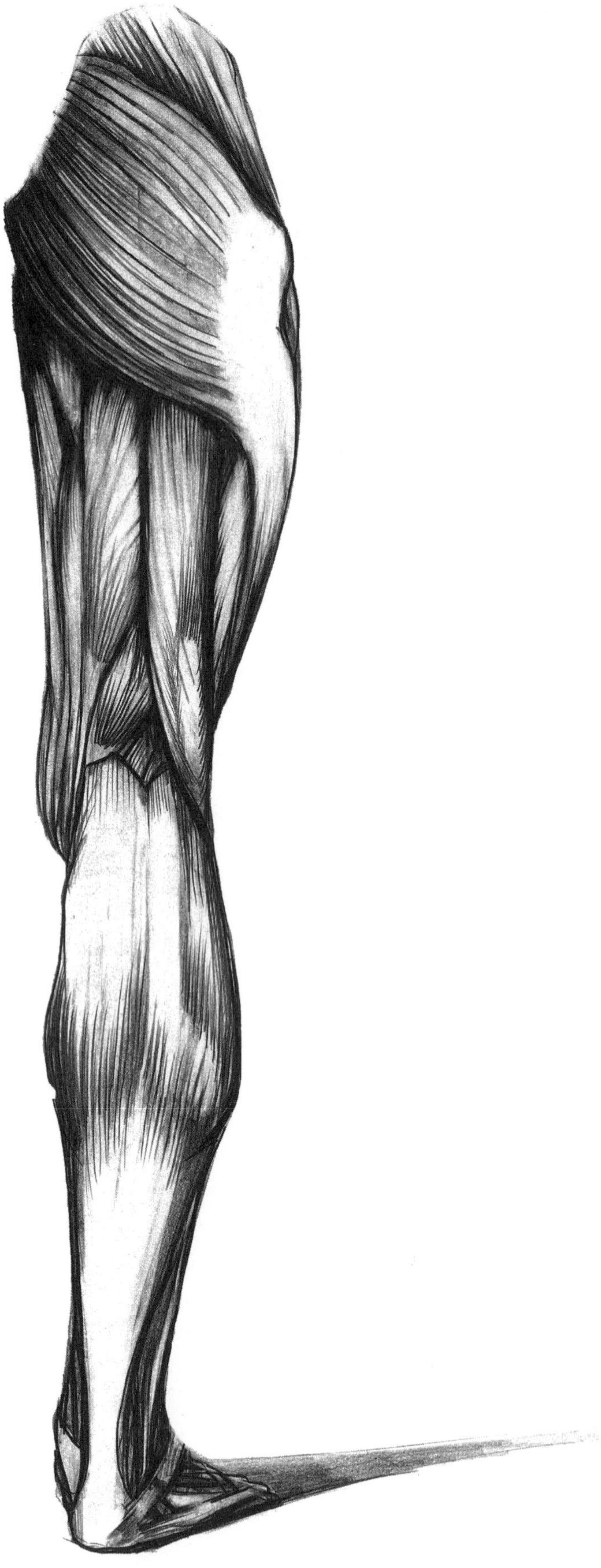

Bein von der Seite

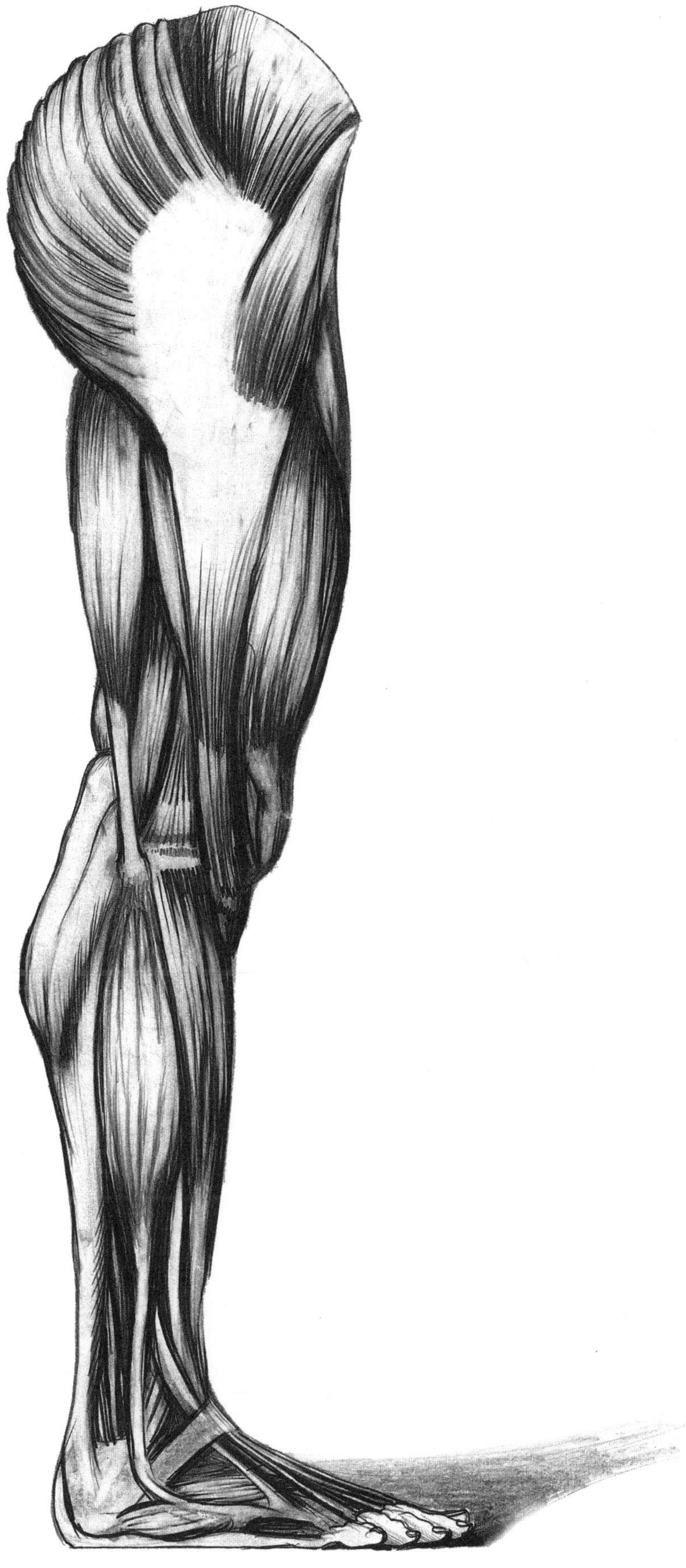

Bein von der Seite, gestreckt und abgewinkelt

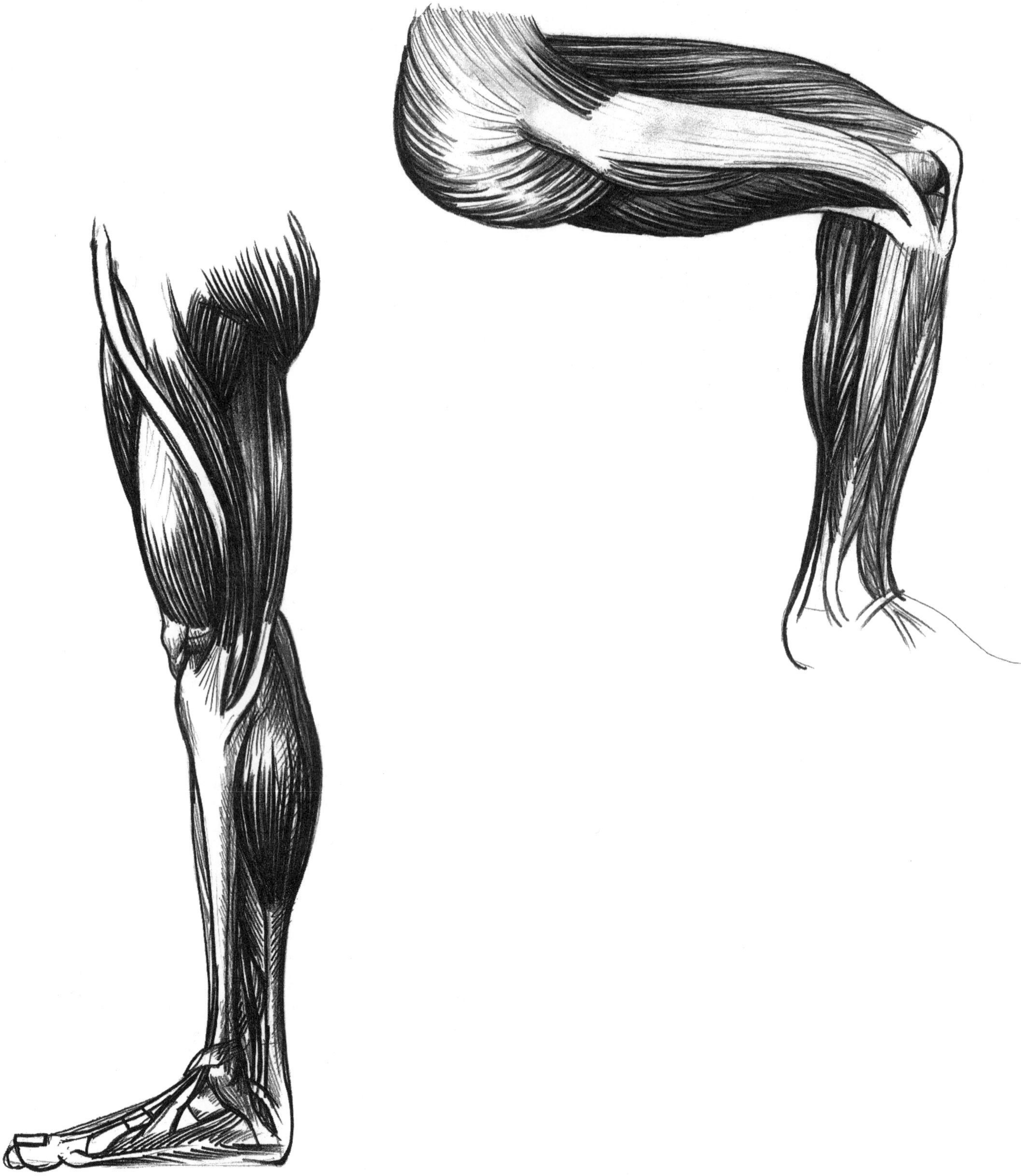

Das Bein in Bewegung

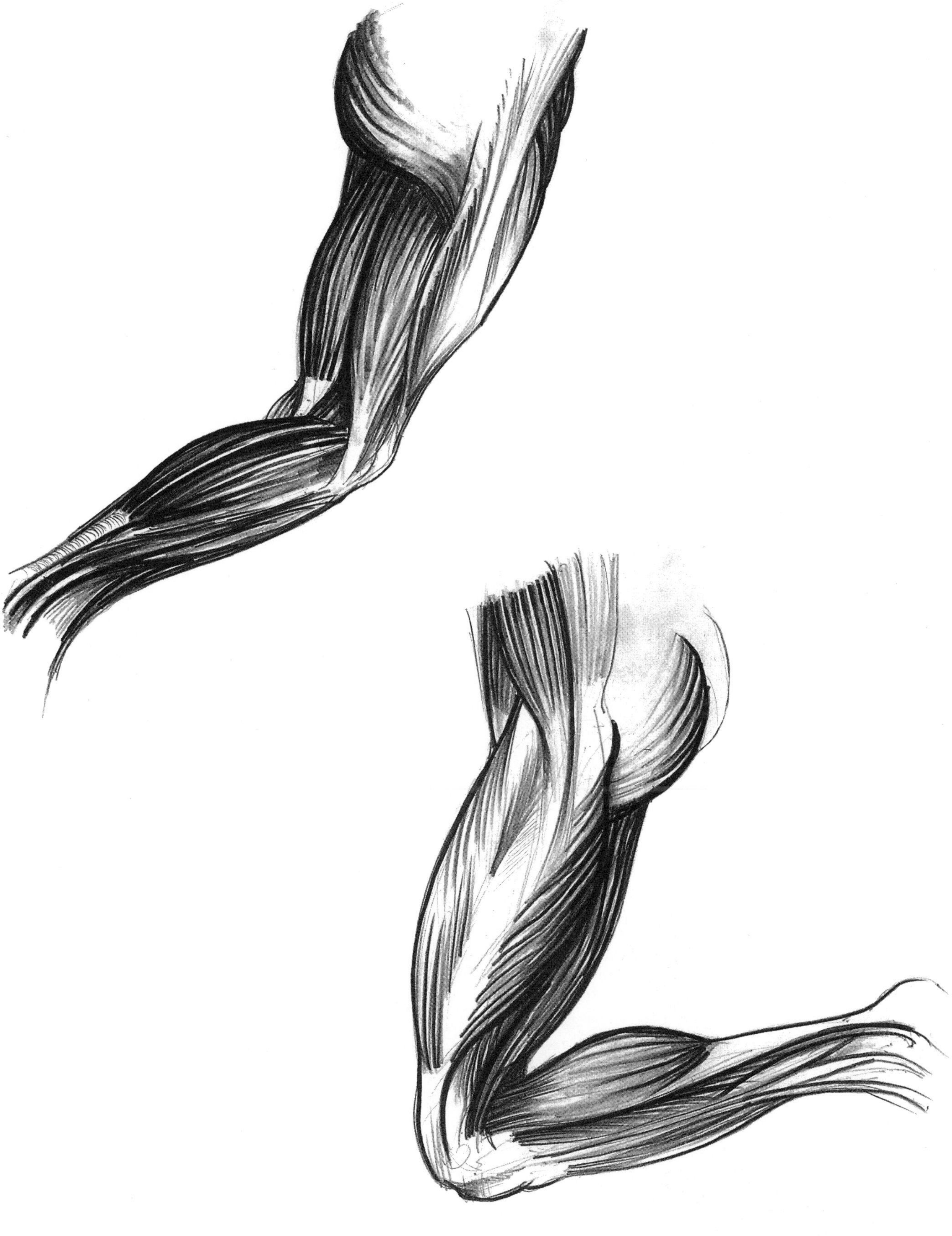

Fuß von oben

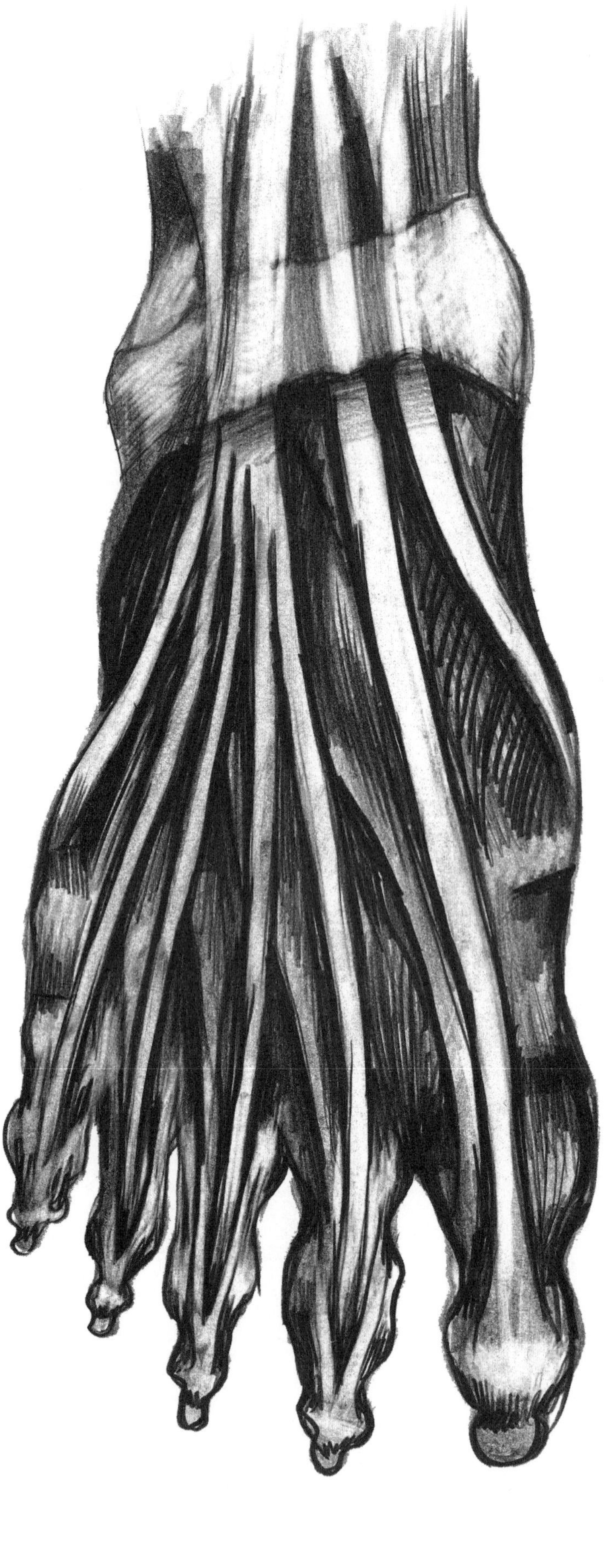

Fußsohle

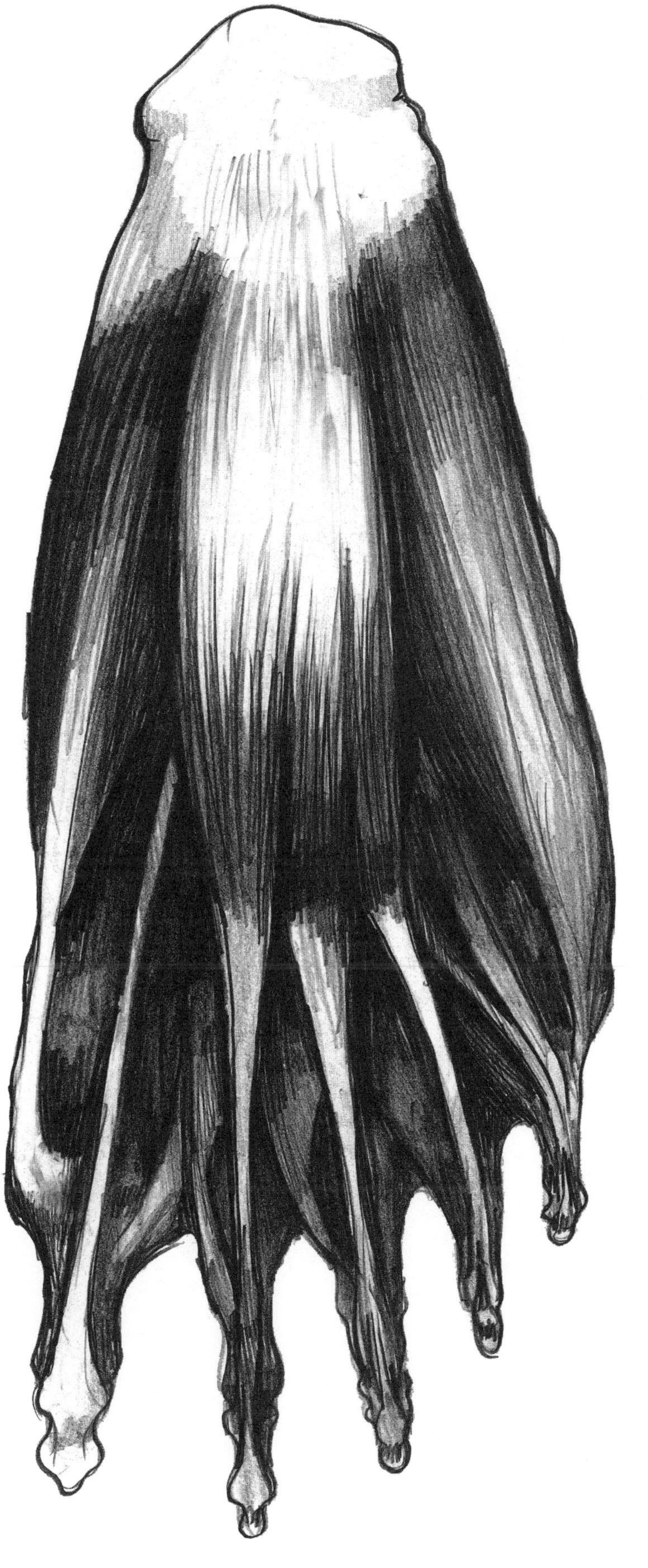

Der Fuß in Bewegung

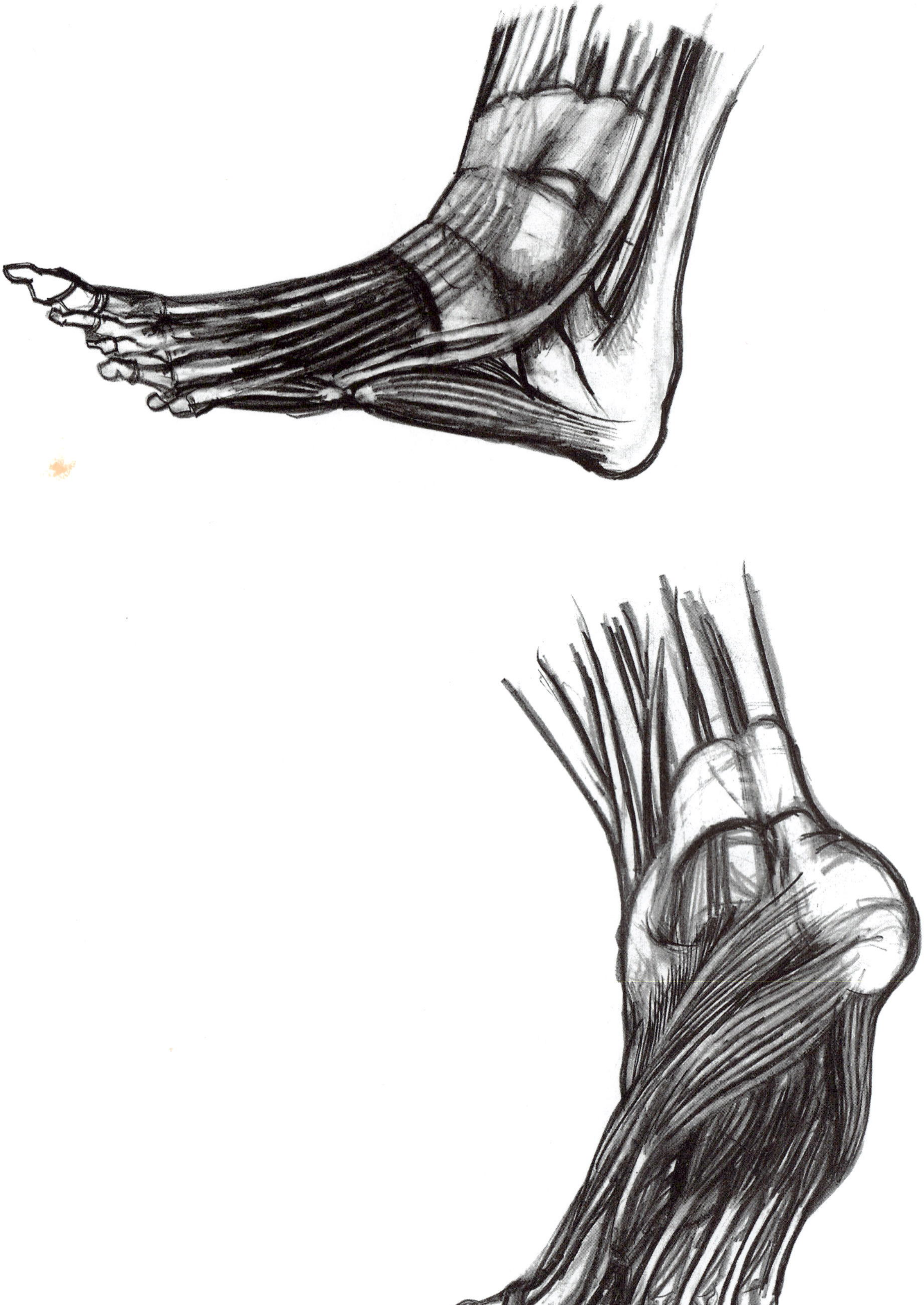

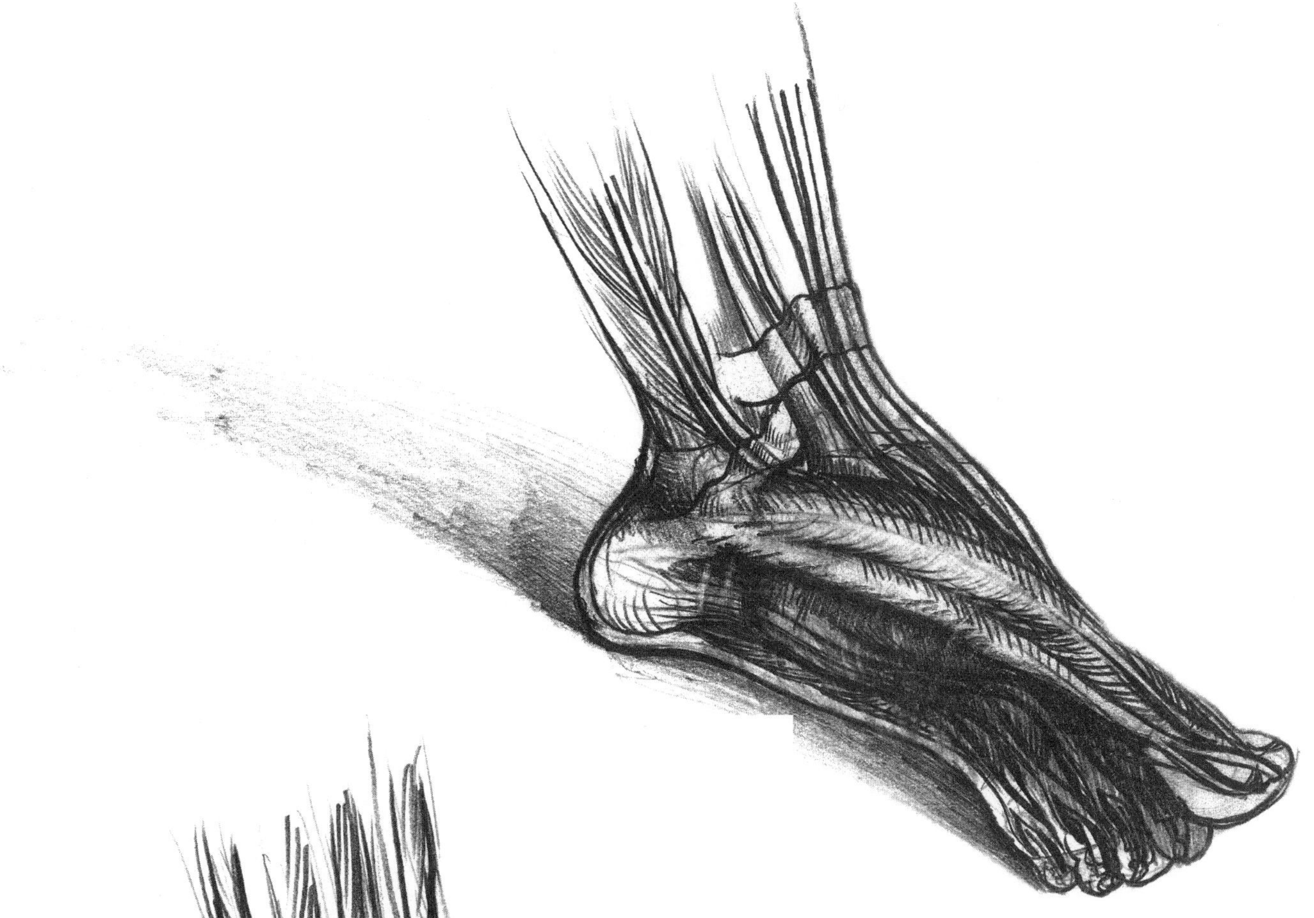

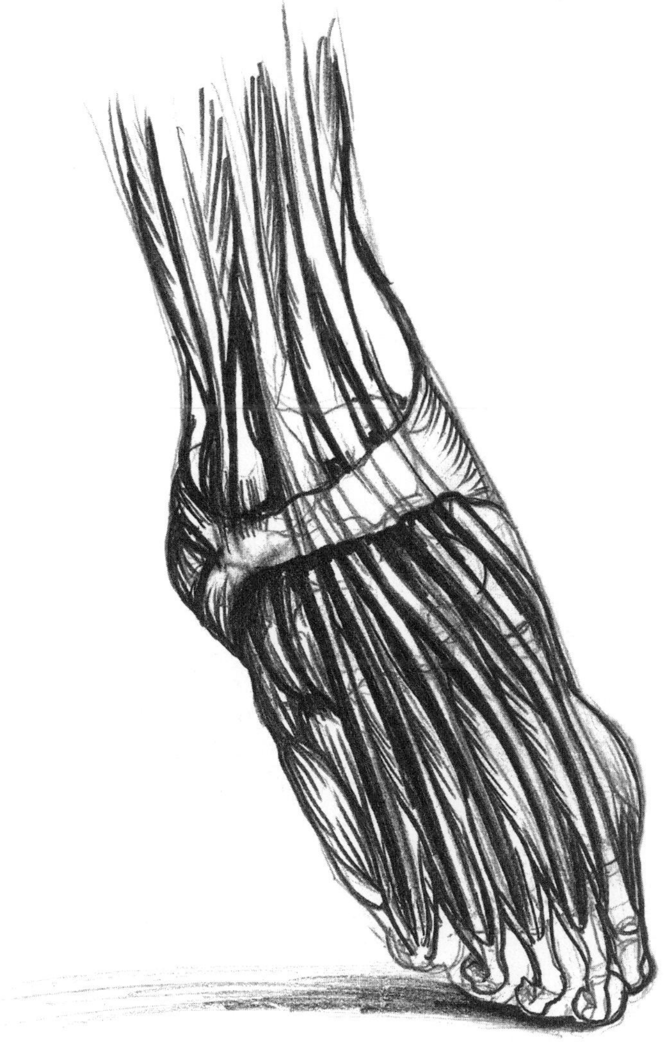

Ansicht von vorn

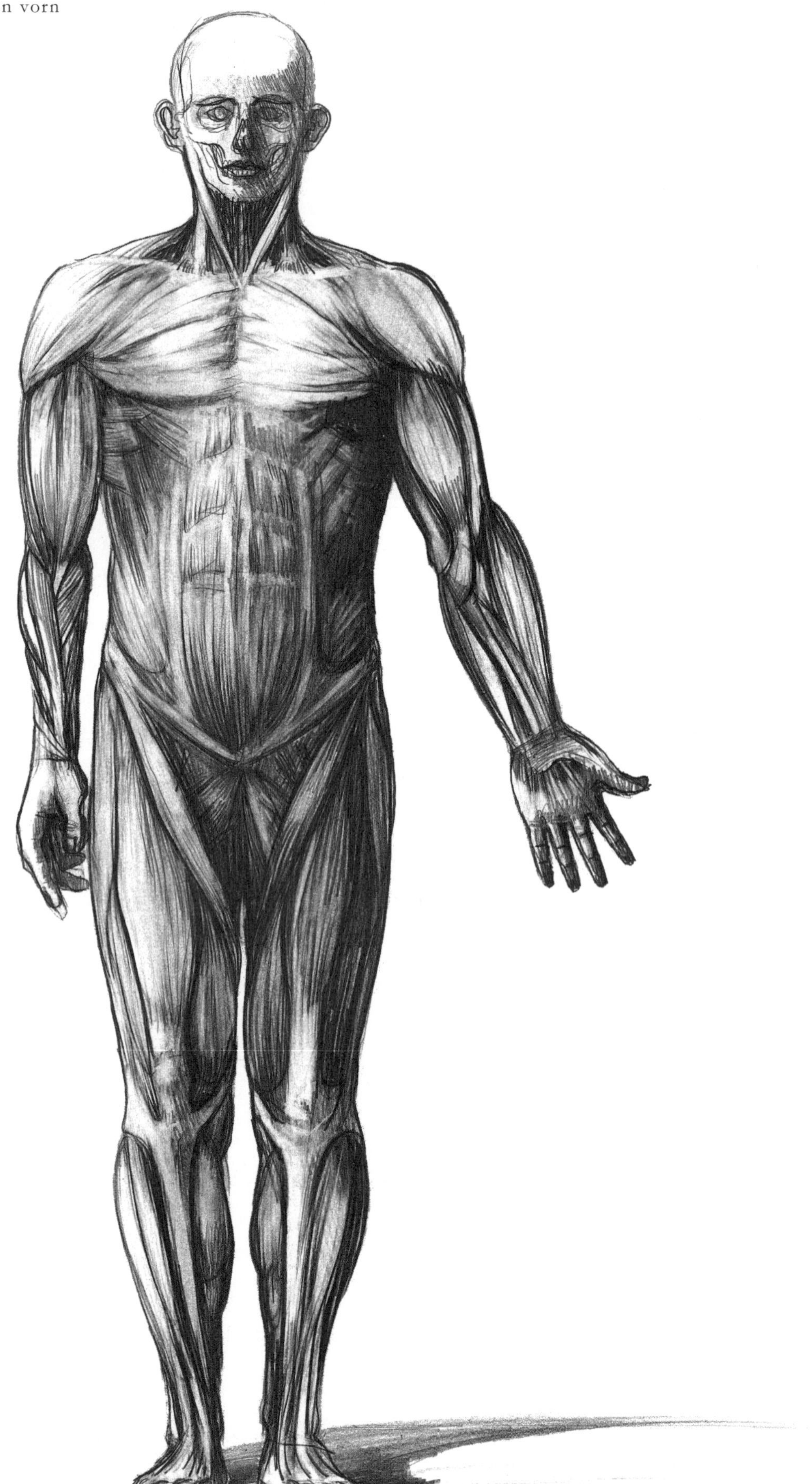

Ansicht von hinten

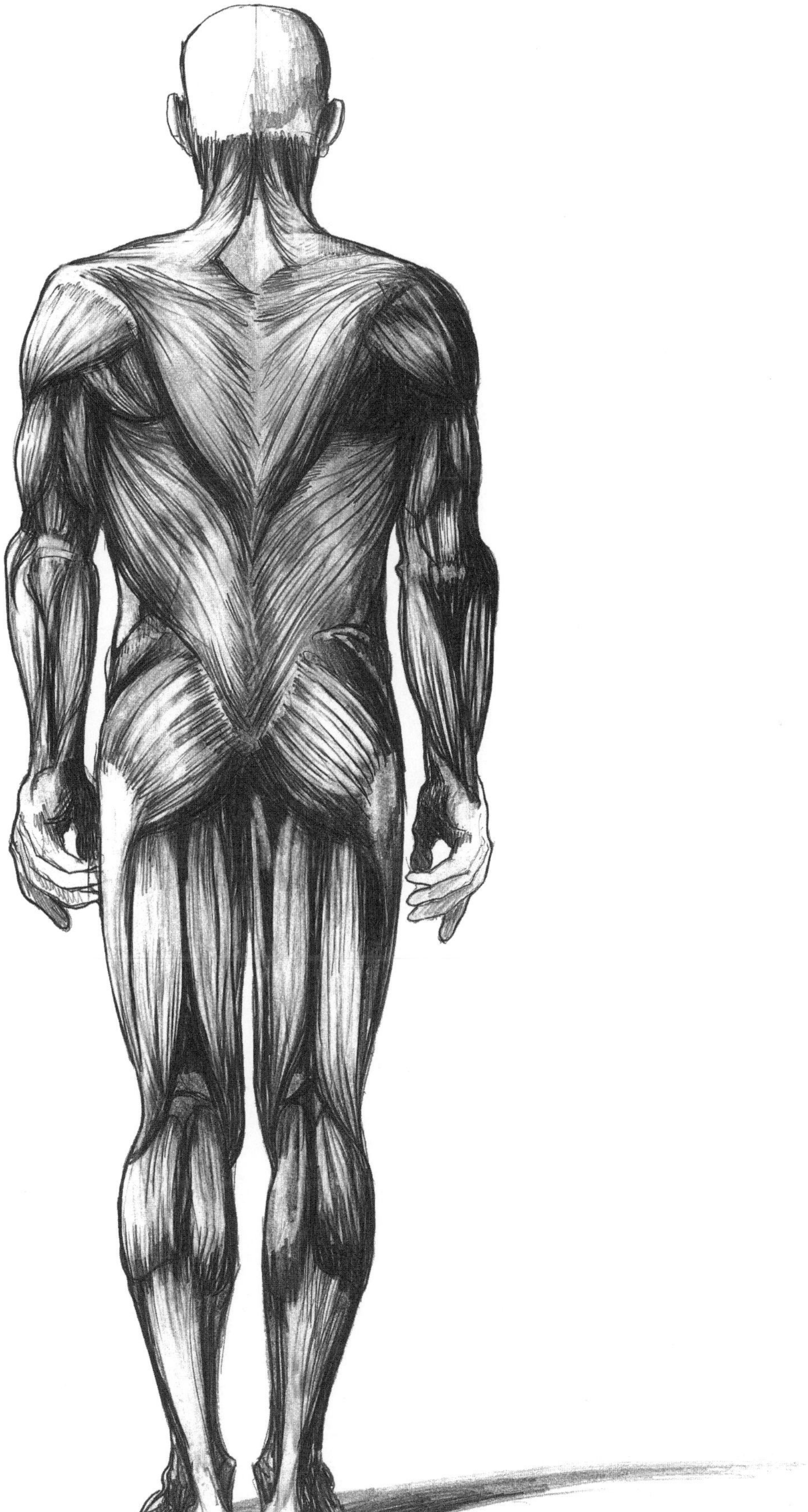

Seitenansicht

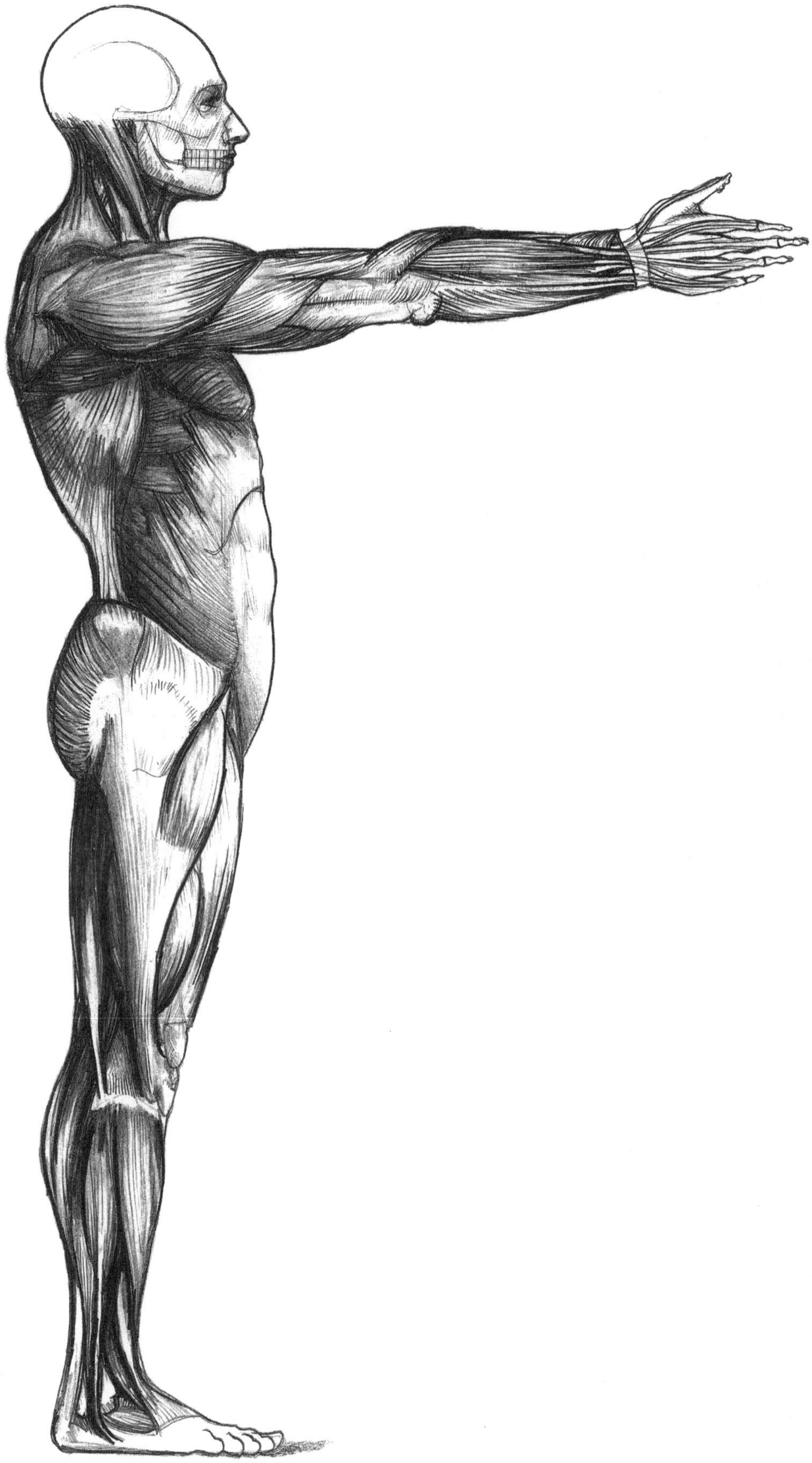

Bauchlage

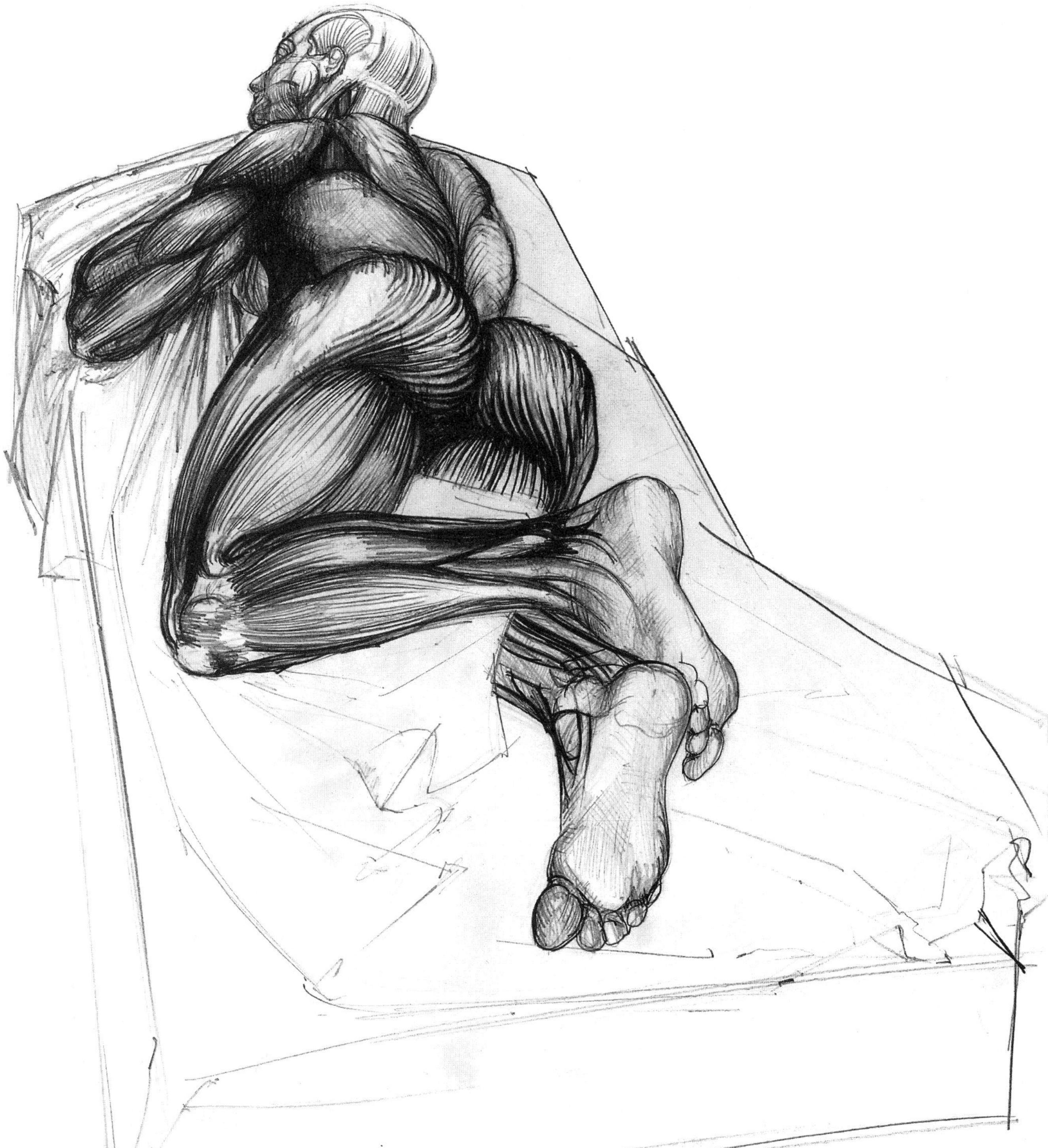

Die Haut

In der Geschichte der Kunst wurden die speziellen Eigenschaften der Haut von Künstlern als Ausdrucksmittel für den menschlichen Körper genutzt. Porträts von Dürer, Rembrandt und Ingres, um nur drei große Meister zu nennen, zeigen diese Faszination der Haut. Ihre Darstellung ist so meisterhaft und zeugt von so tiefem Verständnis, dass wir als Betrachter die Bildmotive fast als real empfinden. Wenn dies gelingt, hört ein Werk auf, ein reines Porträt zu sein – es wird zum Kunstwerk.

Wie viel von der äußeren Muskulatur sich durch die Haut abzeichnet, ist von Mensch zu Mensch verschieden. Eine »vollschlanke« oder füllige Person zeigt wenig von ihrer Muskulatur; bei einem schlanken Menschen schmiegt sich die Haut dagegen eng über die Muskeln. Desgleichen hängen Struktur und Aussehen der Haut von Alter, Gesundheitszustand und der Körperstellung ab.

In den folgenden Zeichenserien lernen Sie diese Unterschiede und Variationen genauer kennen.

Im Alter

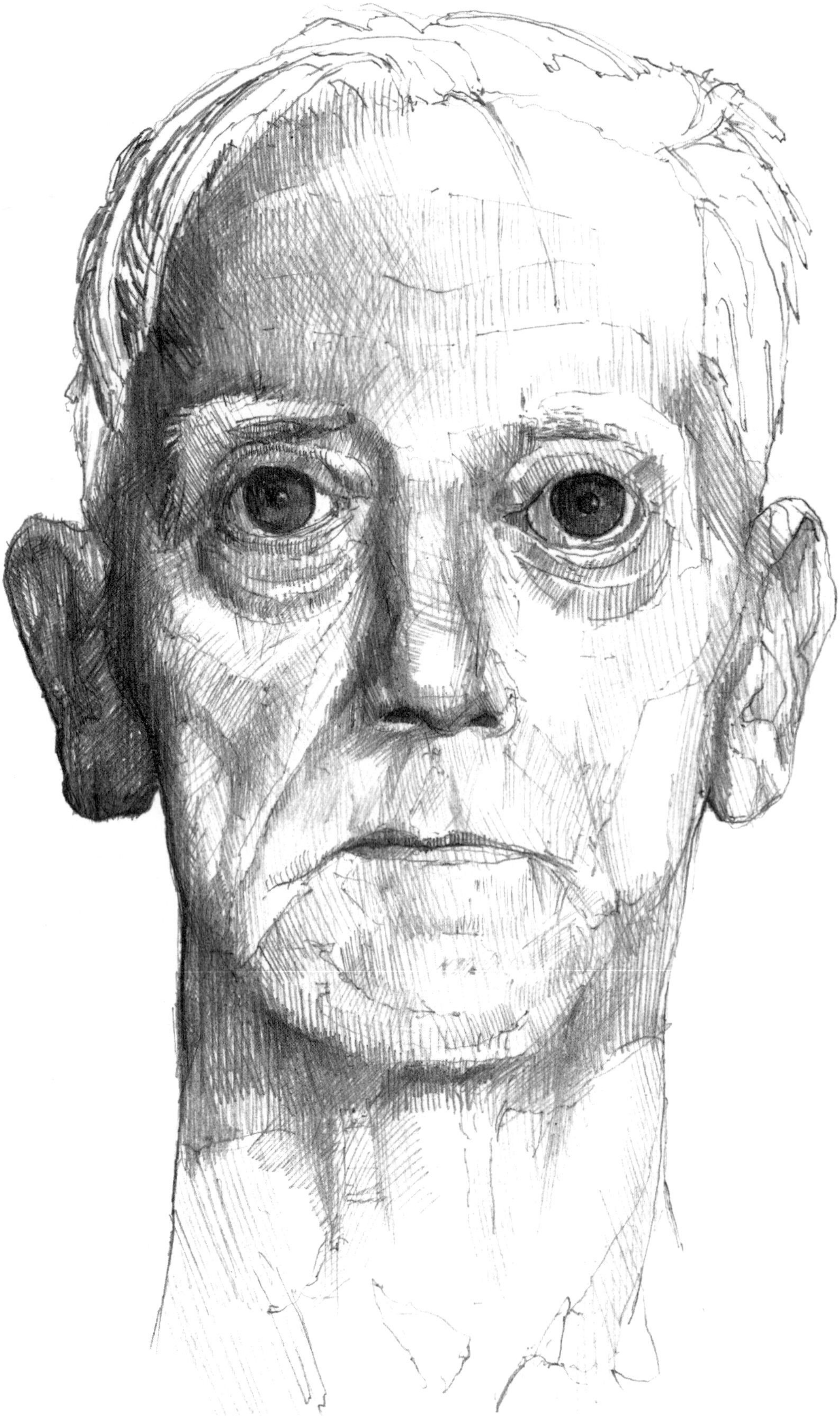

Mittleres Alter

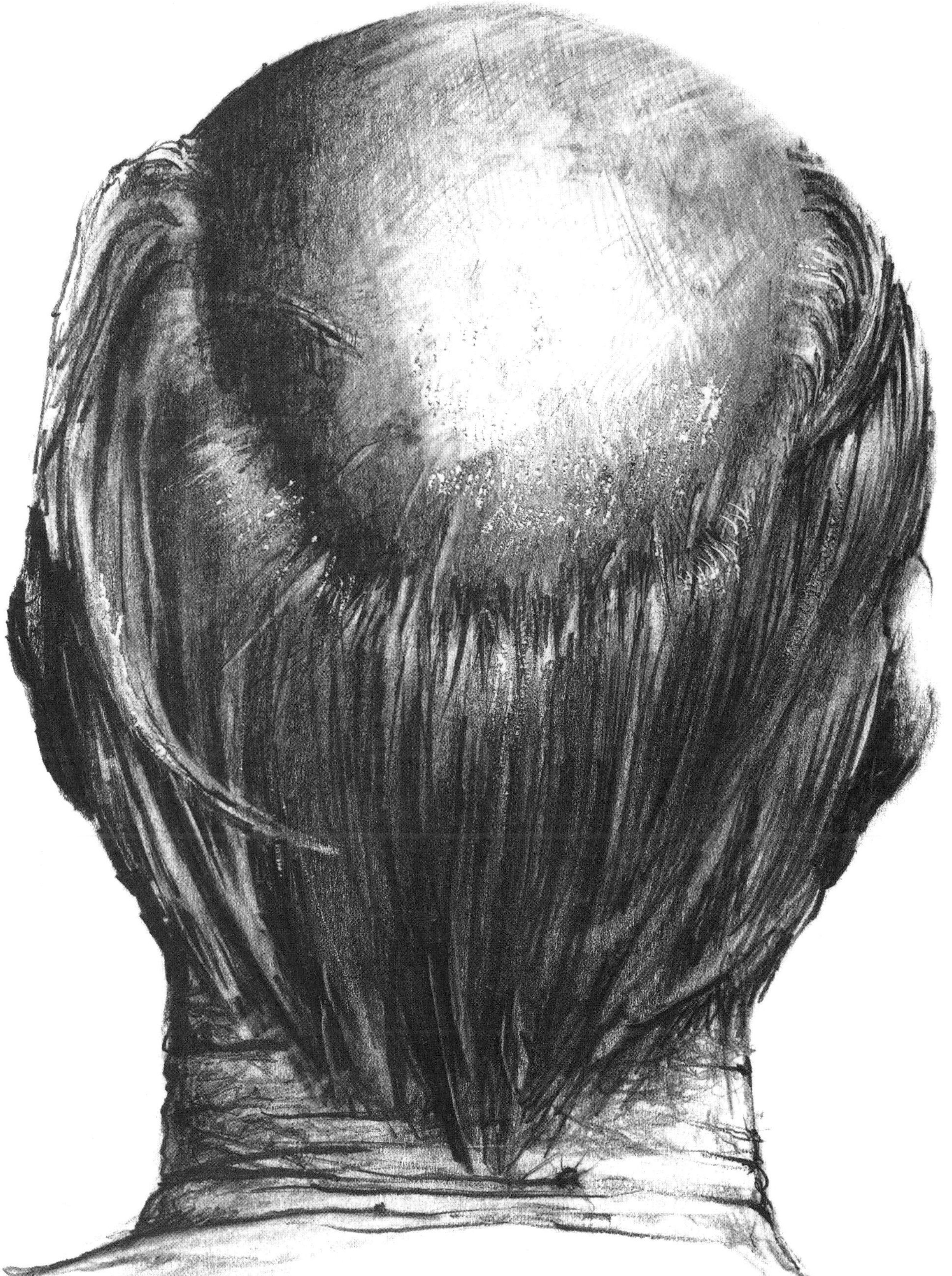

Jugend

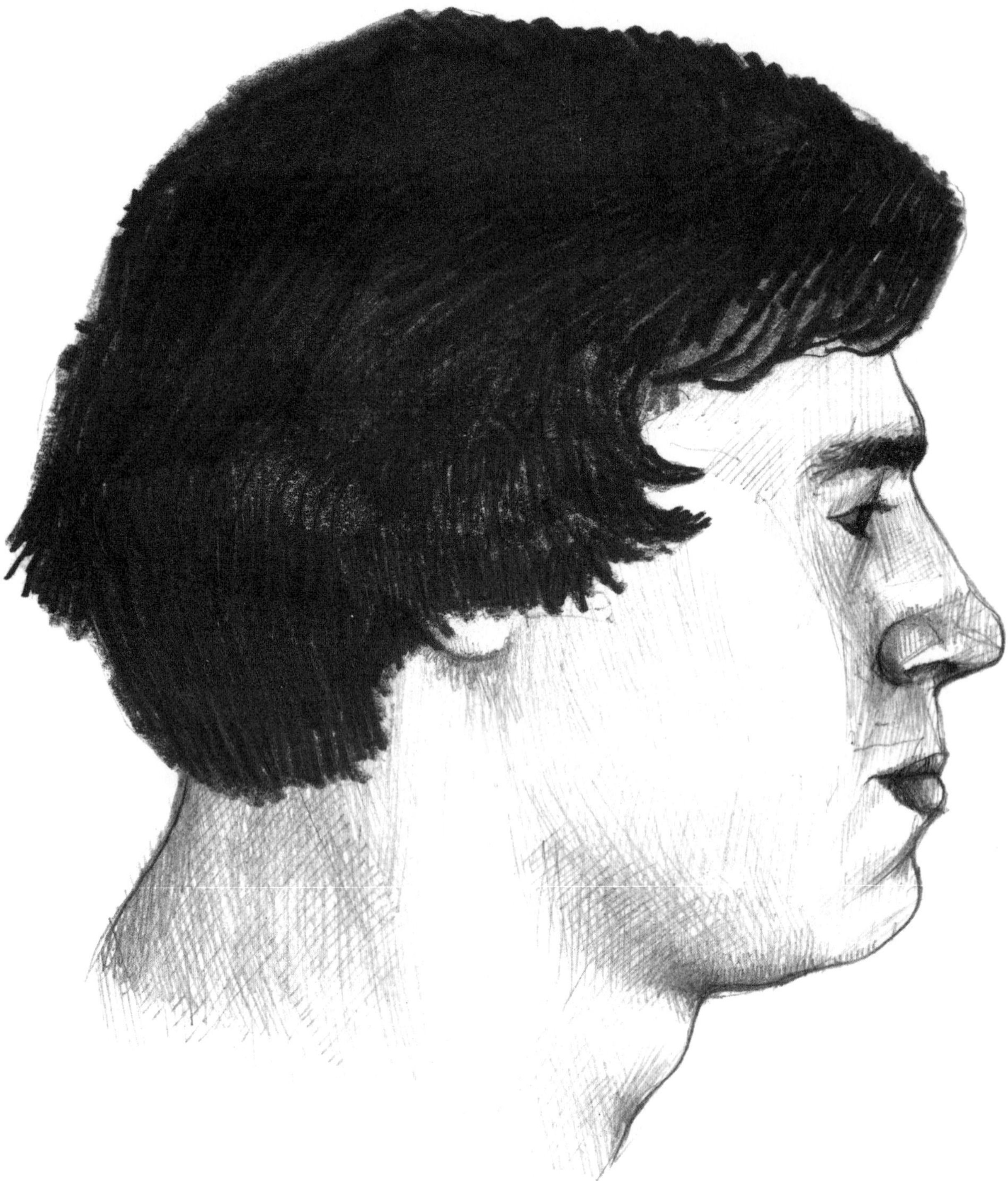

Mittleres Alter

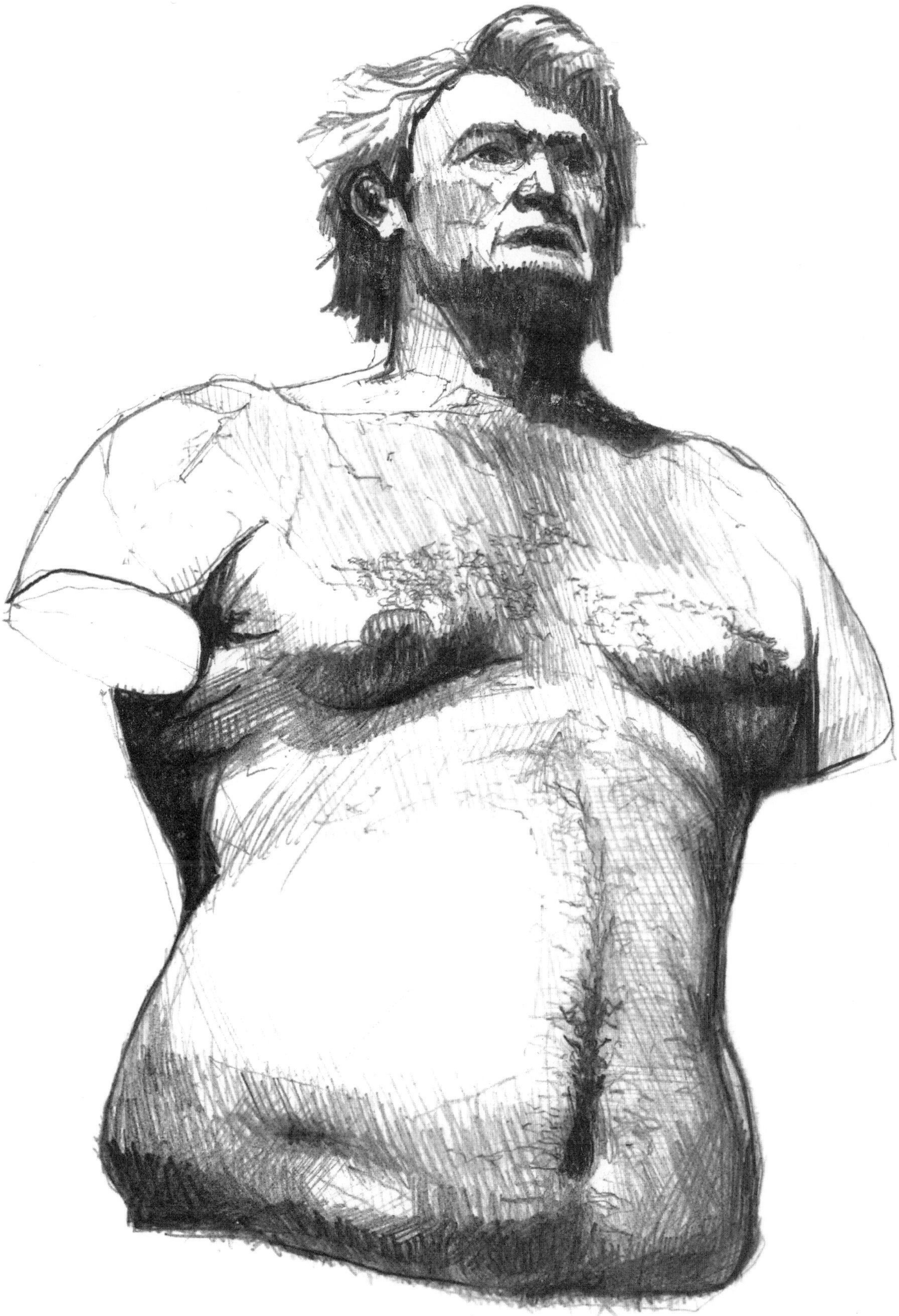

Jugend

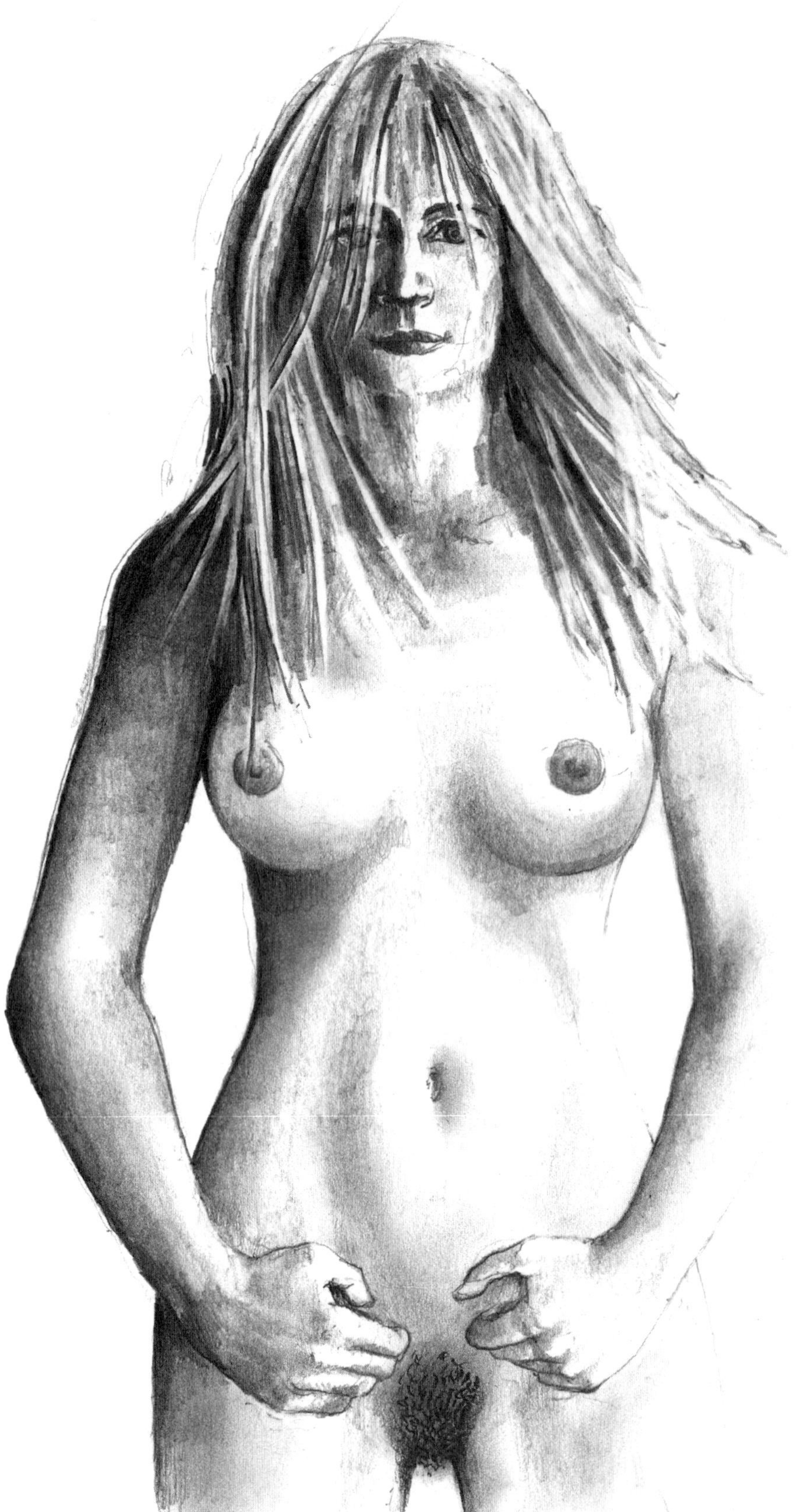

Im Alter

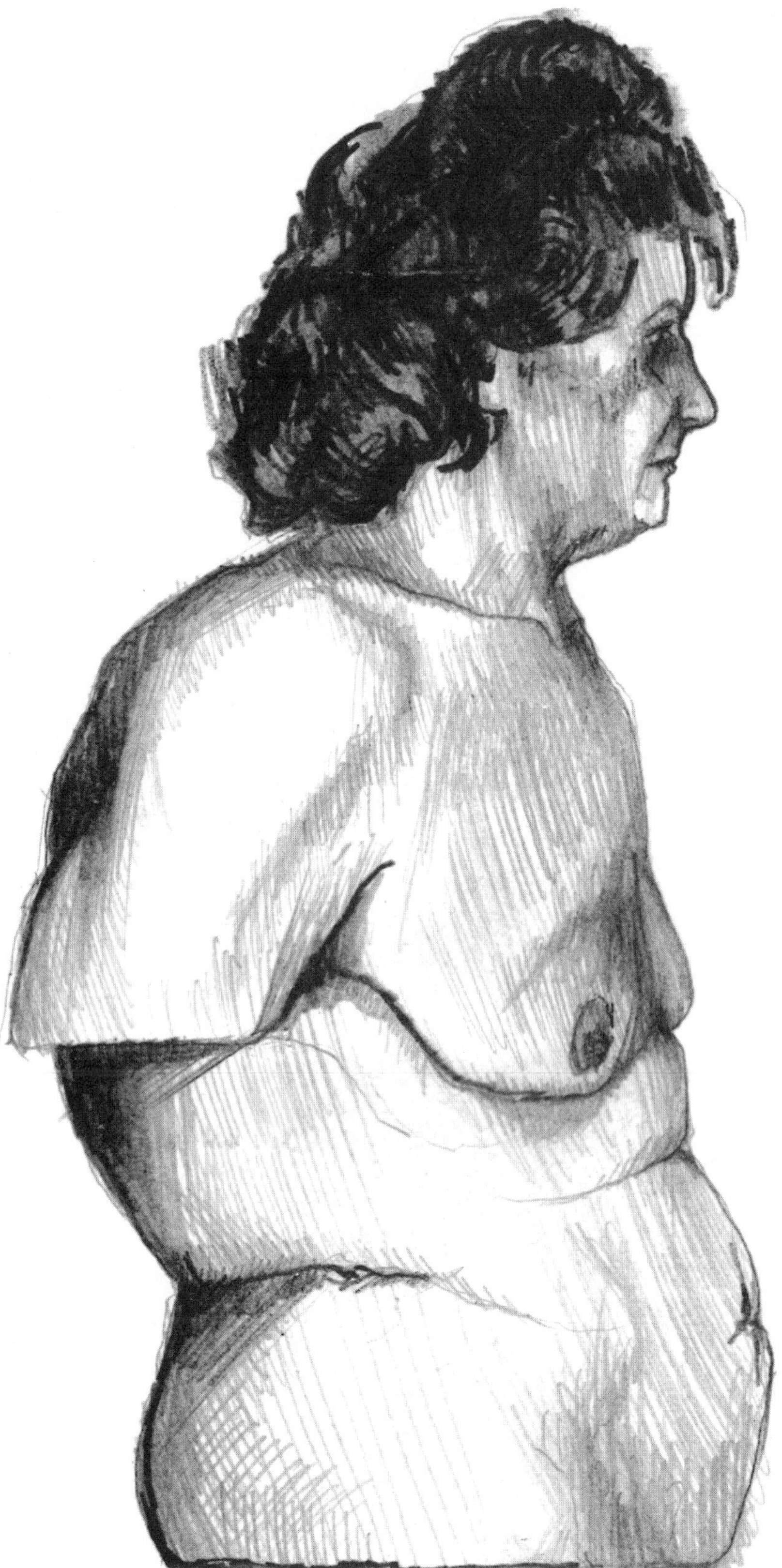

Jugend

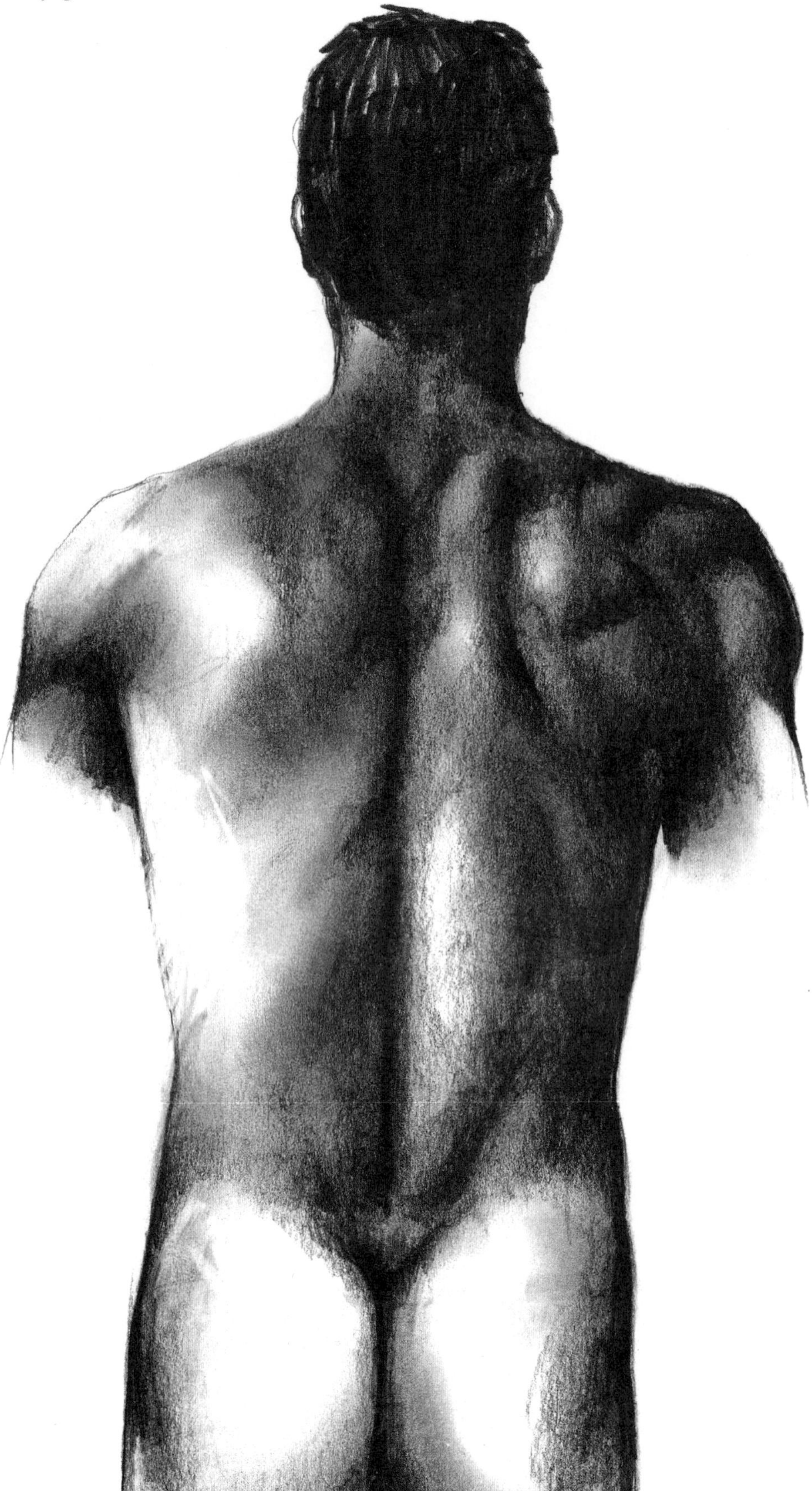

Im Alter

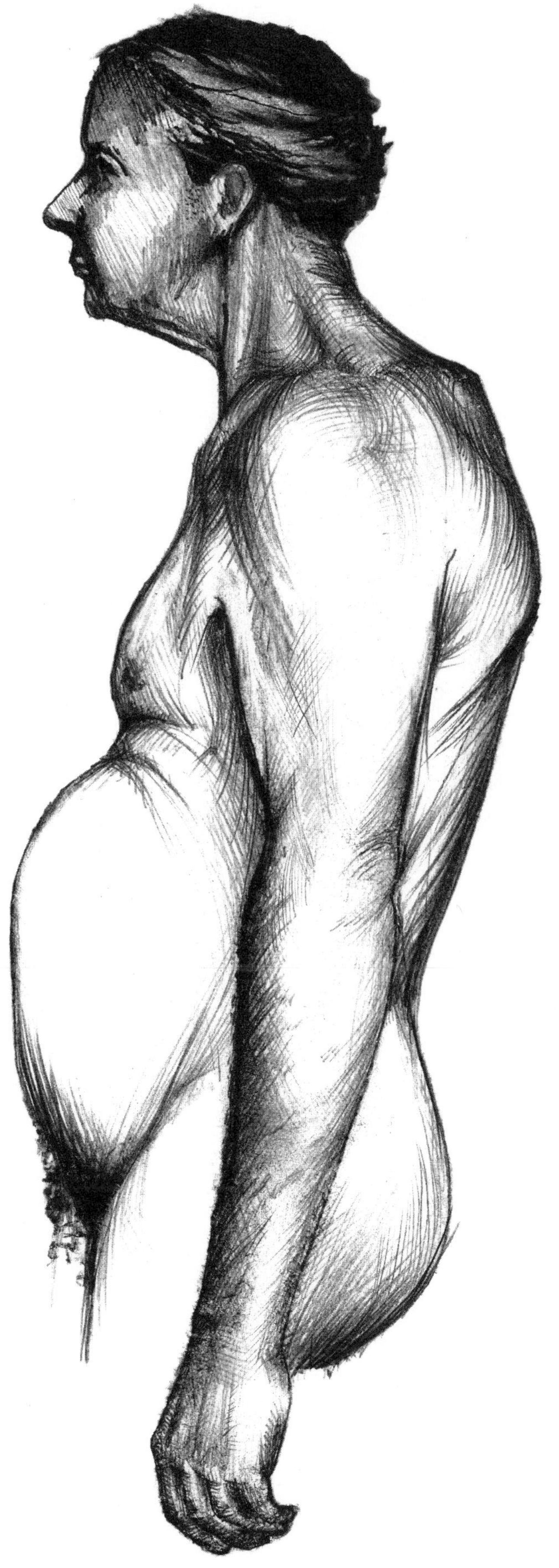

Mittleres Alter

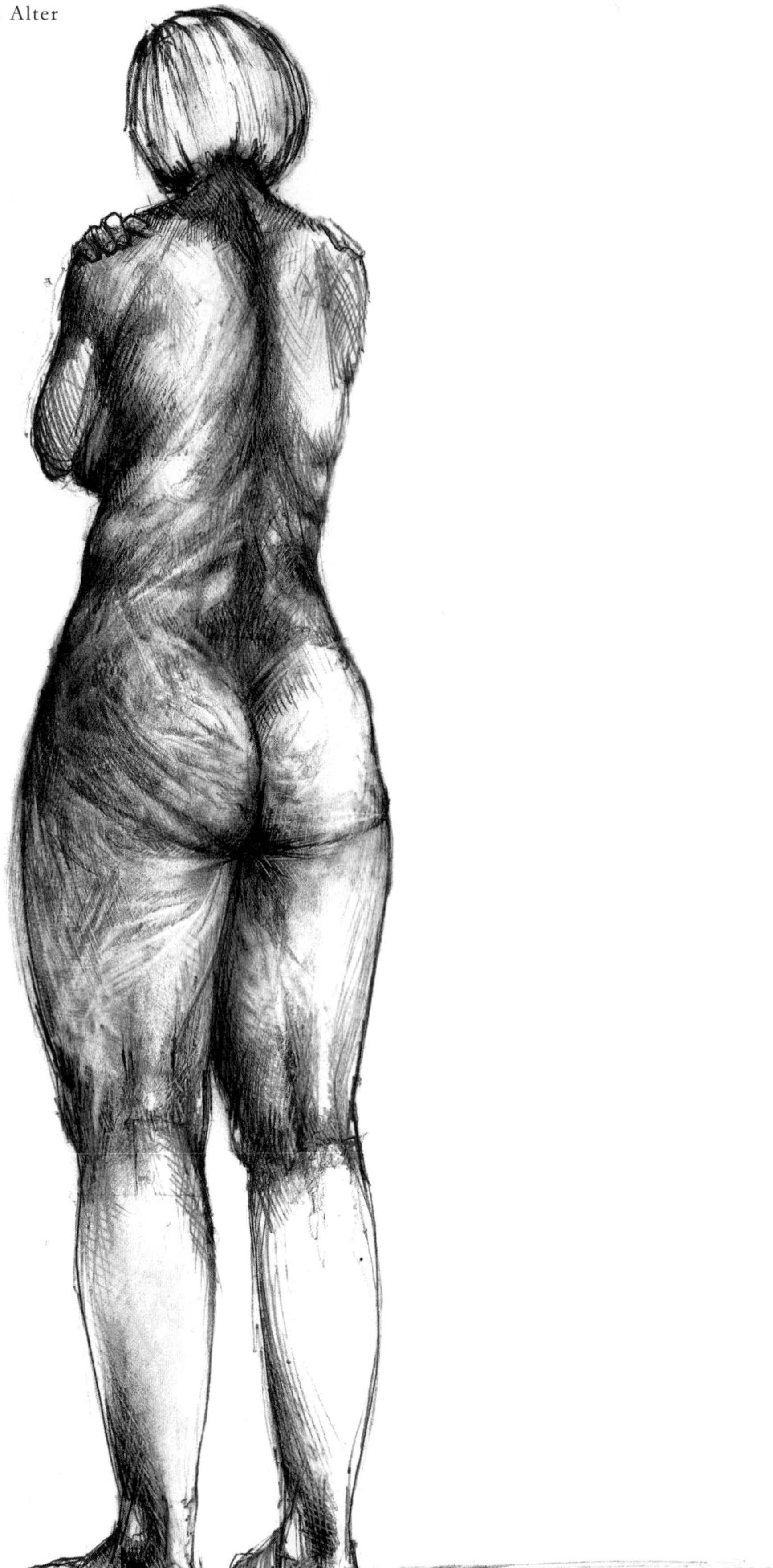

Im Alter

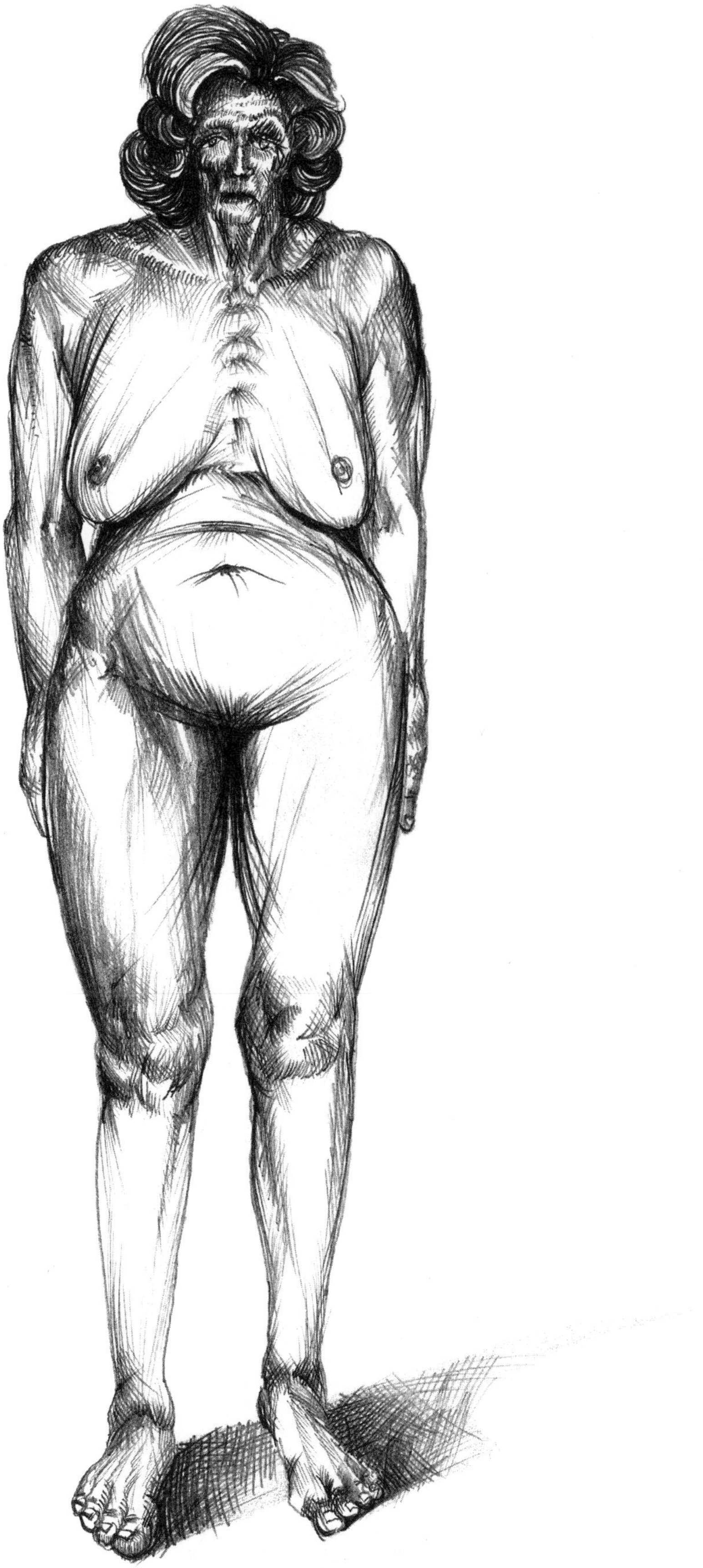

Jugend

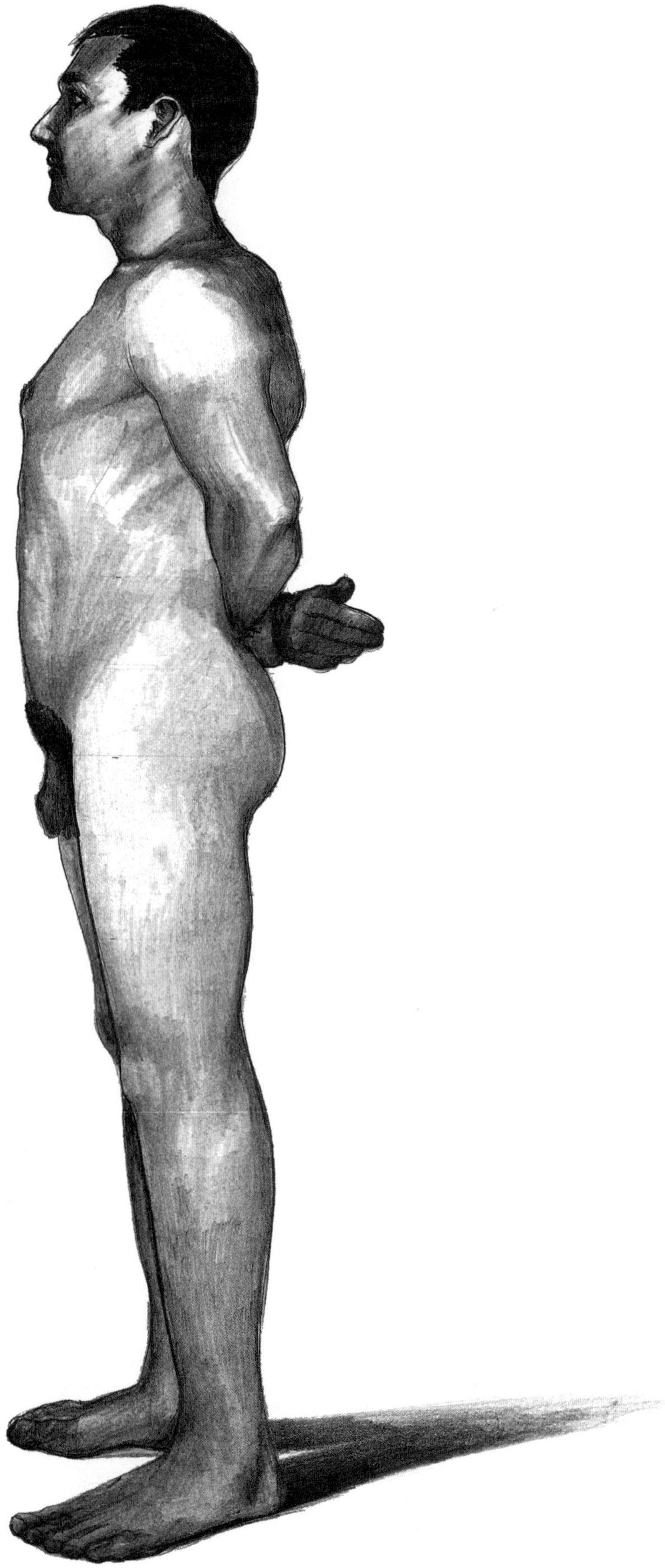

Mittleres Alter

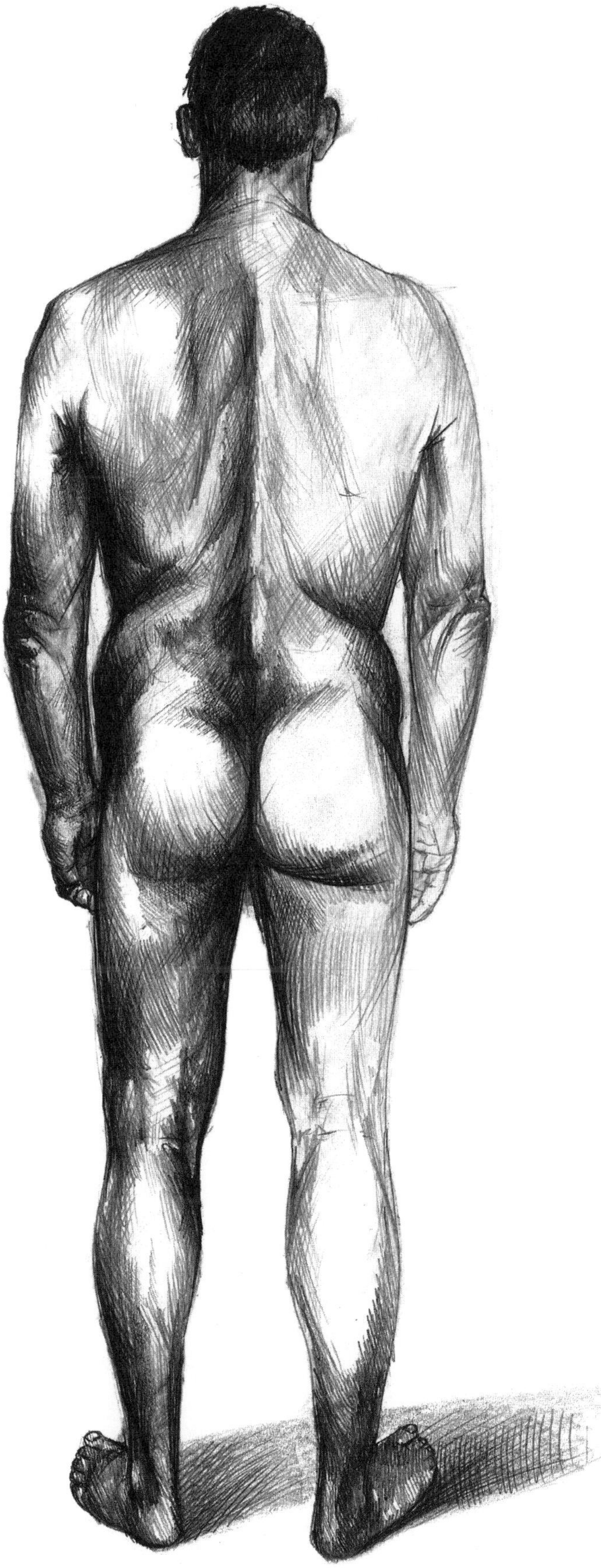

Proportionen

Proportionen und ihr Zusammenhang mit der menschlichen Anatomie wurden schon immer intensiv von Künstlern untersucht. Wir zeigen hier, wie wichtig richtige Proportionen zur vorbildgetreuen Darstellung des menschlichen Körpers sind. Dabei sollte aber nicht vergessen werden, dass mit Absicht unrealistisch wiedergegebene Proportionen auch ein Element der Verfremdung sein können, wenn es z.B. um eine symbolische Aussage geht.

Der Schlüssel für die richtigen Proportionen ist das Größenverhältnis der einzelnen Körperteile zum gesamten Körper. Künstler wie Leonardo und Dürer fanden heraus, dass der menschliche Körper in Abschnitte geteilt werden kann, wobei der Kopf als Größenmaßstab gilt. Wie Sie auf den folgenden Seiten sehen, beträgt die Höhe des Kopfes – vom Scheitel bis zur Kinnunterseite – ein Achtel der gesamten Körperlänge.

Dieses Maßsystem gilt nur, wenn der Körper aufrecht steht, sowohl bei Vorder- als auch bei Seiten- und Rückenansicht. Falls das Modell jedoch sitzt, liegt, sich bückt oder eine andere Pose einnimmt, müssen wir eine Darstellungsmethode anwenden, die beim Betrachter auf der zweidimensionalen Fläche des Papiers die Illusion einer richtig proportionierten, sich im Raum bewegenden menschlichen Gestalt erzeugt. Als Hilfsmittel beim Skizzieren können wir ein Gitternetz über die Zeichnung legen, um die genaue Größe einzelner Körperteile im Verhältnis zueinander genau zu treffen. Auf diese Weise erhalten wir eine ziemlich exakte Vorstellung von den anatomischen Proportionen des menschlichen Körpers.

Die Proportionen in diesem Kapitel gelten für durchschnittlich große männliche und weibliche Körper. Natürlich können sie von Mensch zu Mensch schwanken. Dies muss der Künstler berücksichtigen, wenn er ein bestimmtes Modell studiert.

Ansicht von vorn

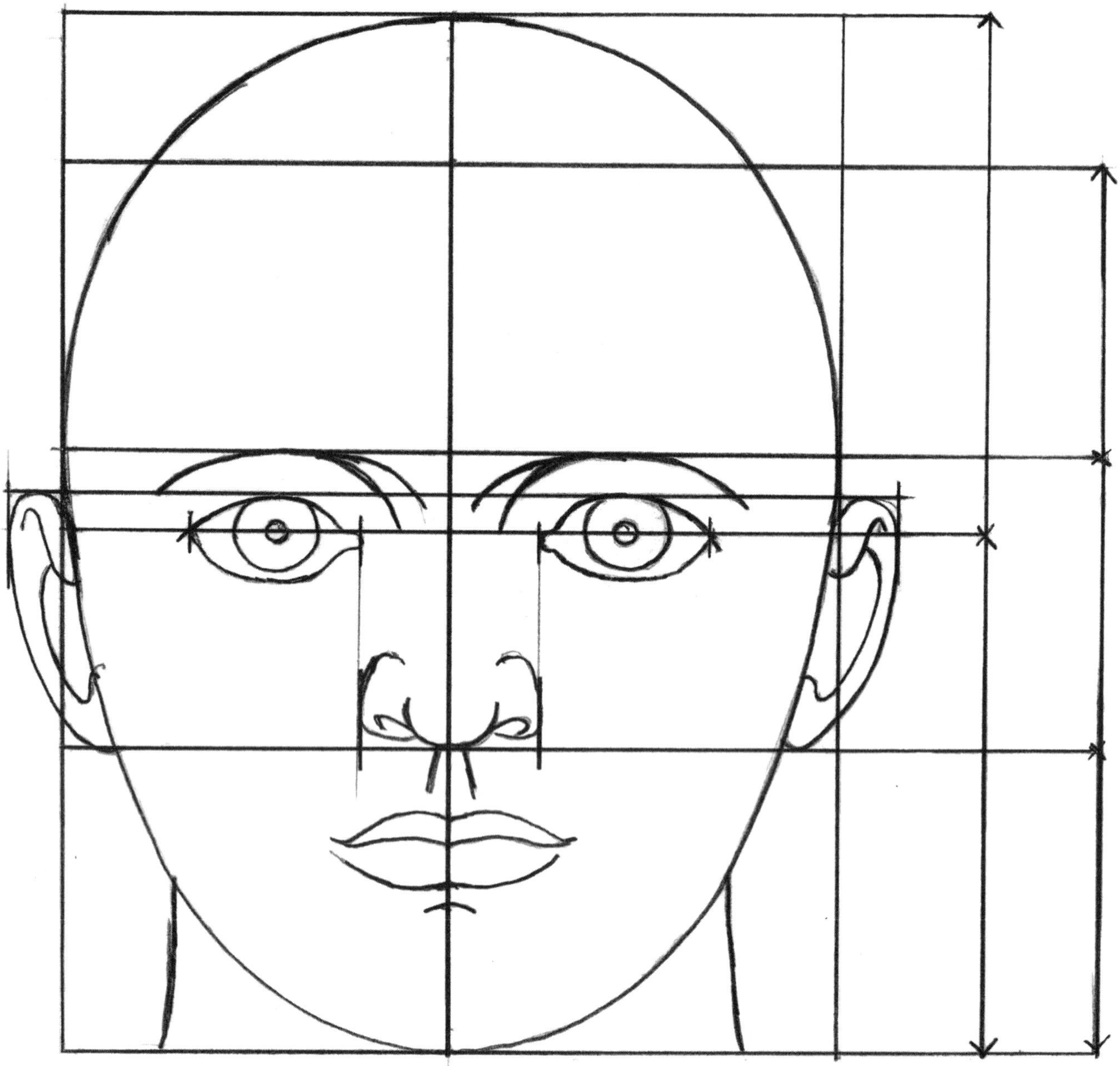

Seitenansicht

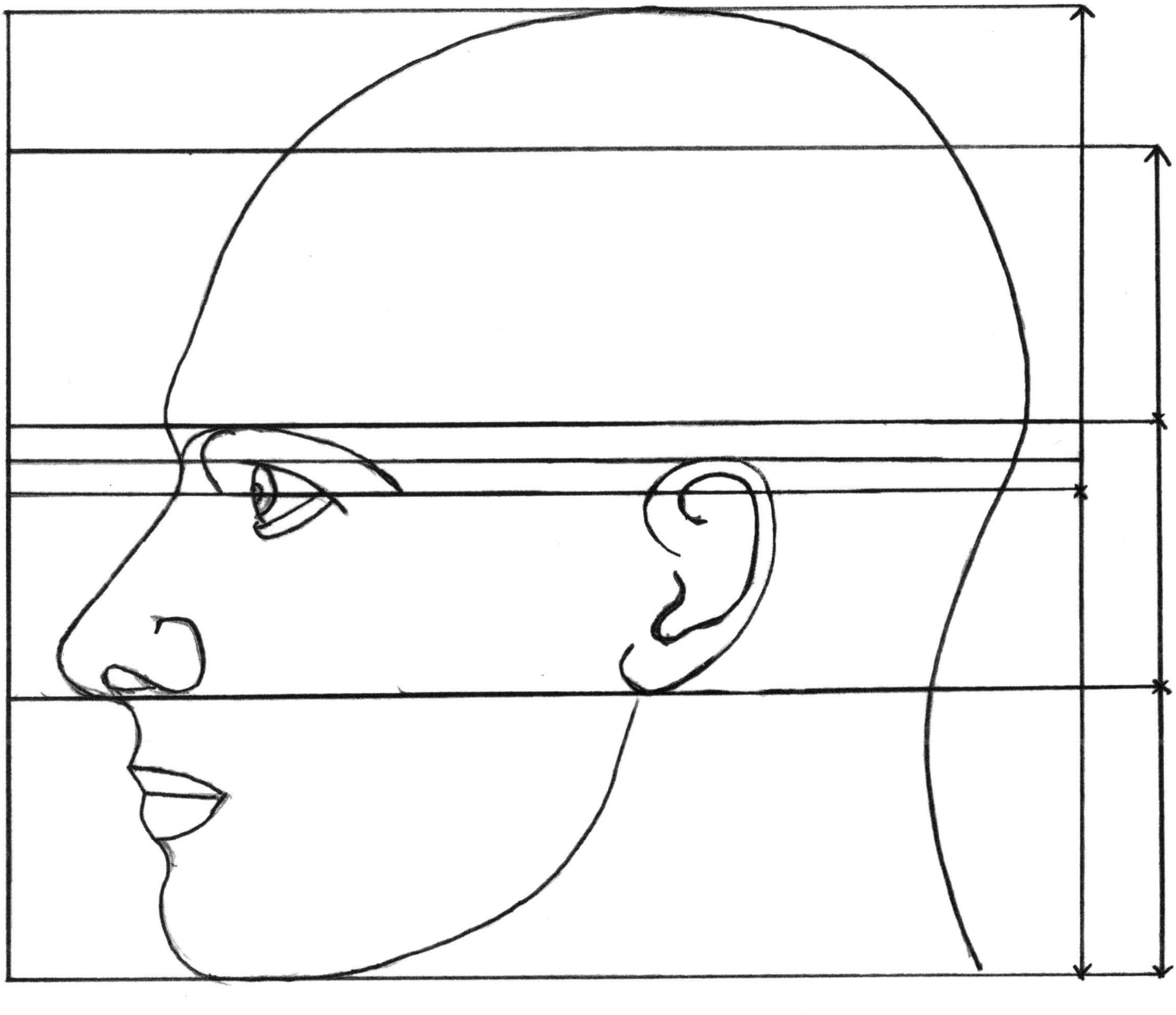

Ansicht von vorn

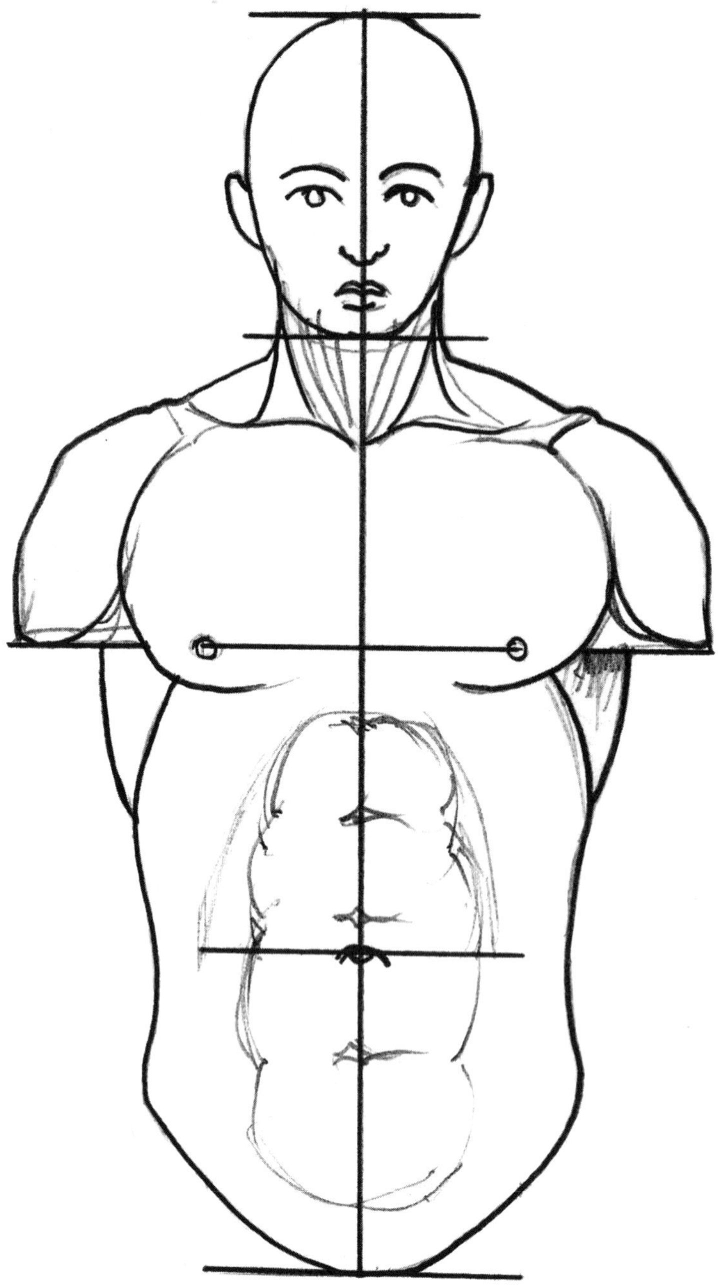

Seitenansicht

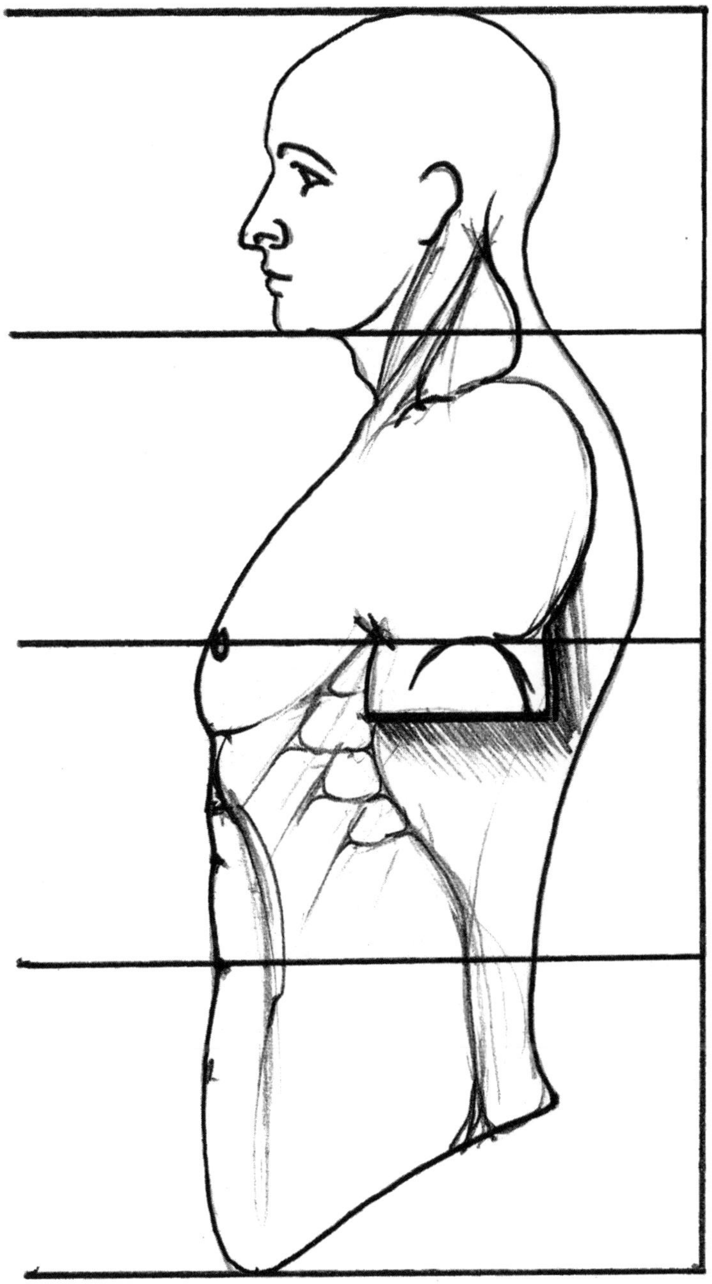

Ansicht von vorn

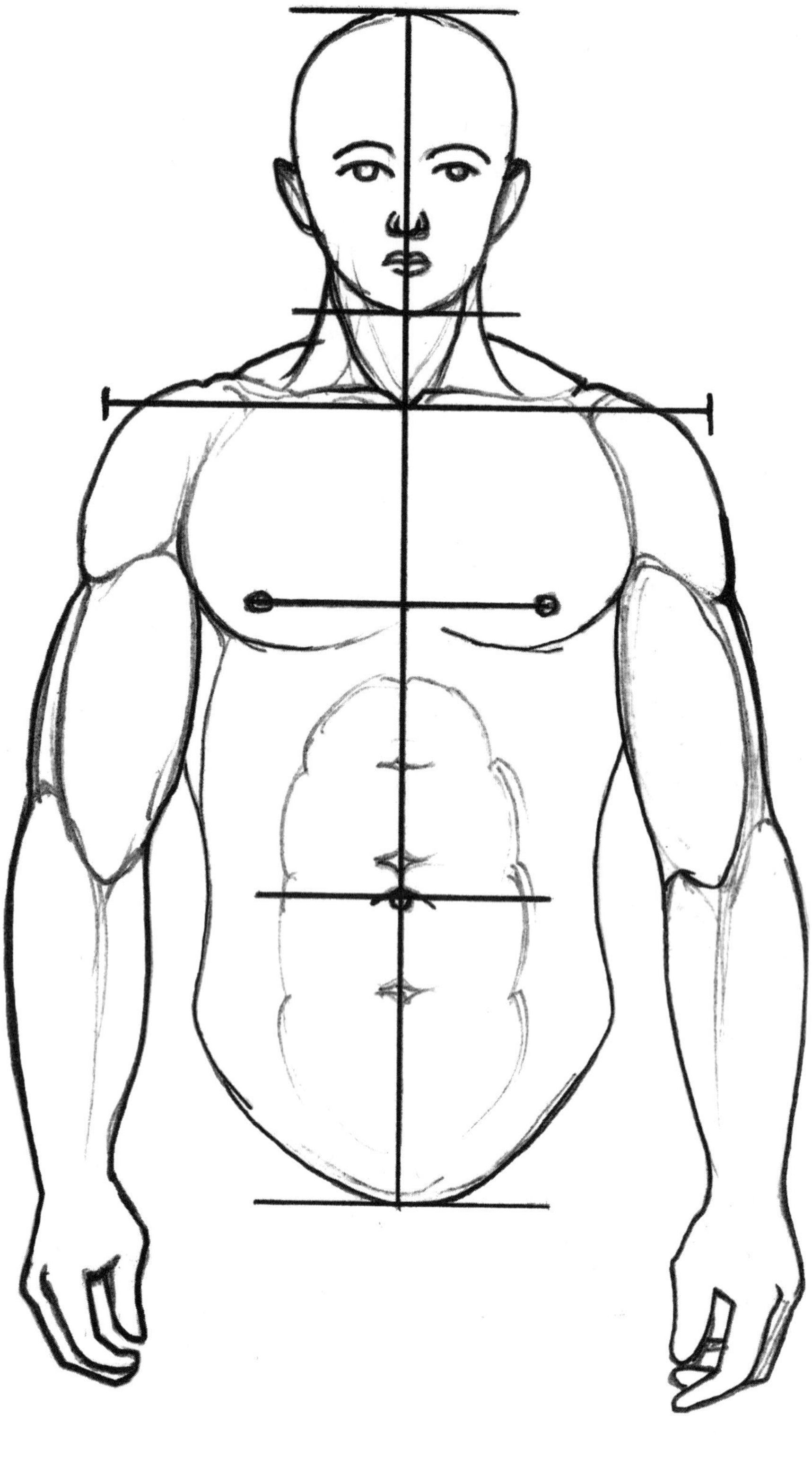

Seitenansicht

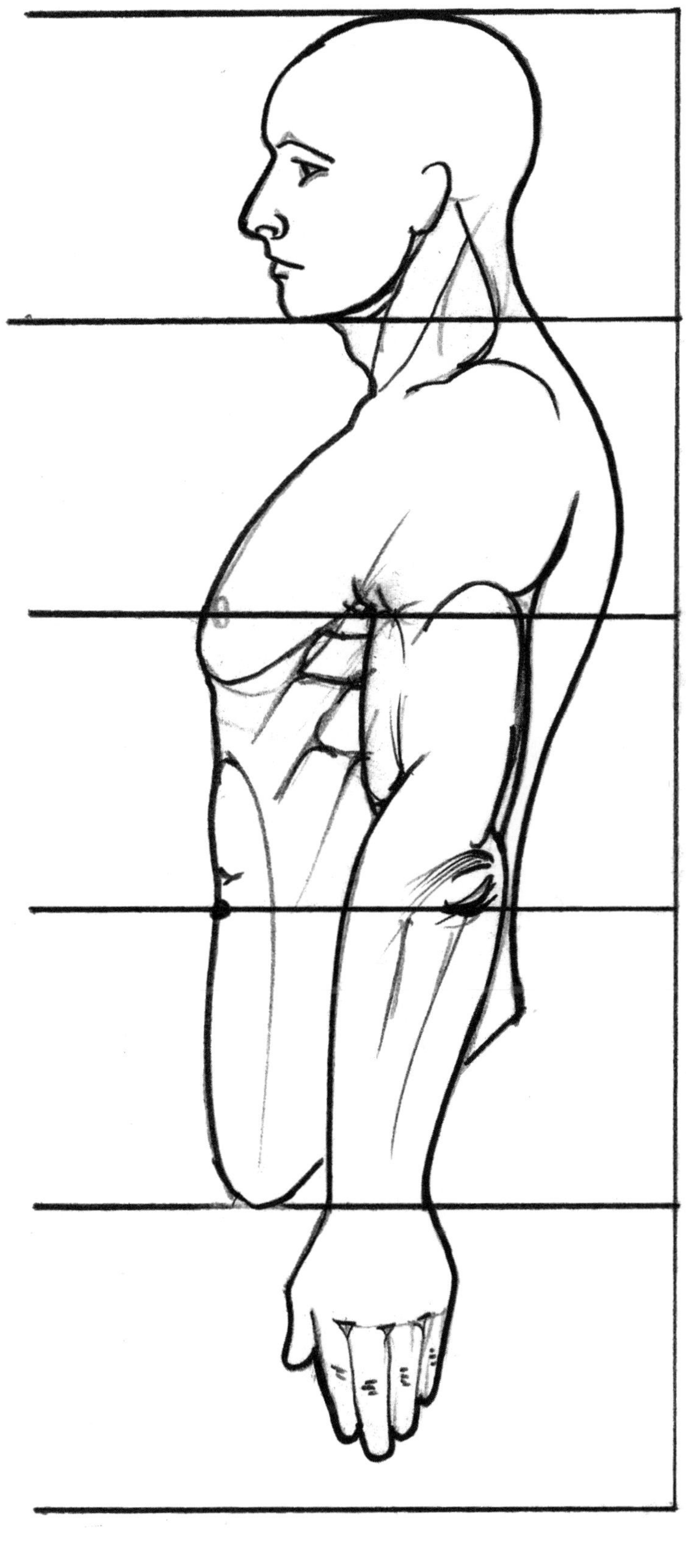

Ansicht von vorn

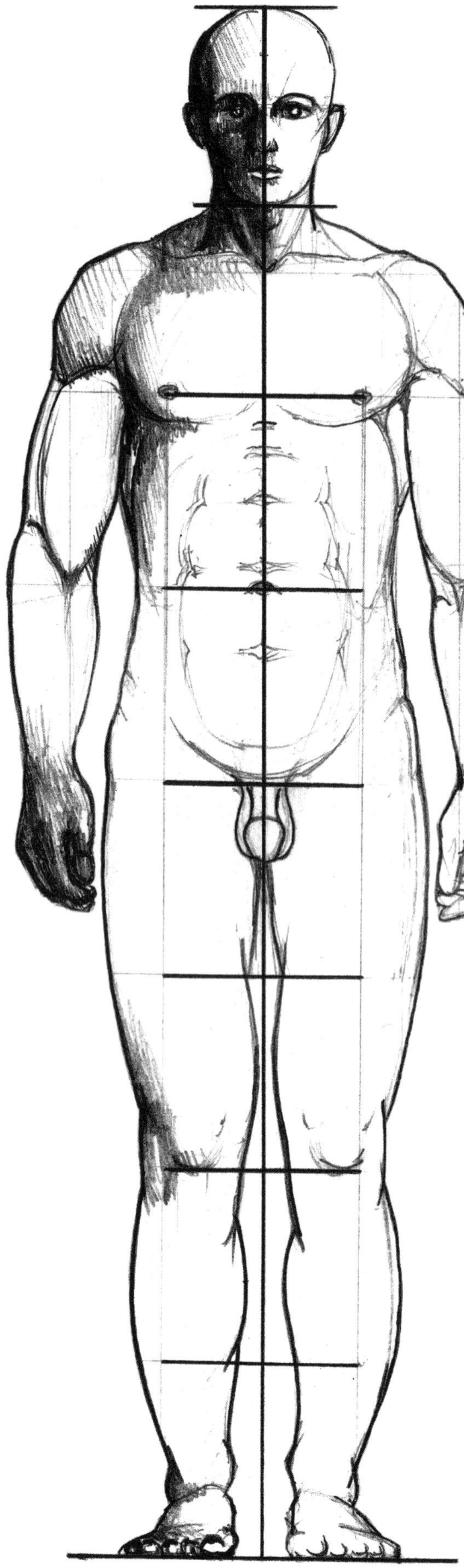

Seitenansicht

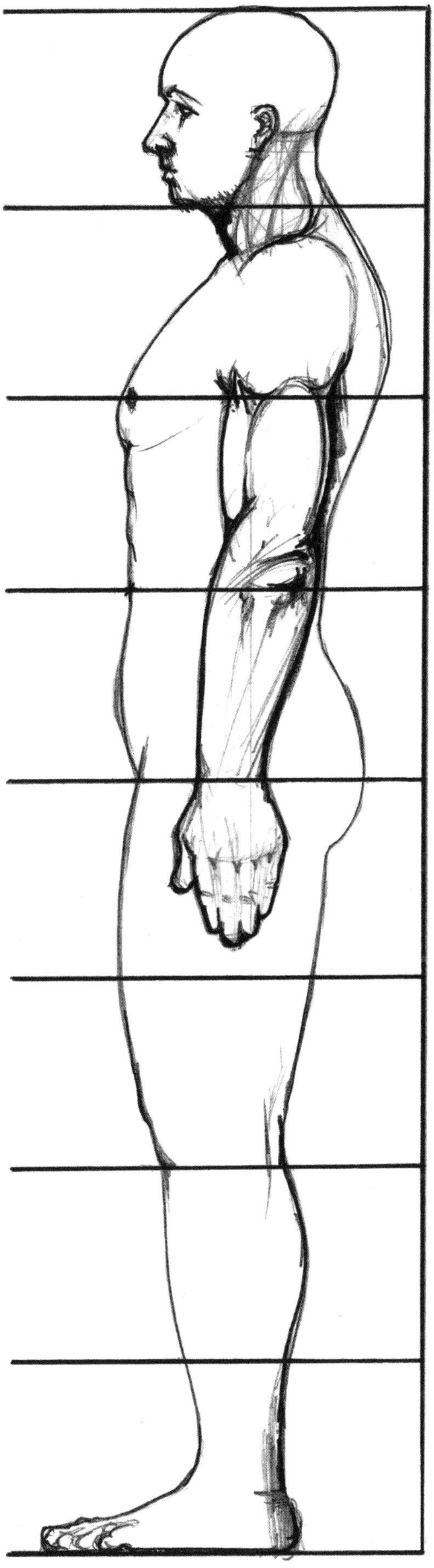

Ansicht von vorn mit ausgebreiteten Armen

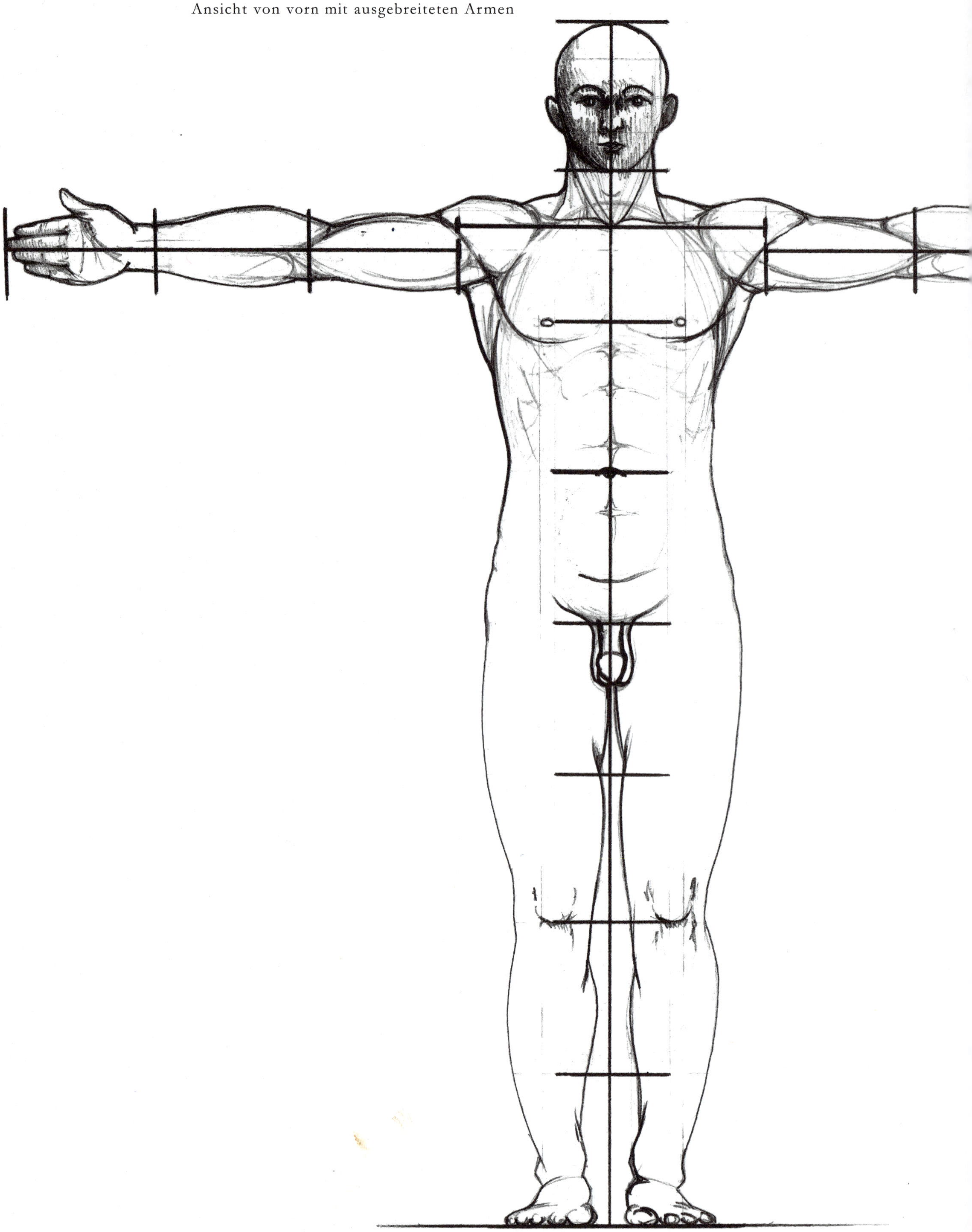

Ansicht von vorn

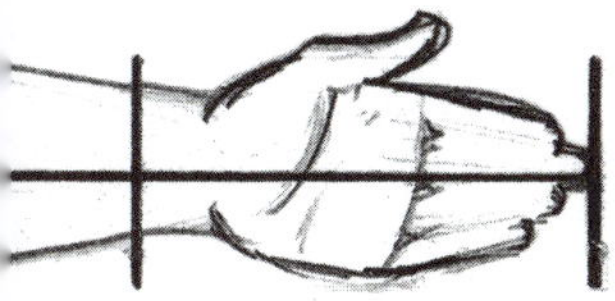

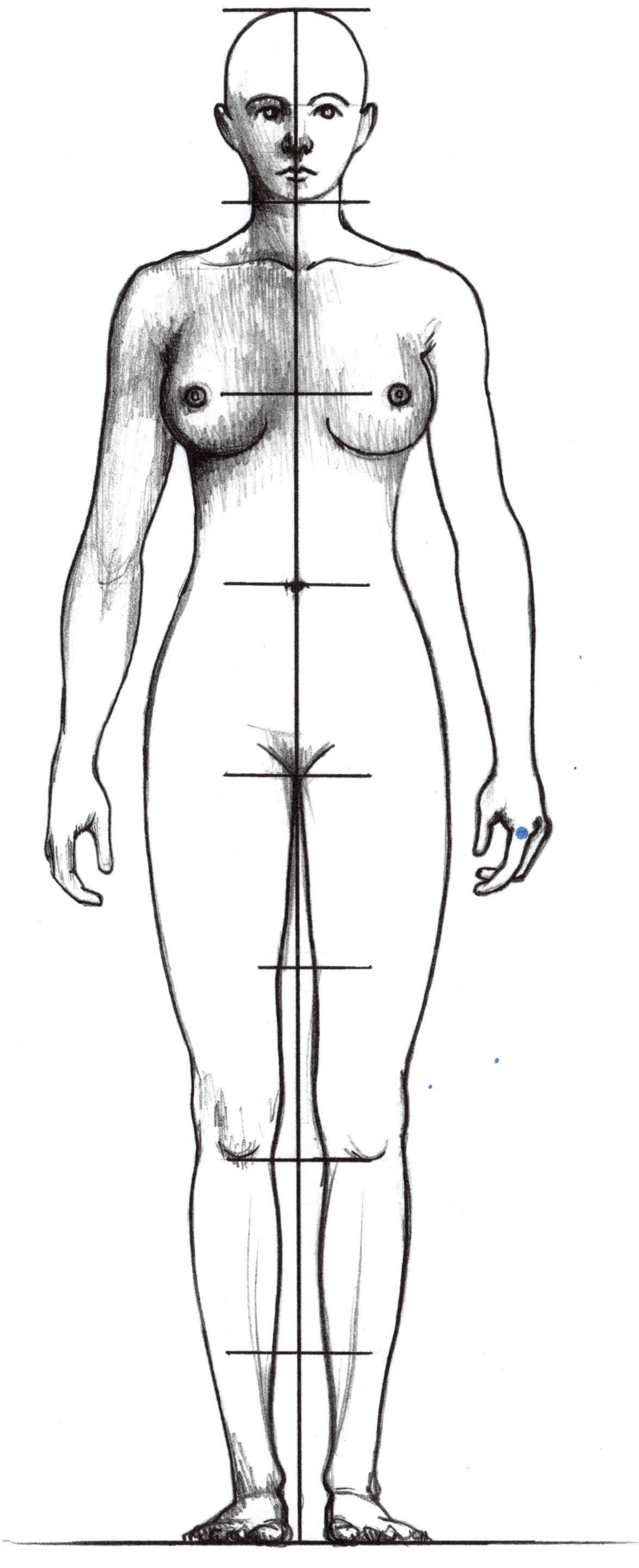

Seitenansicht mit ausgestreck-
tem Arm

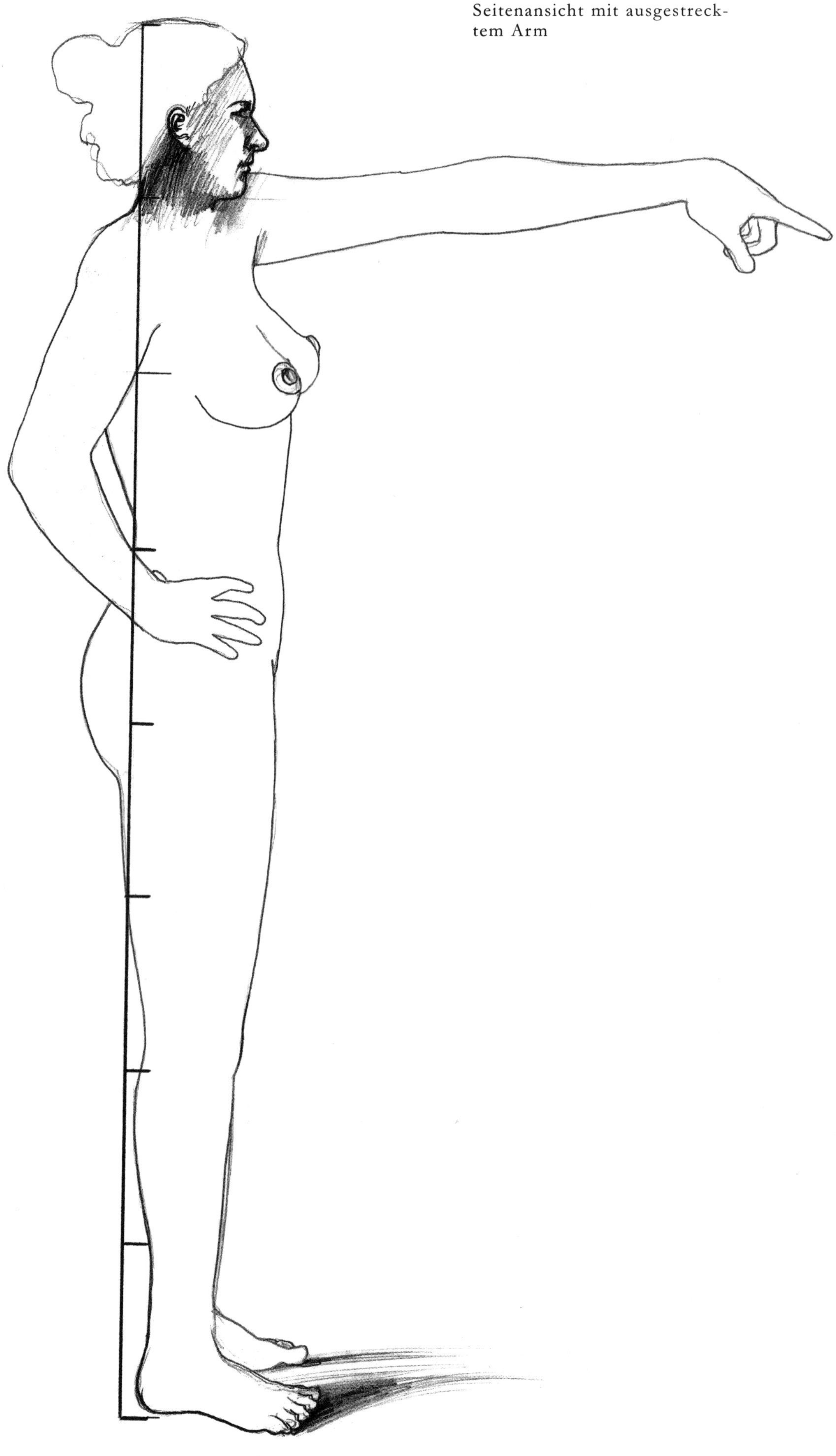

Seitenansicht, zurückgelehnt

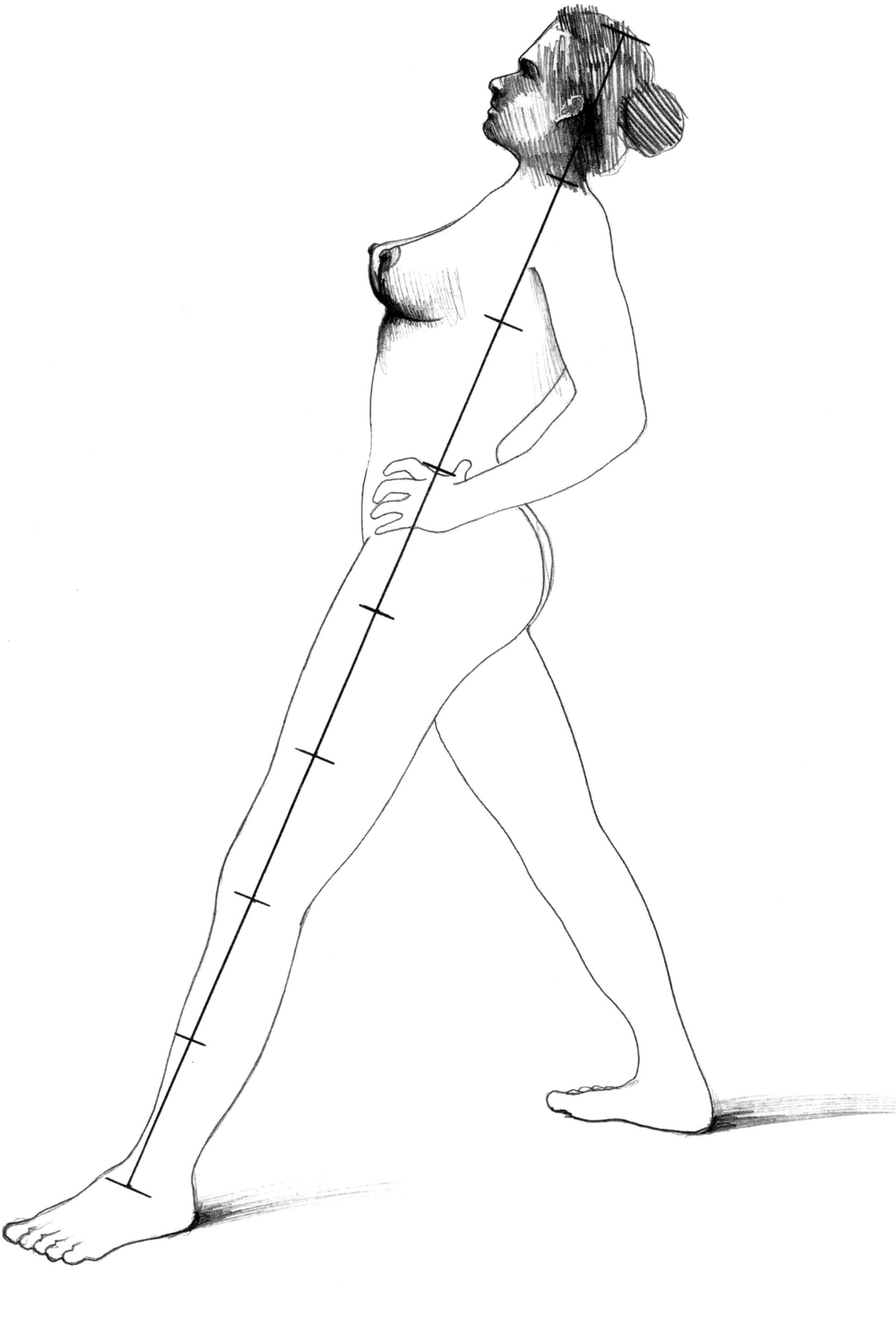

Seitenansicht mit hinten verschränkten Armen

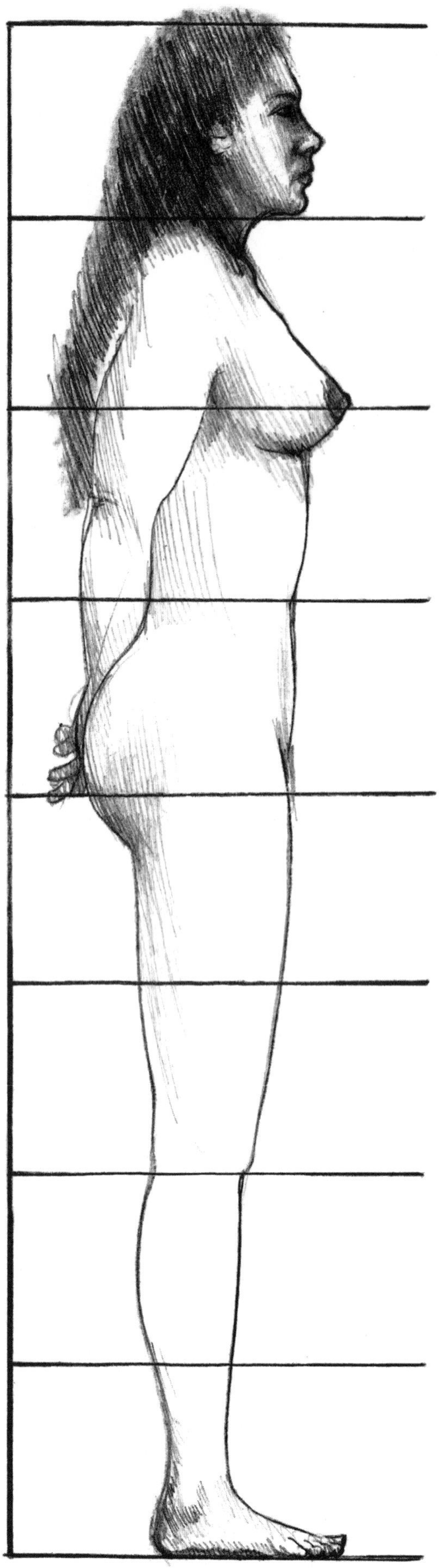

Seitenansicht in der Beuge
mit ausgestreckten Armen

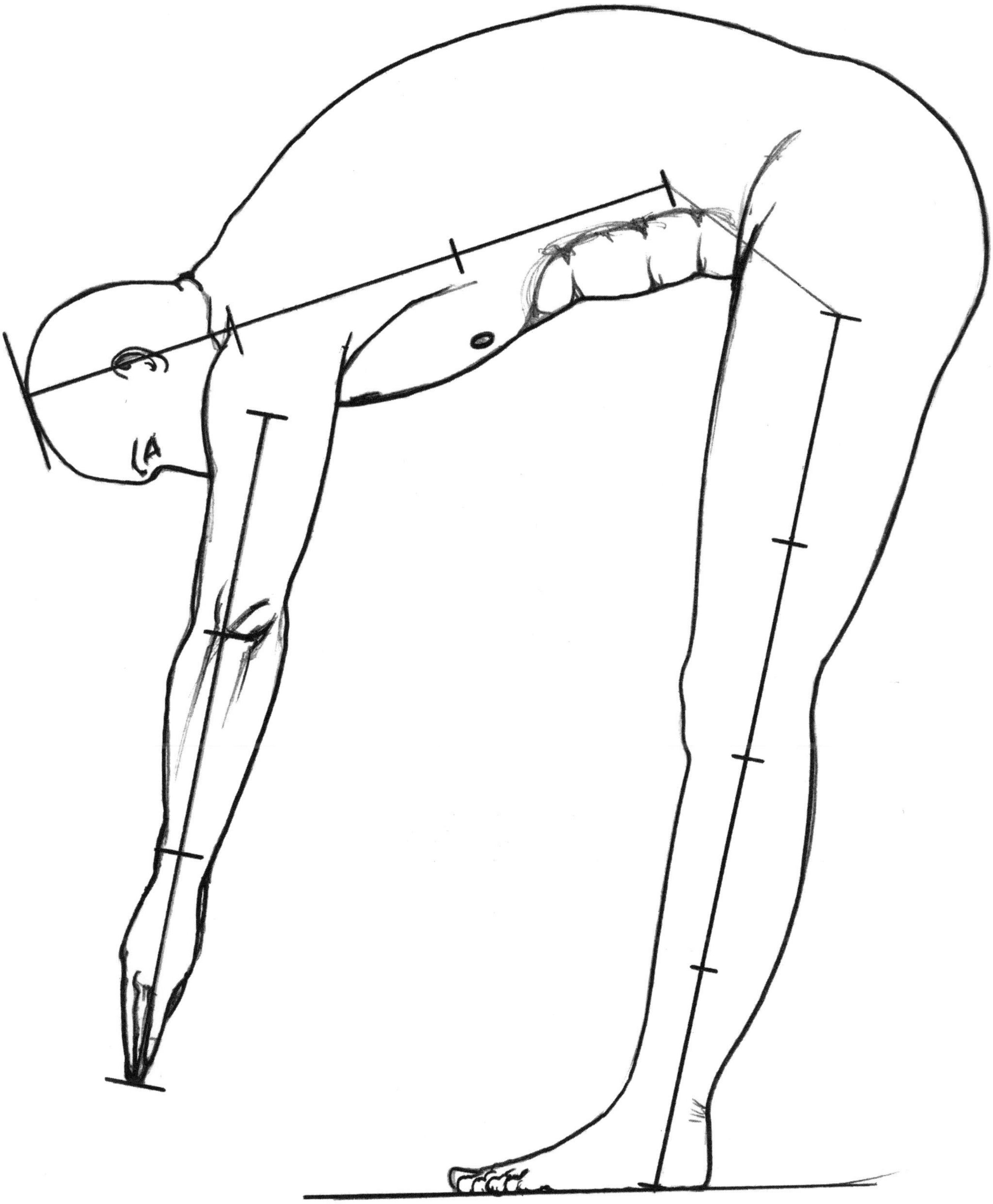

Ansicht von vorn, sitzend

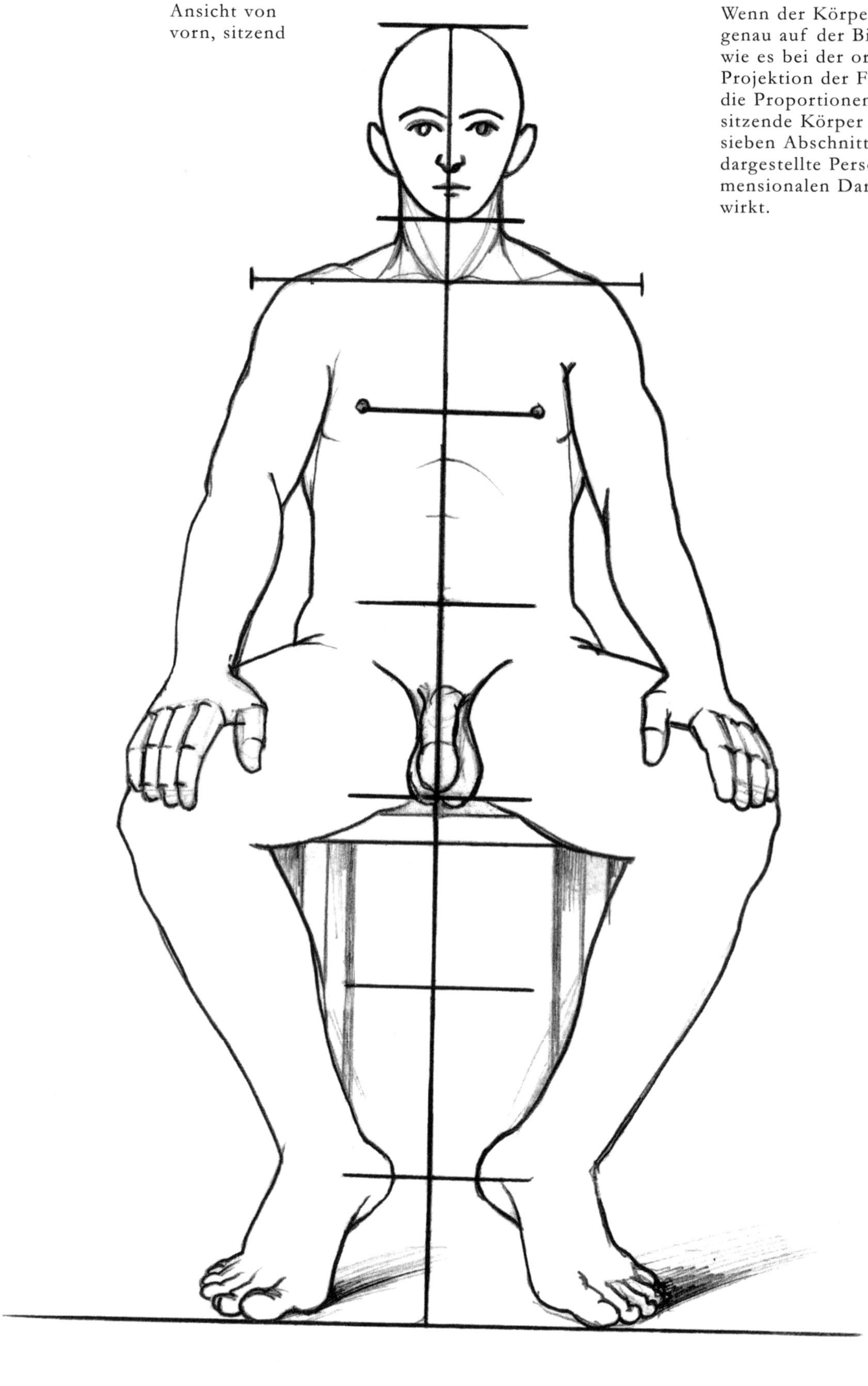

Wenn der Körper nicht flach ist oder genau auf der Bildoberfläche steht, wie es bei der orthographischen Projektion der Fall ist, ändern sich die Proportionen mit der Pose. Der sitzende Körper lässt sich nun in sieben Abschnitte teilen, weil die dargestellte Person in der zweidimensionalen Darstellung verkürzt wirkt.

Seitenansicht, sitzend

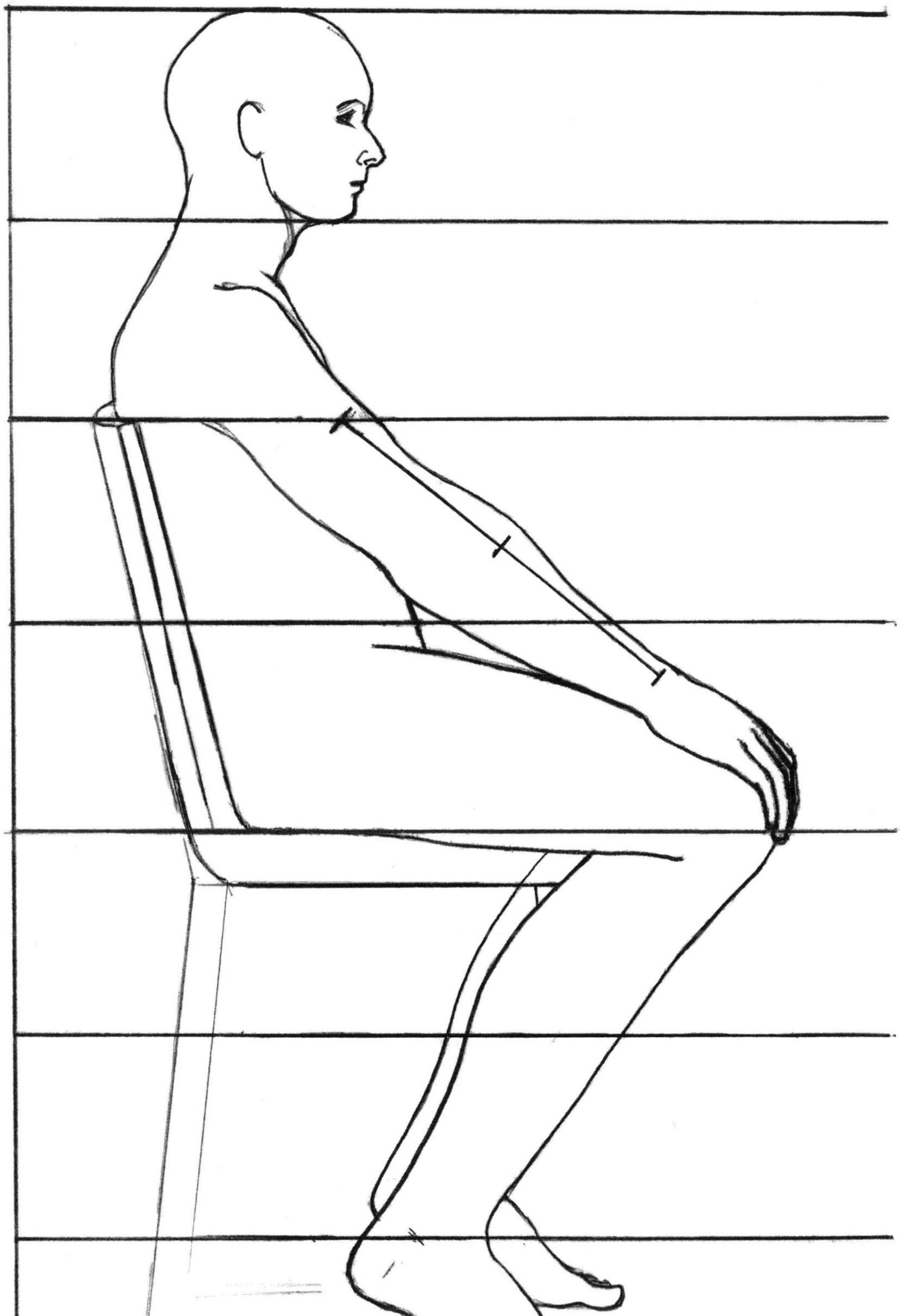

Körperhaltung

Die Pose ist die Art, wie wir uns halten. Die Körperhaltung wird durch die Muskulatur kontrolliert, die wiederum durch Nervenimpulse aus dem Gehirn gesteuert wird. Wie die Haut verrät uns auch die jeweilige Körperhaltung viel über einen Menschen. Wenn wir von »Körpersprache« reden, meinen wir damit die Art, wie ein Mensch in einem bestimmten Augenblick durch seine Körperhaltung etwas über sein Inneres, seinen Gemütszustand vermittelt.

Die Körperhaltung kann die verschiedensten Einstellungen oder Gefühlslagen verraten: Großzügigkeit oder Kleinlichkeit, Hoffnung oder Verzweiflung, Mut oder Feigheit – die Liste ist endlos. Bevor der Künstler eine bestimmte Pose entwirft, muss er deshalb eine klare Vorstellung davon haben, was er ausdrücken oder vermitteln möchte. Die Pose des Modells muss dann dem Charakter der Zeichnung entsprechen. Rodins »Denker« und Michelangelos »David« sind berühmte Beispiele dafür, wie Künstler Körperhaltung und Gestik einsetzen, um ihrem Werk eine bestimmte Bedeutung zu verleihen. Im »David« erkennen wir beispielsweise Tugenden wie Würde, Führungsstärke, Jugend und Mitgefühl. Goyas »Nackte Maja« strahlt Leidenschaft und Erotik aus.

Bevor Sie ein Modell posieren lassen und zu zeichnen beginnen, sollten Sie eine Vorstellung von Ihrem Motiv entwickeln. Sie arbeiten dann mit mehr Zielstrebigkeit und Dynamik, was sich in der Aussagekraft und im Ausdruck der Zeichnung niederschlägt.

Ansicht von vorn

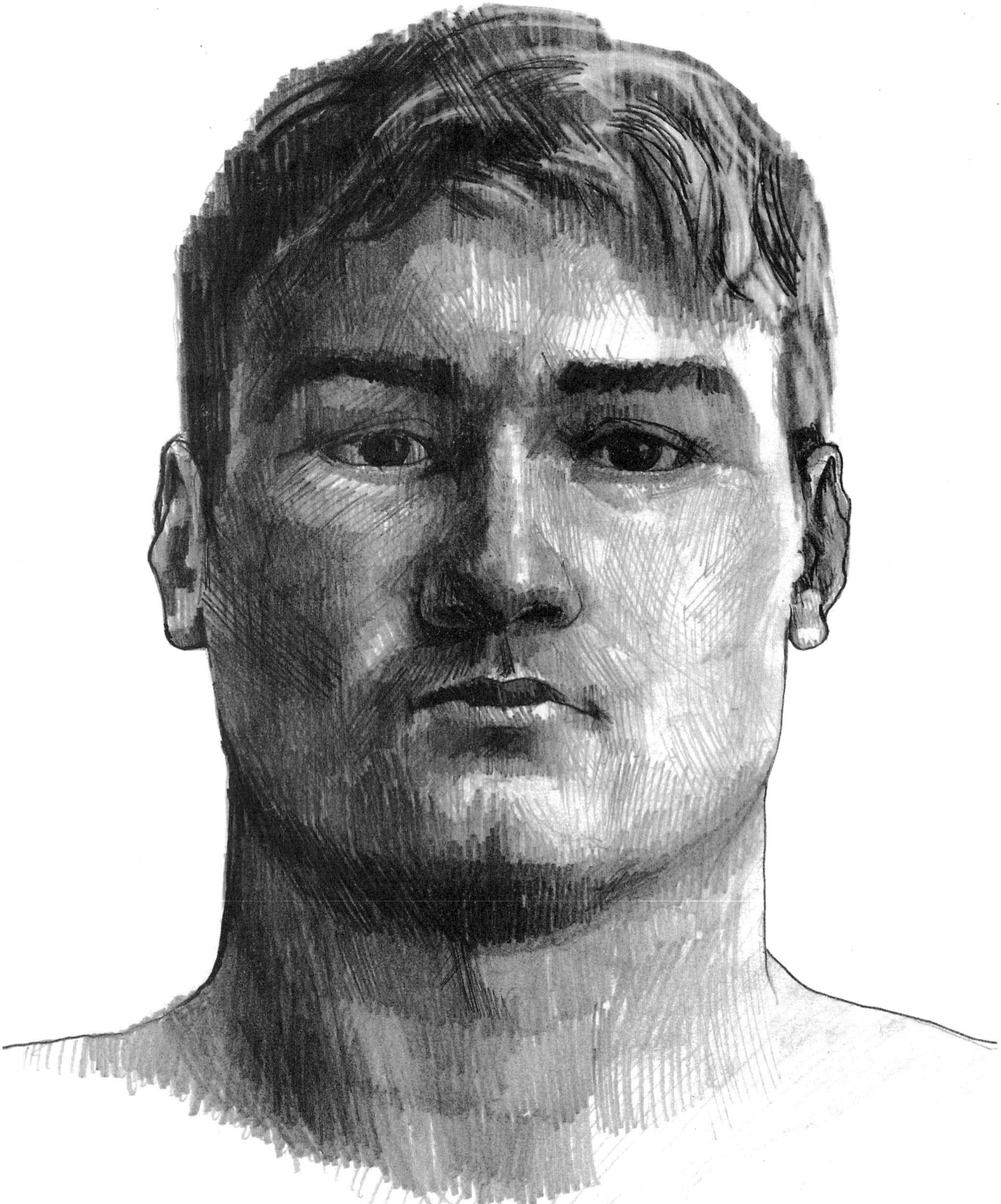

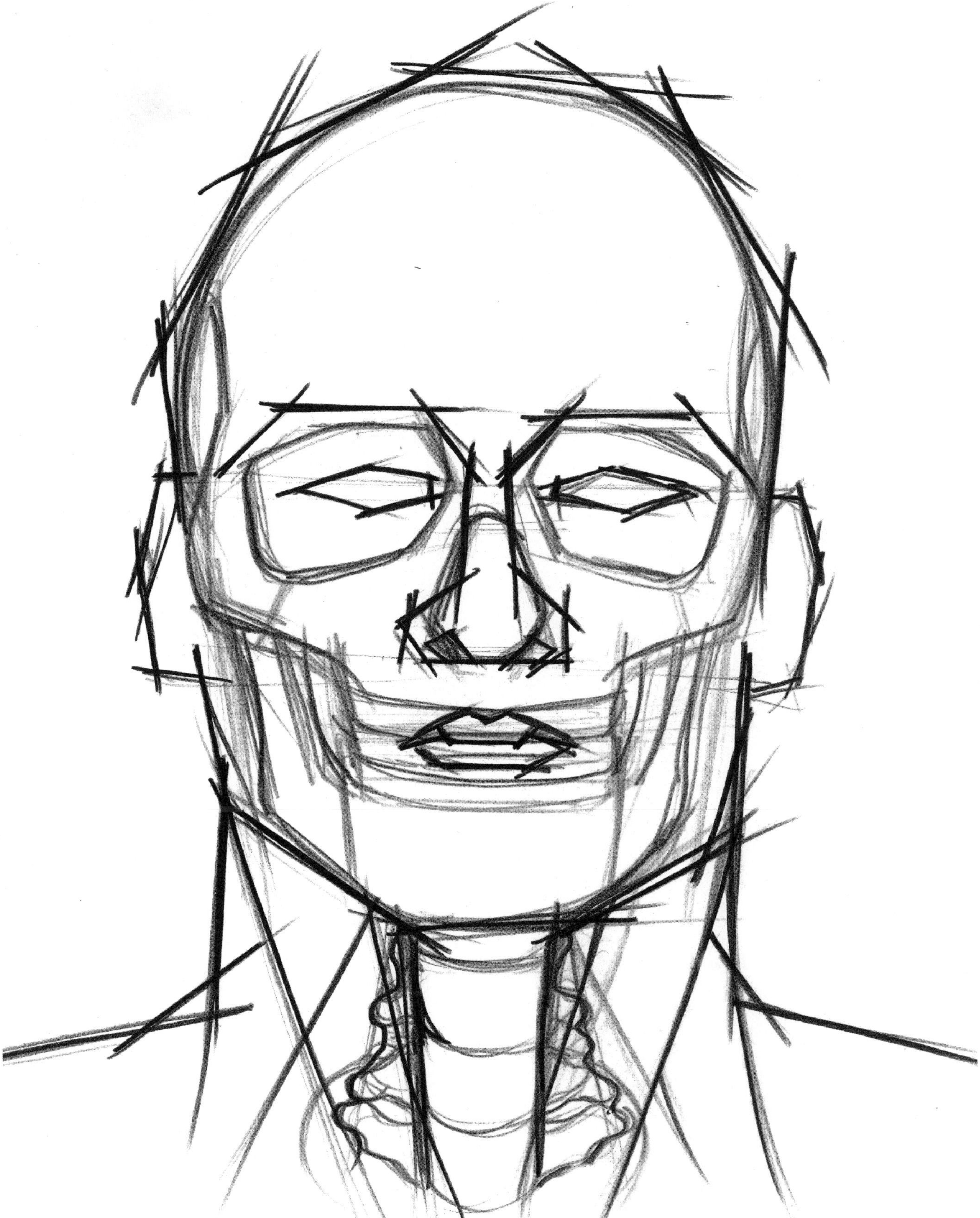

Ansicht von vorn, Seitenlage

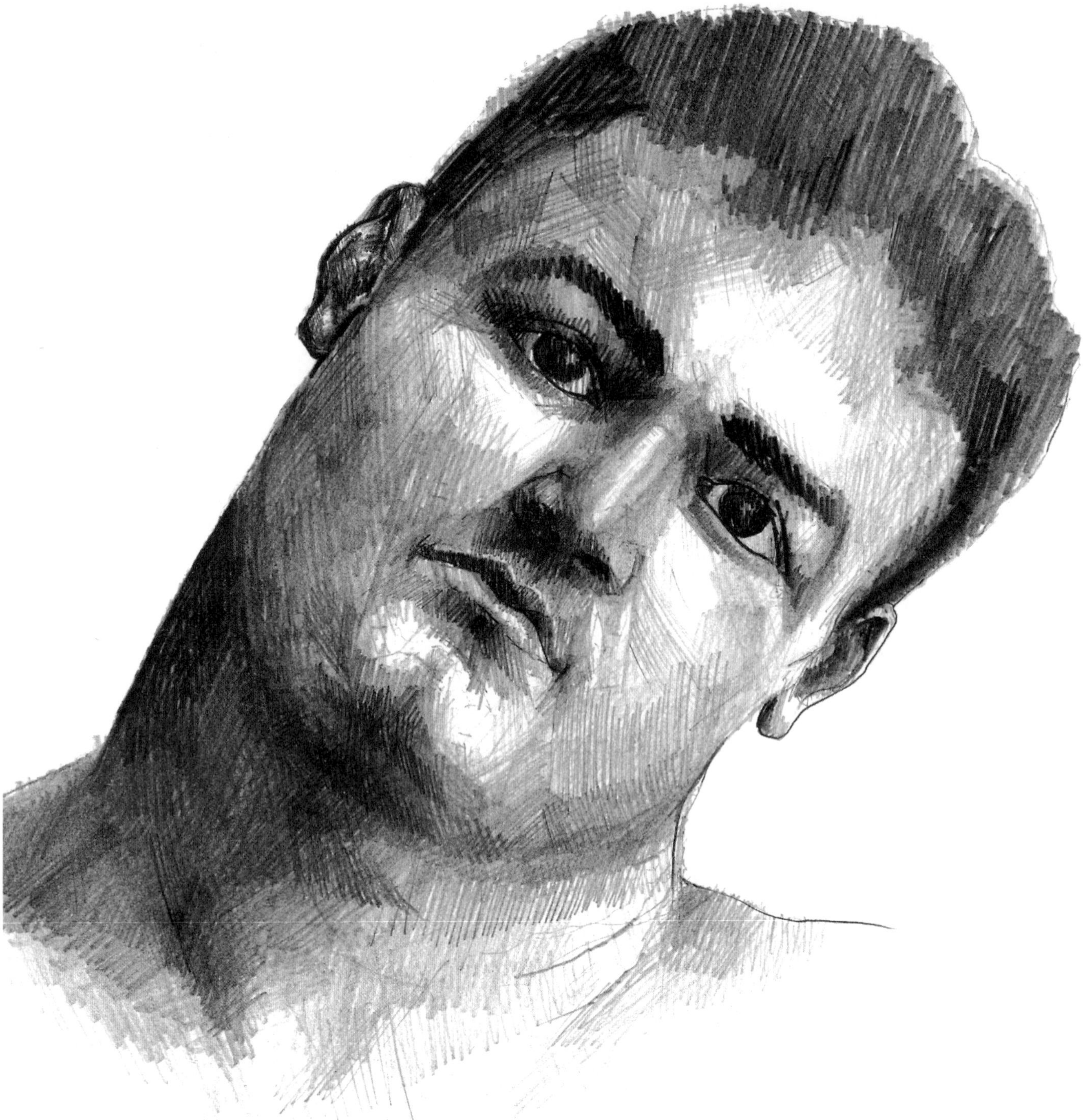

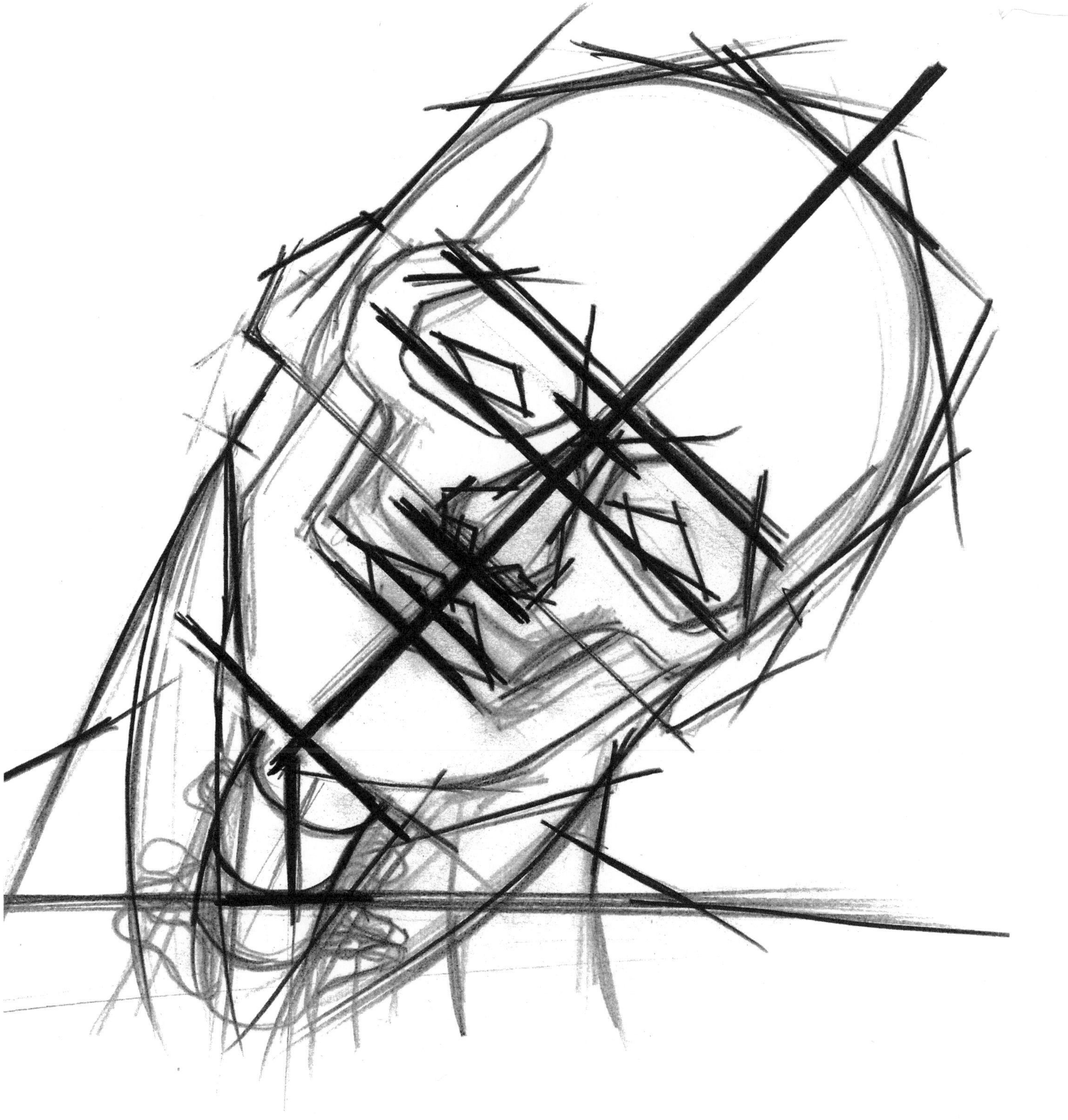

Ansicht von unten

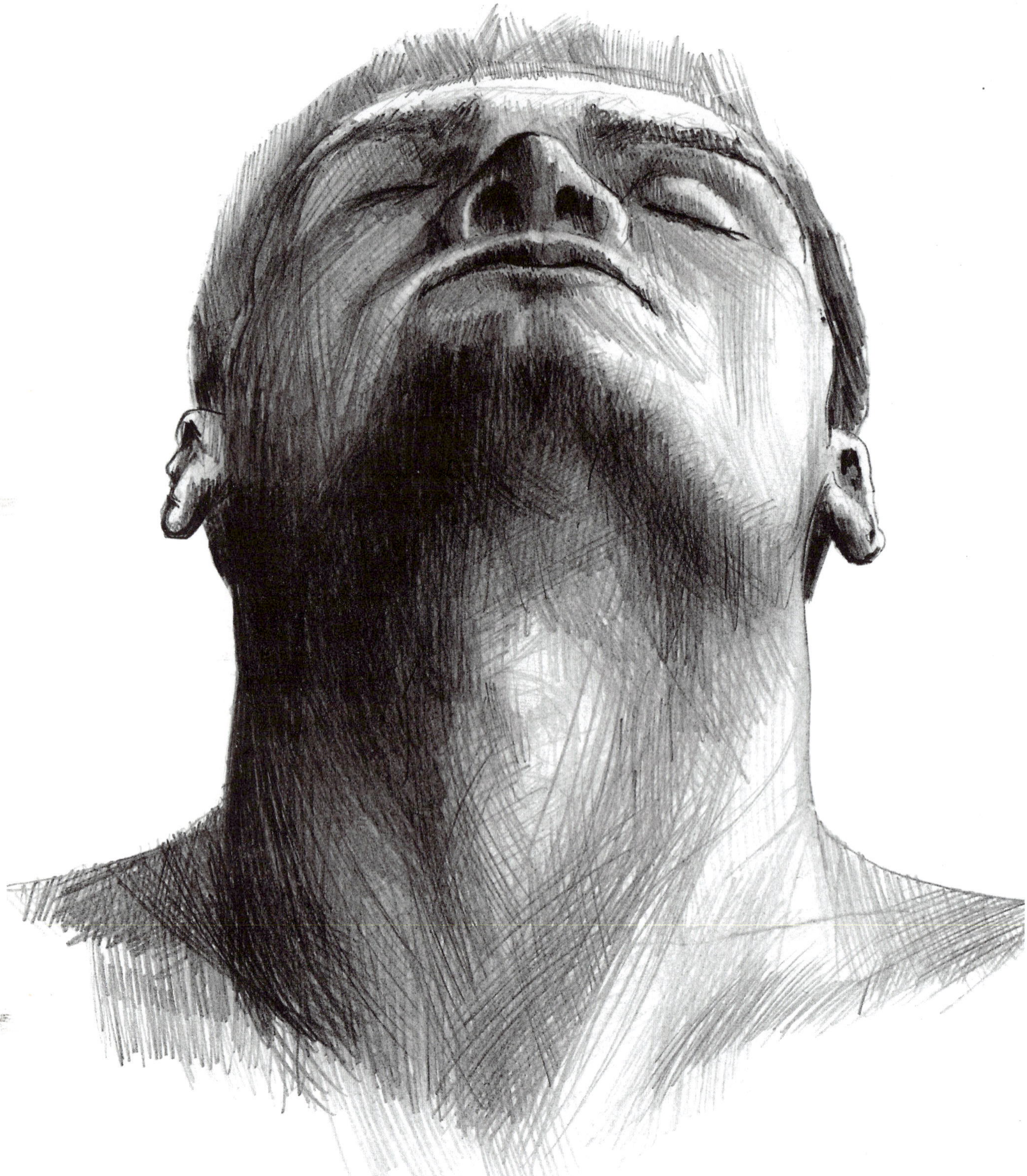

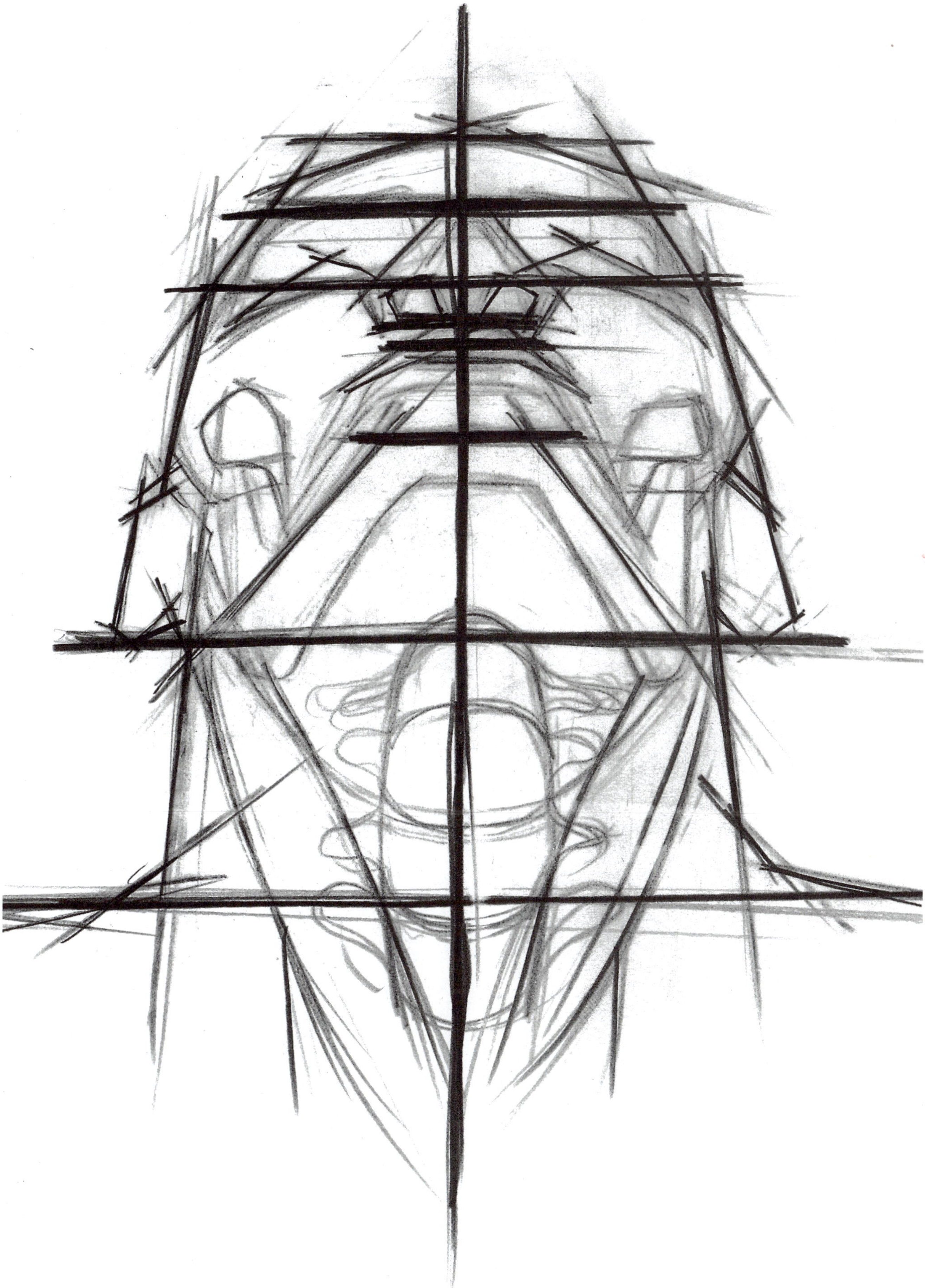

Halbprofil

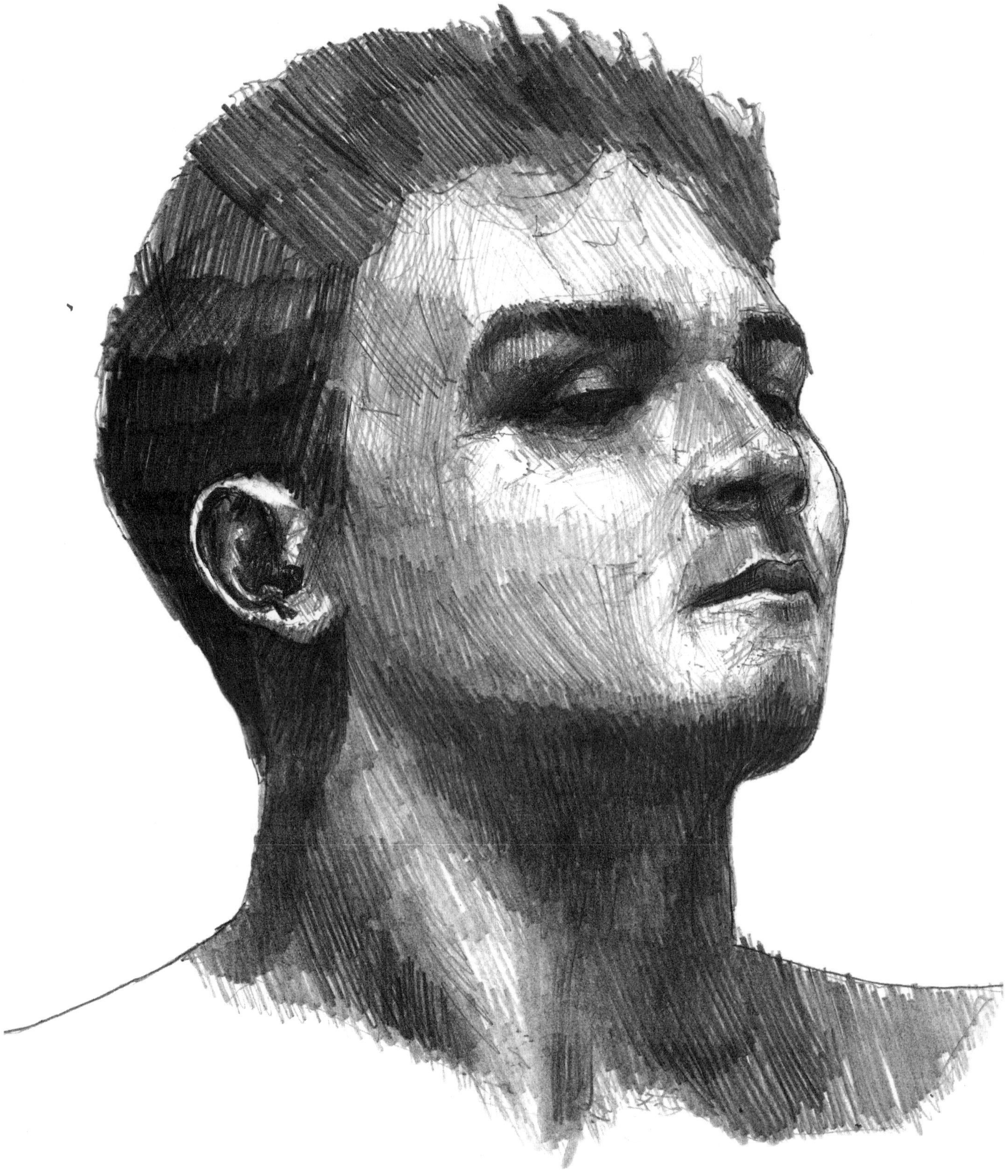

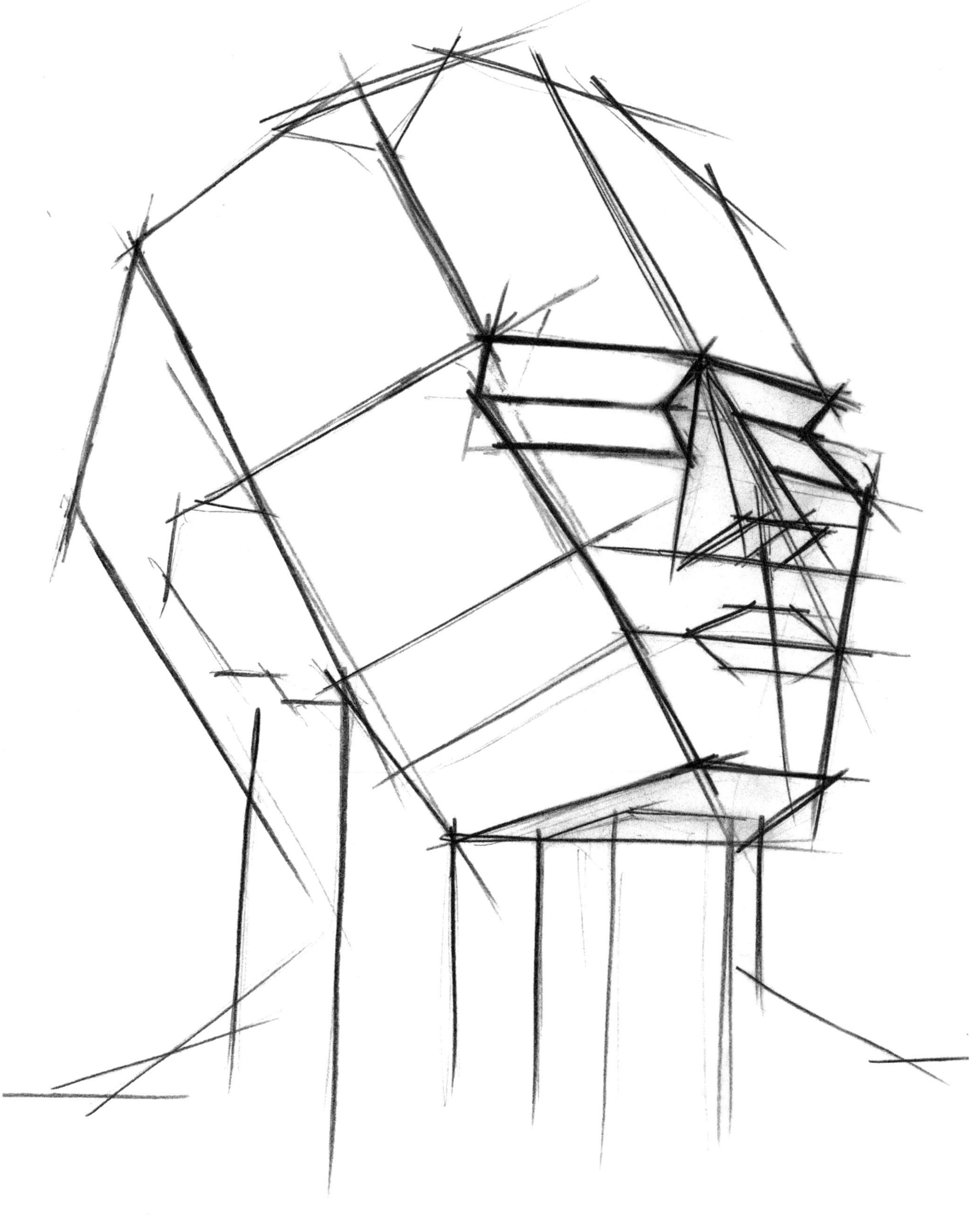

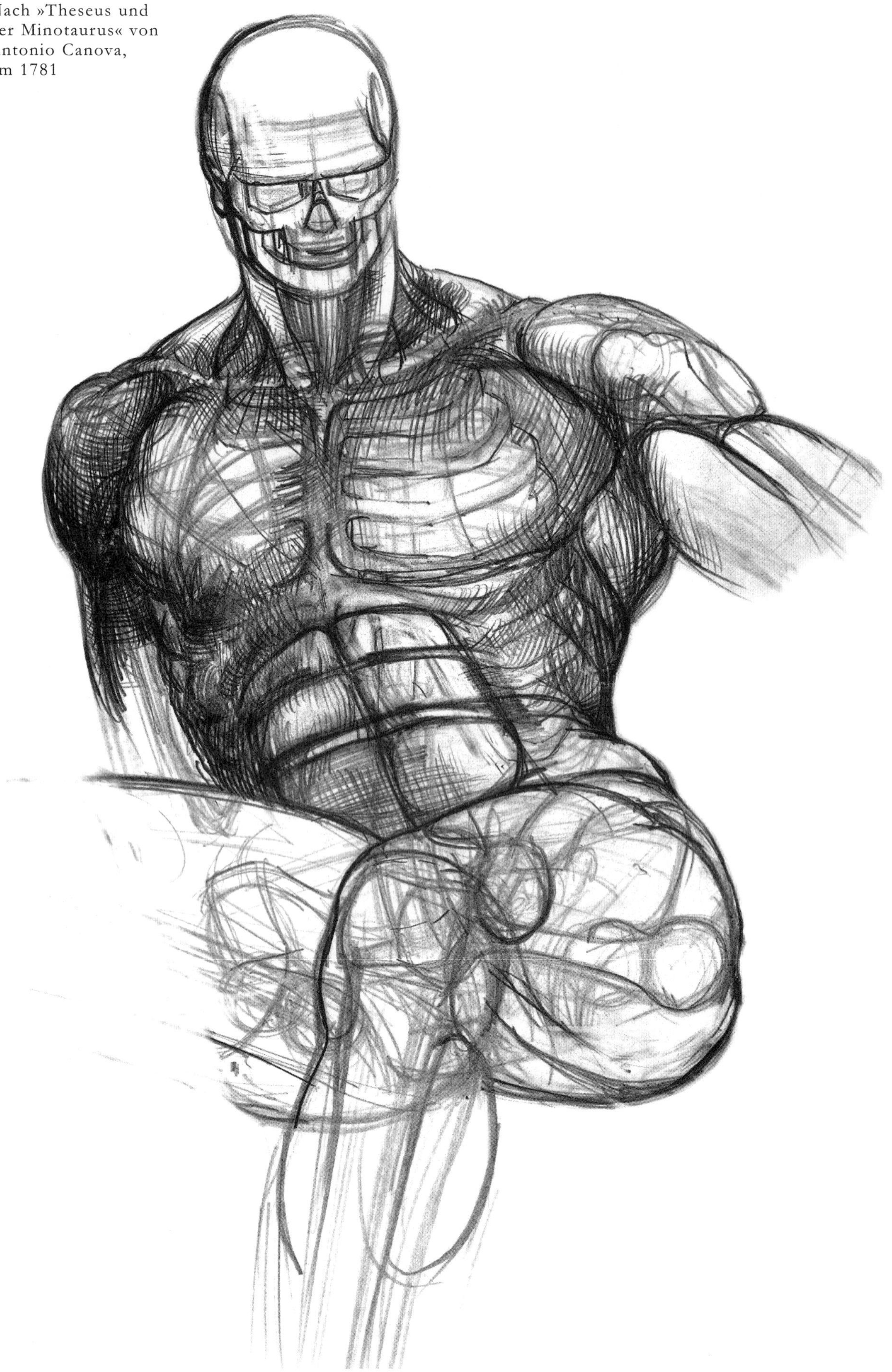

Nach »Theseus und der Minotaurus« von Antonio Canova, um 1781

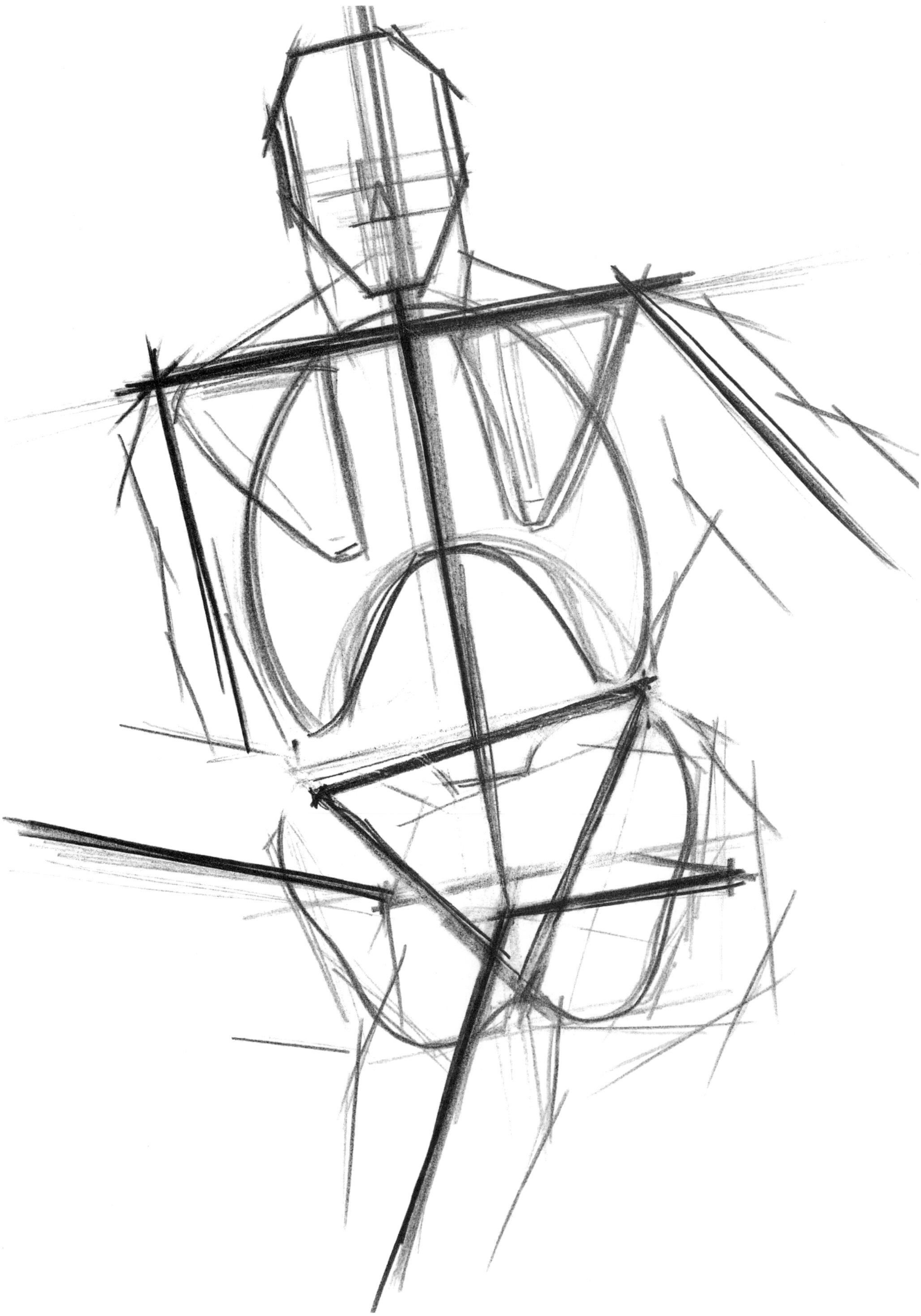

Nach einem männlichen
Torso von Giovanni da
Bologna, um 1575–1588

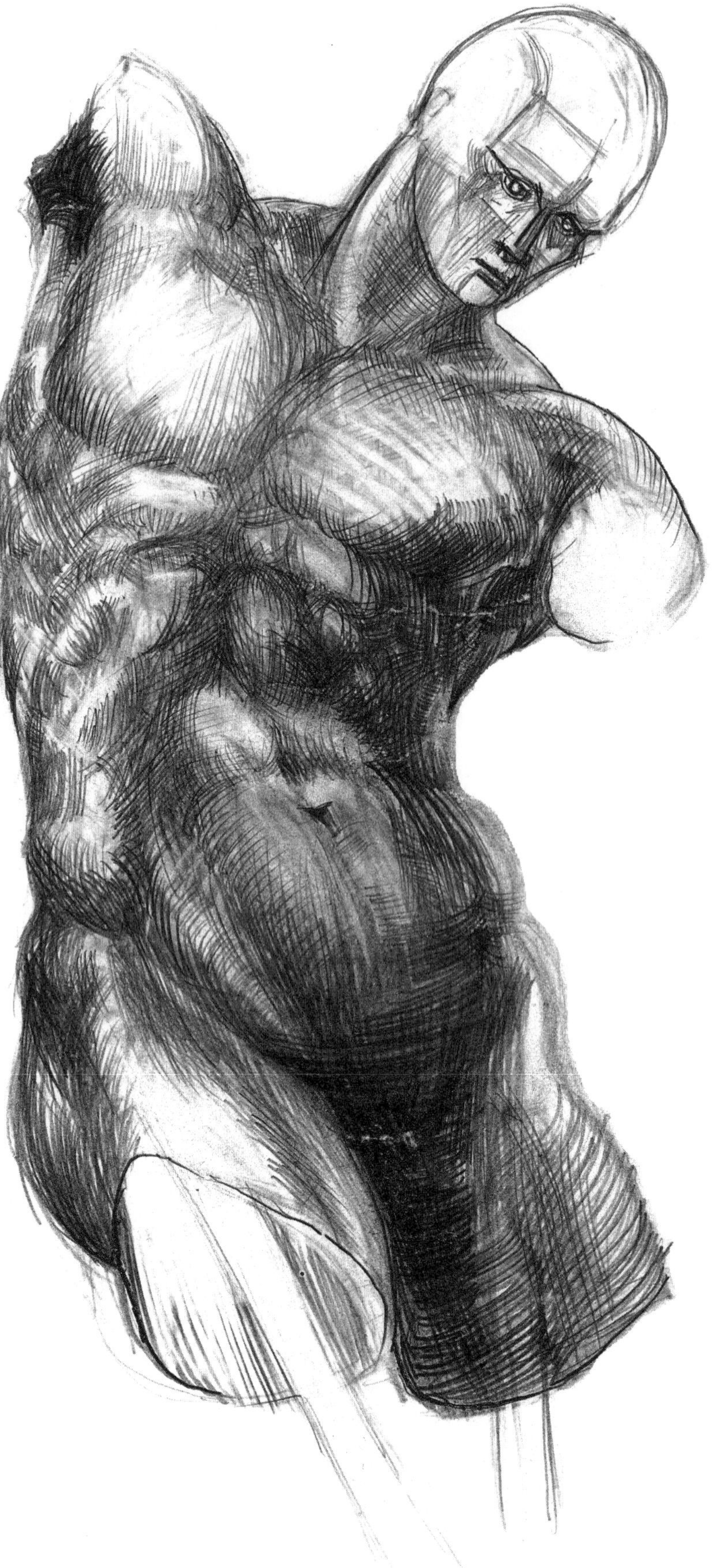

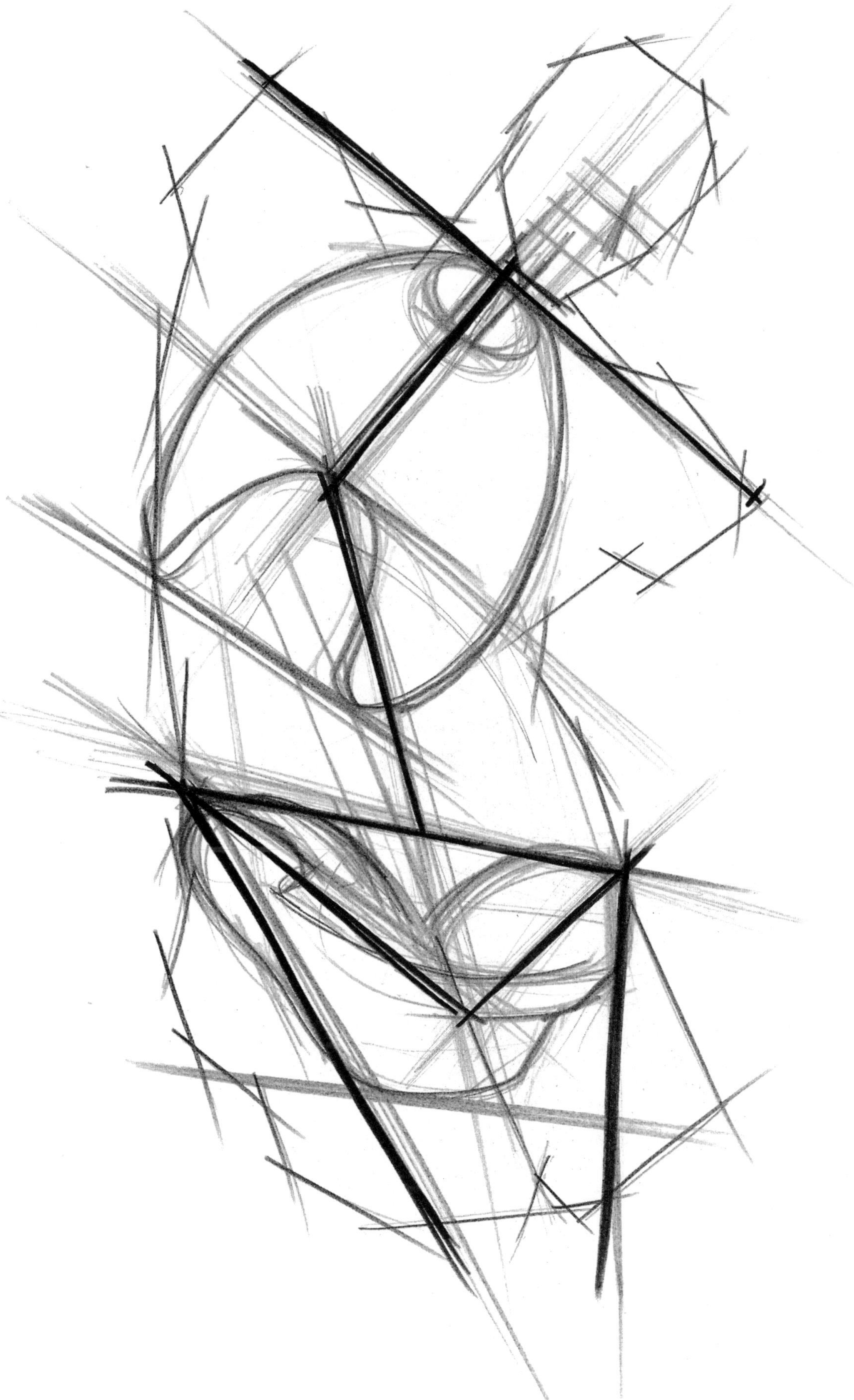

Nach »Samson und die Philister«
von Vincenzo Foggini, 1749

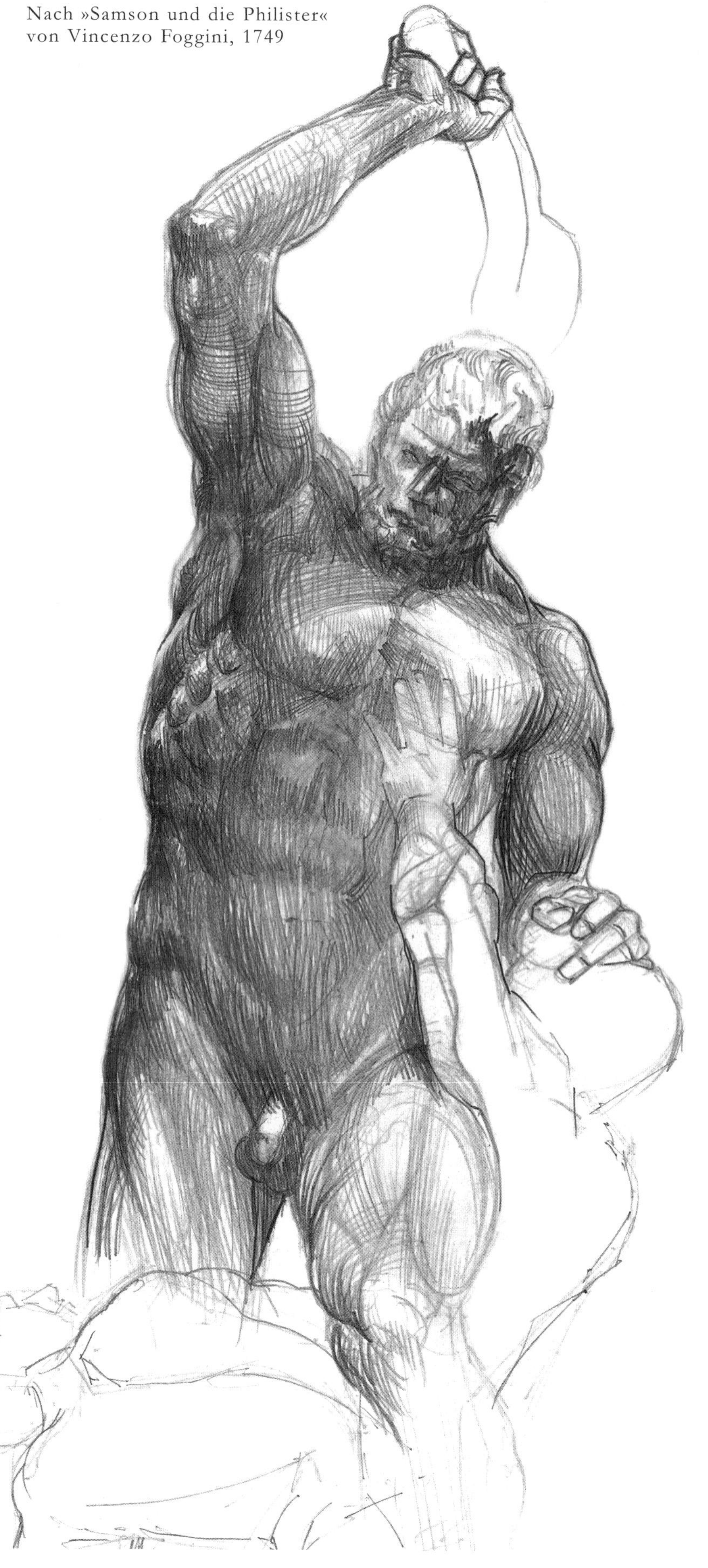

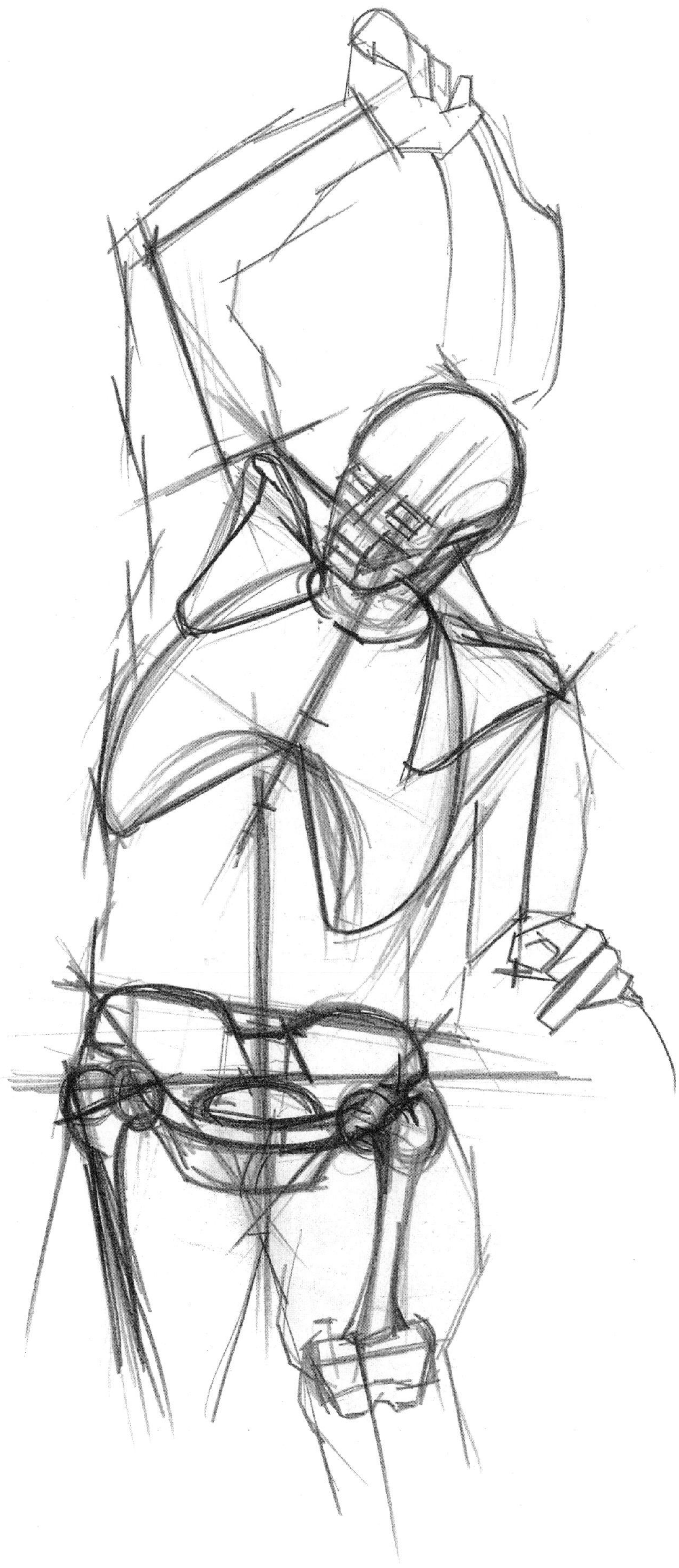

Nach »Samson und die Philister« von Vincenzo Foggini, 1749

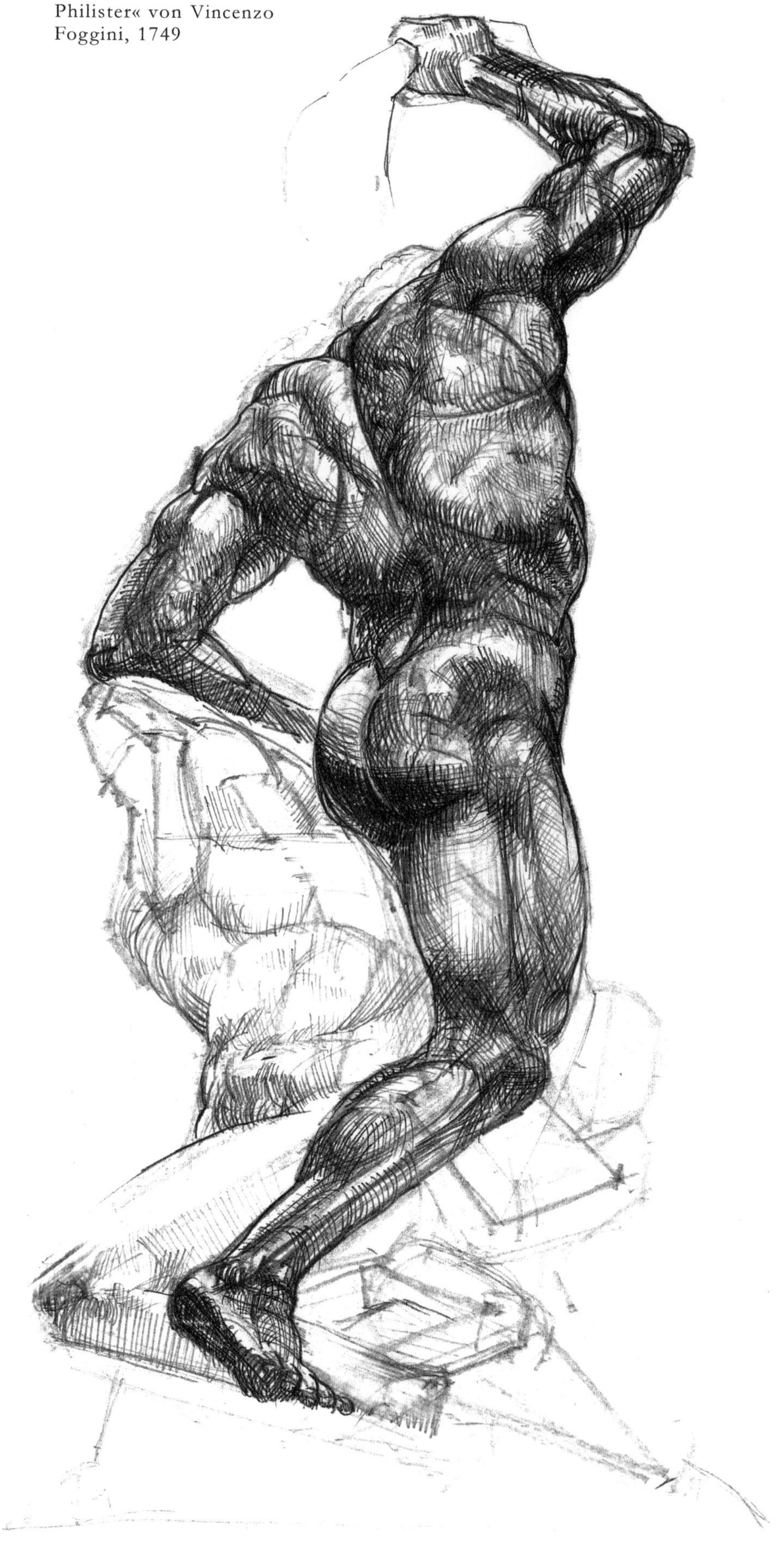

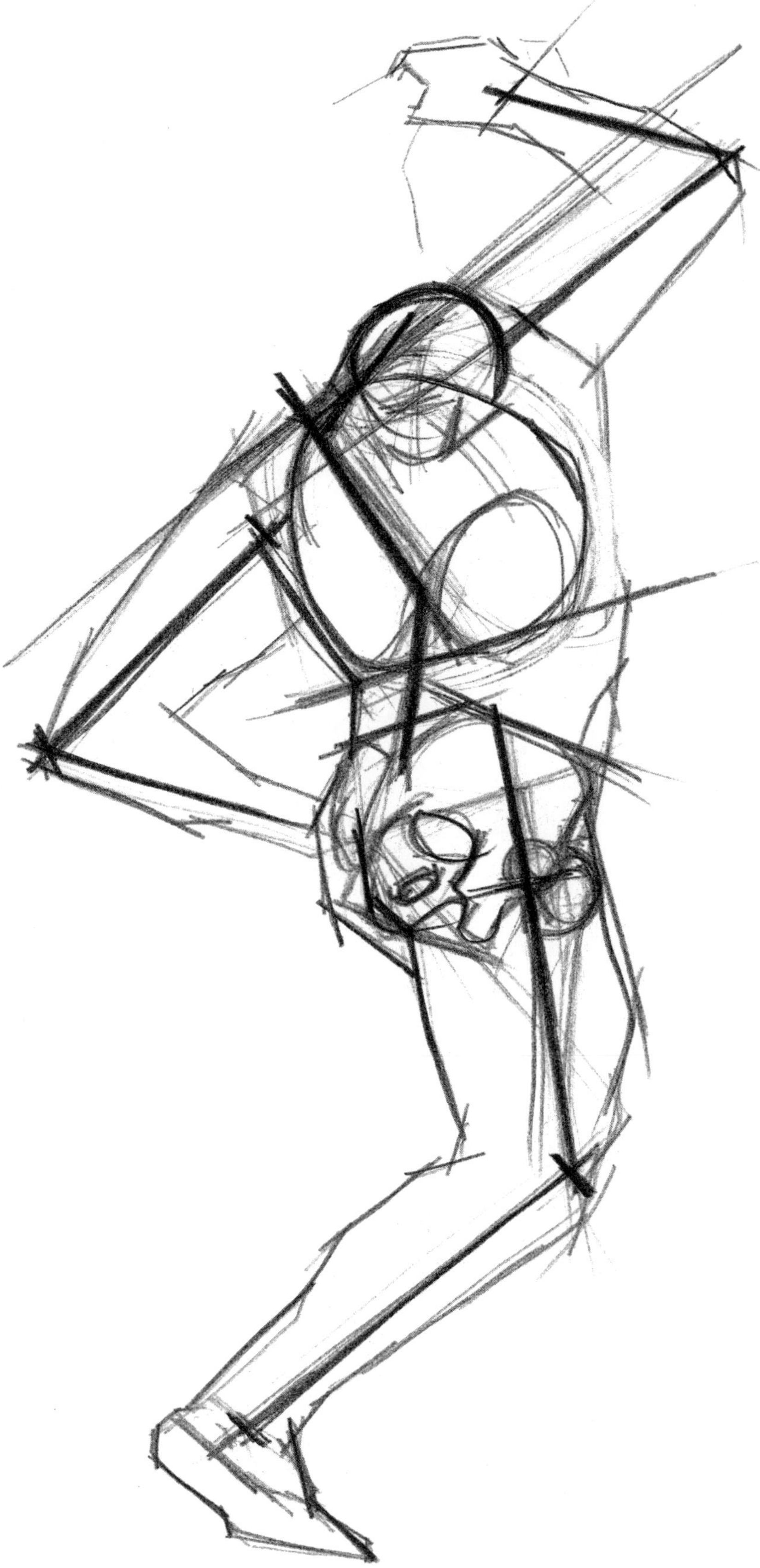

Nach »Herkules«
von Laurent
Delvaux, um 1768

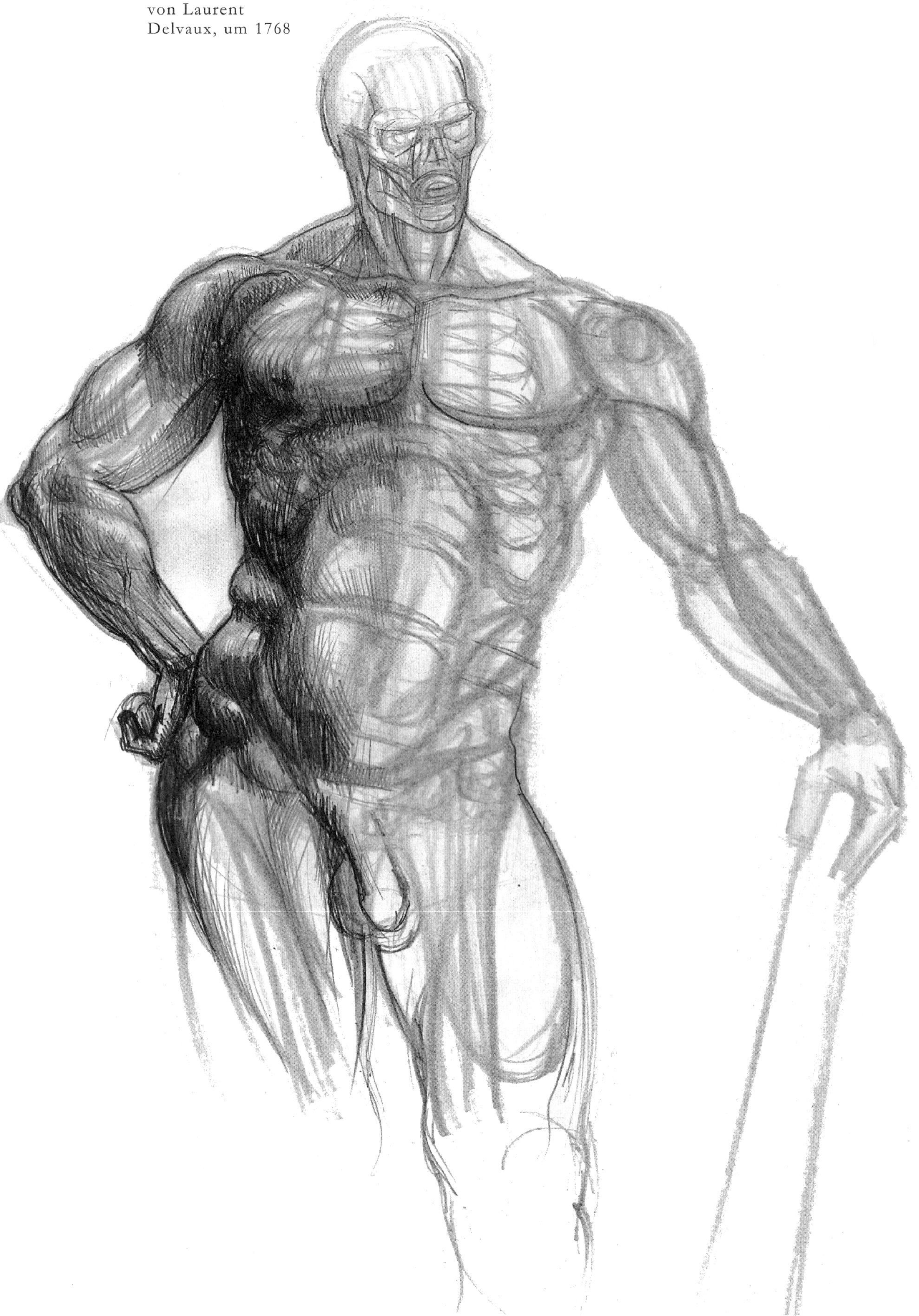

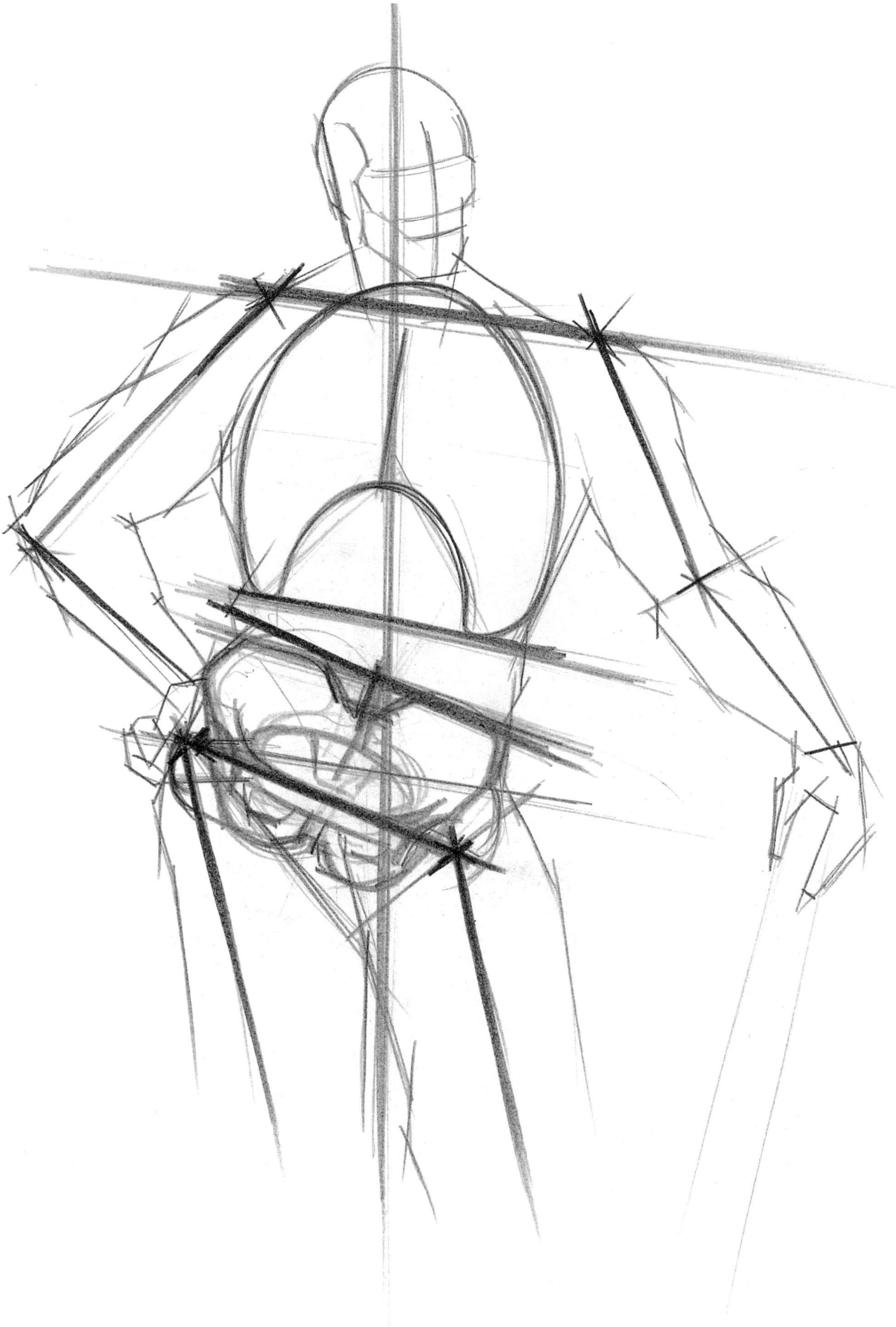

Nach »Pluto« von
Domenico Poggini, 1571

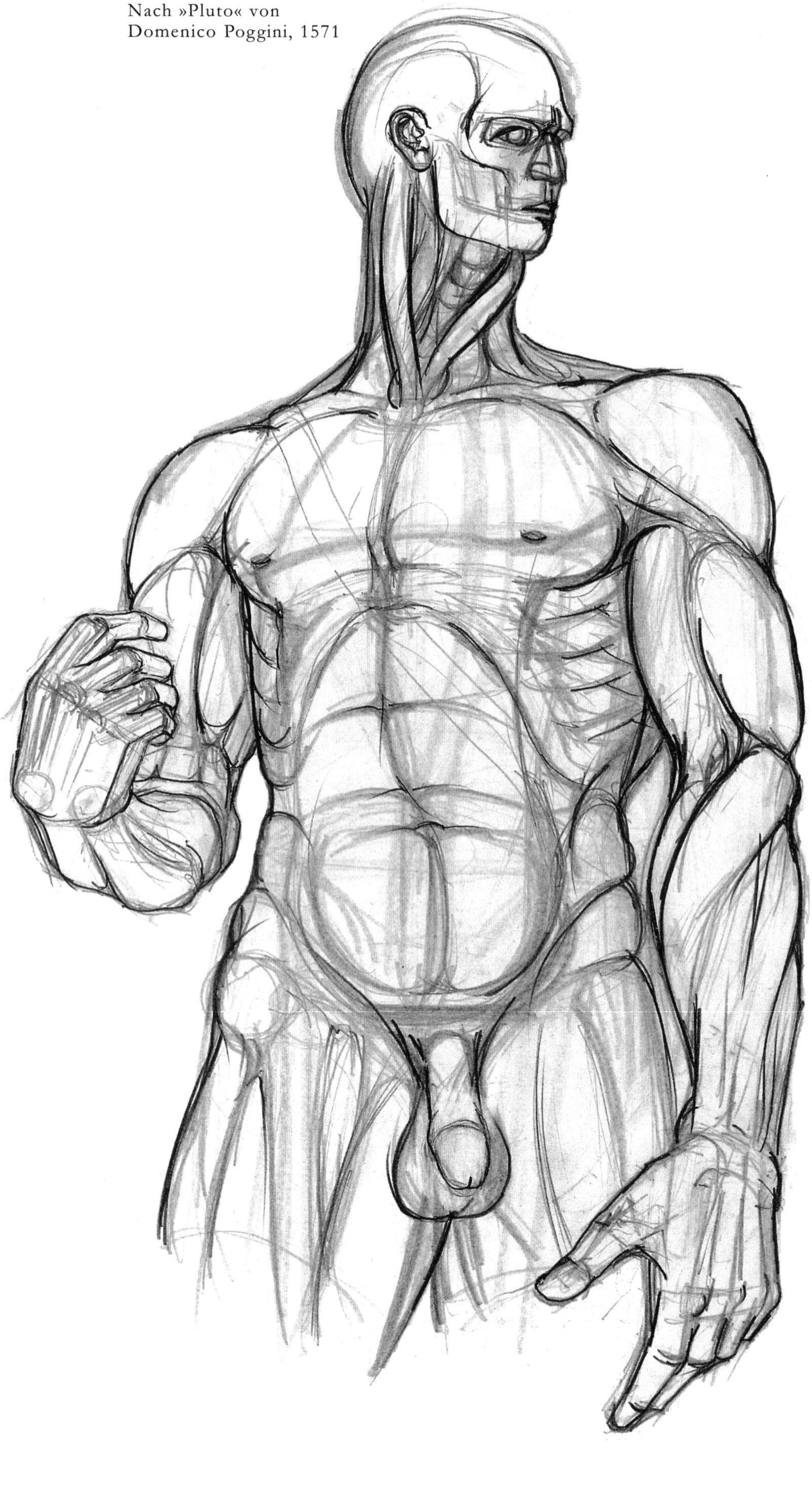

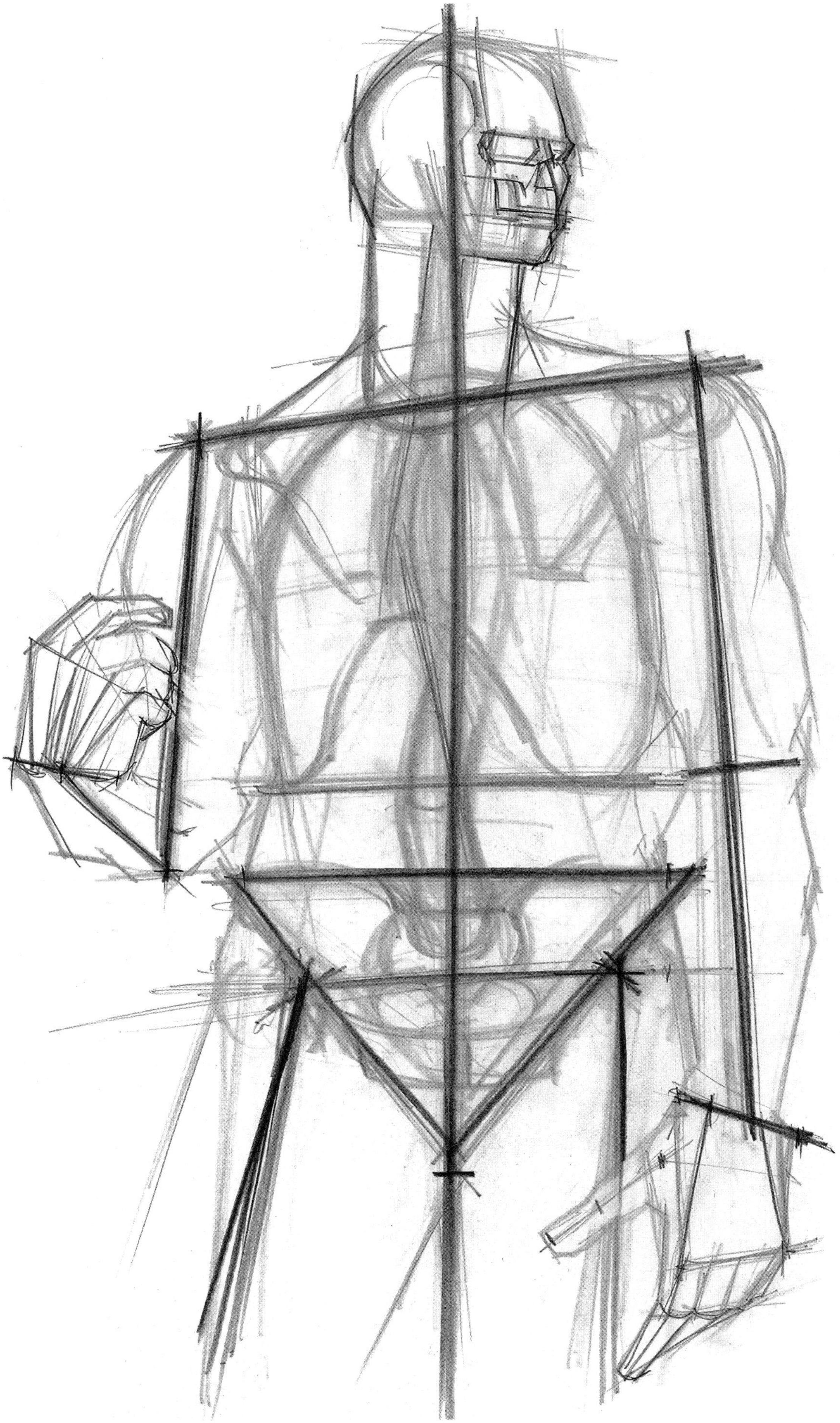

Nach einer Herkulesdarstellung aus dem späten 16. oder frühen 17. Jahrhundert, Italien, Künstler unbekannt

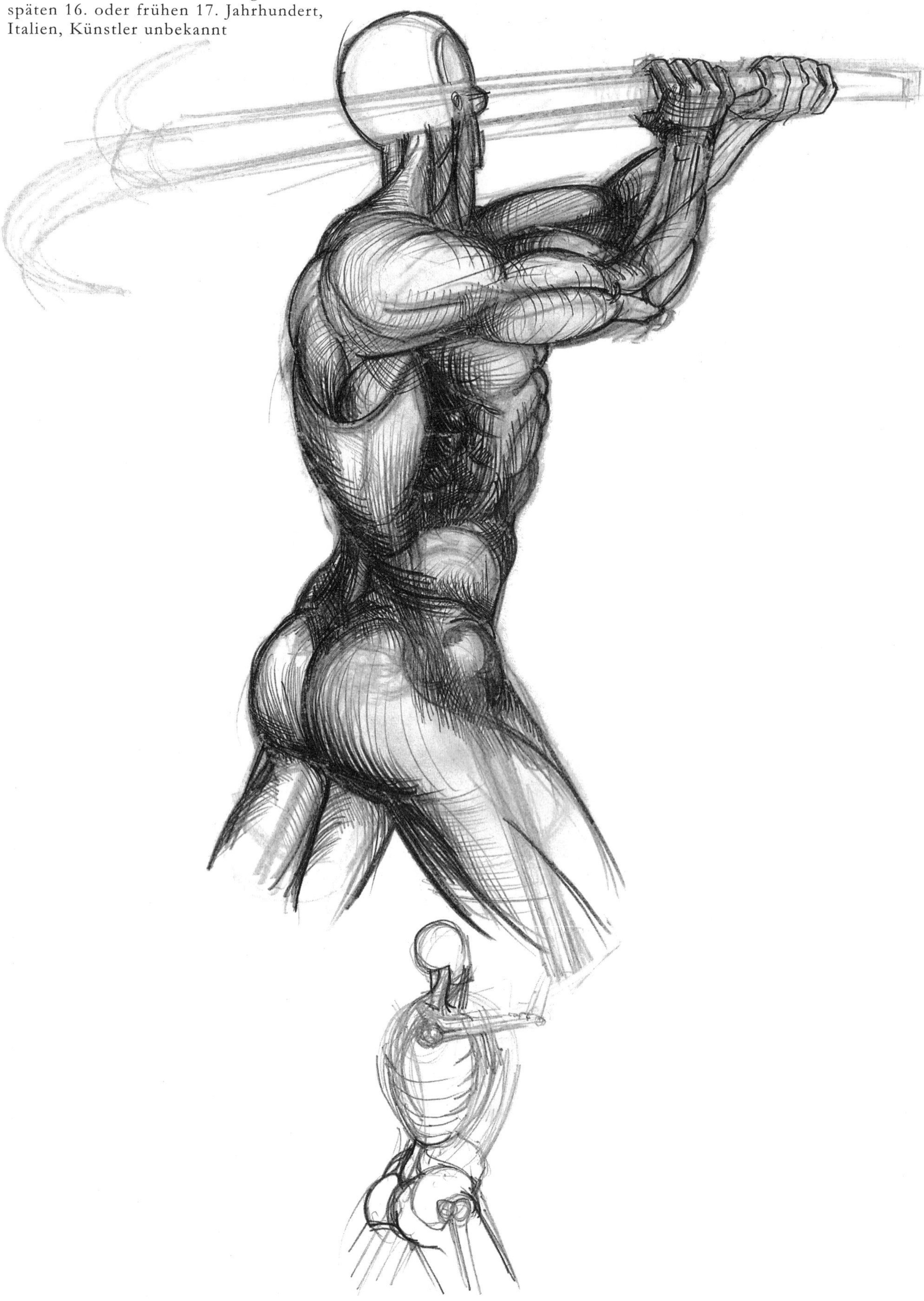

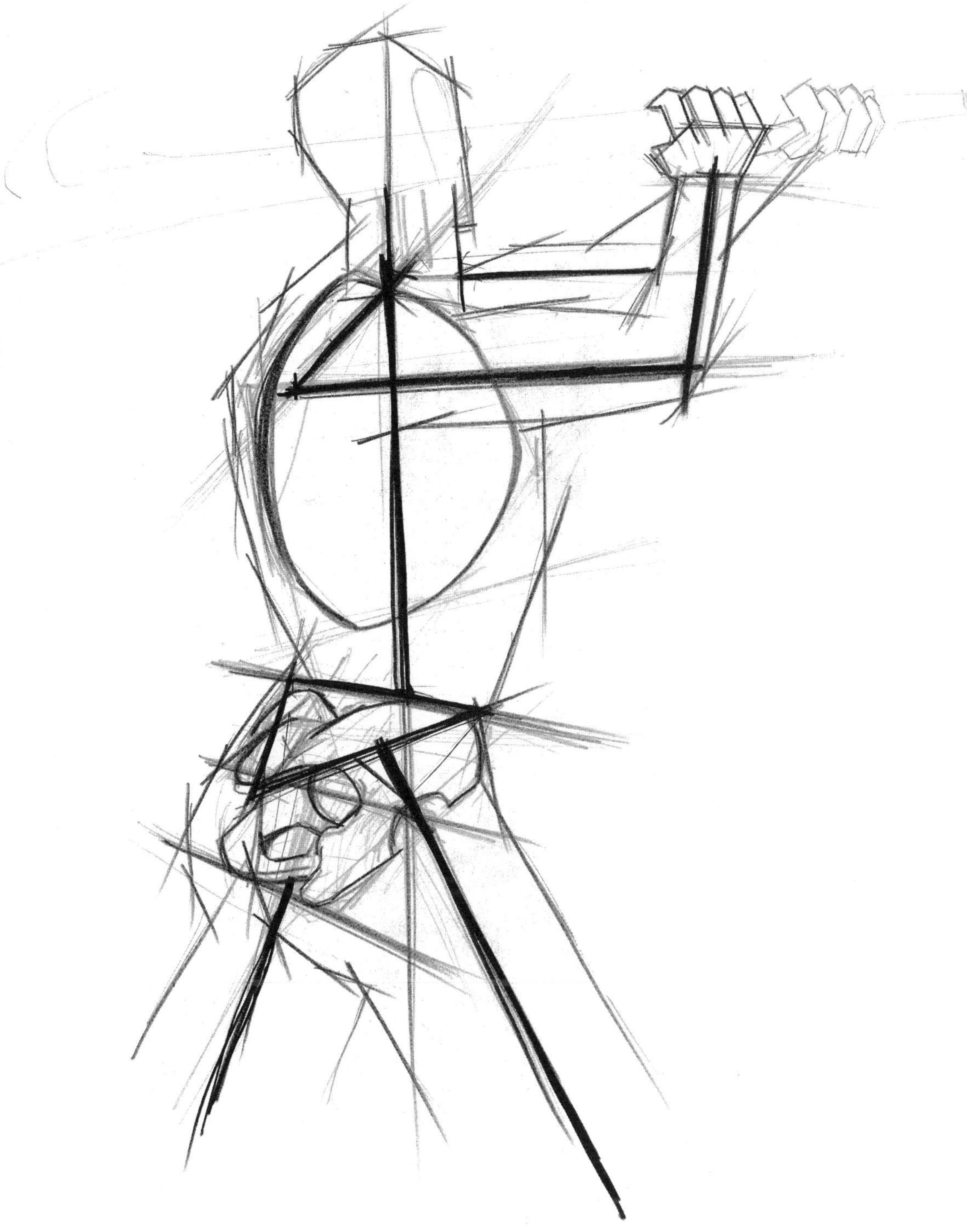

Nach »Liegende beim Schreiben (Geometrie und Astrologie)«, Giovanni da Bologna zugeschrieben, um 1565–1570

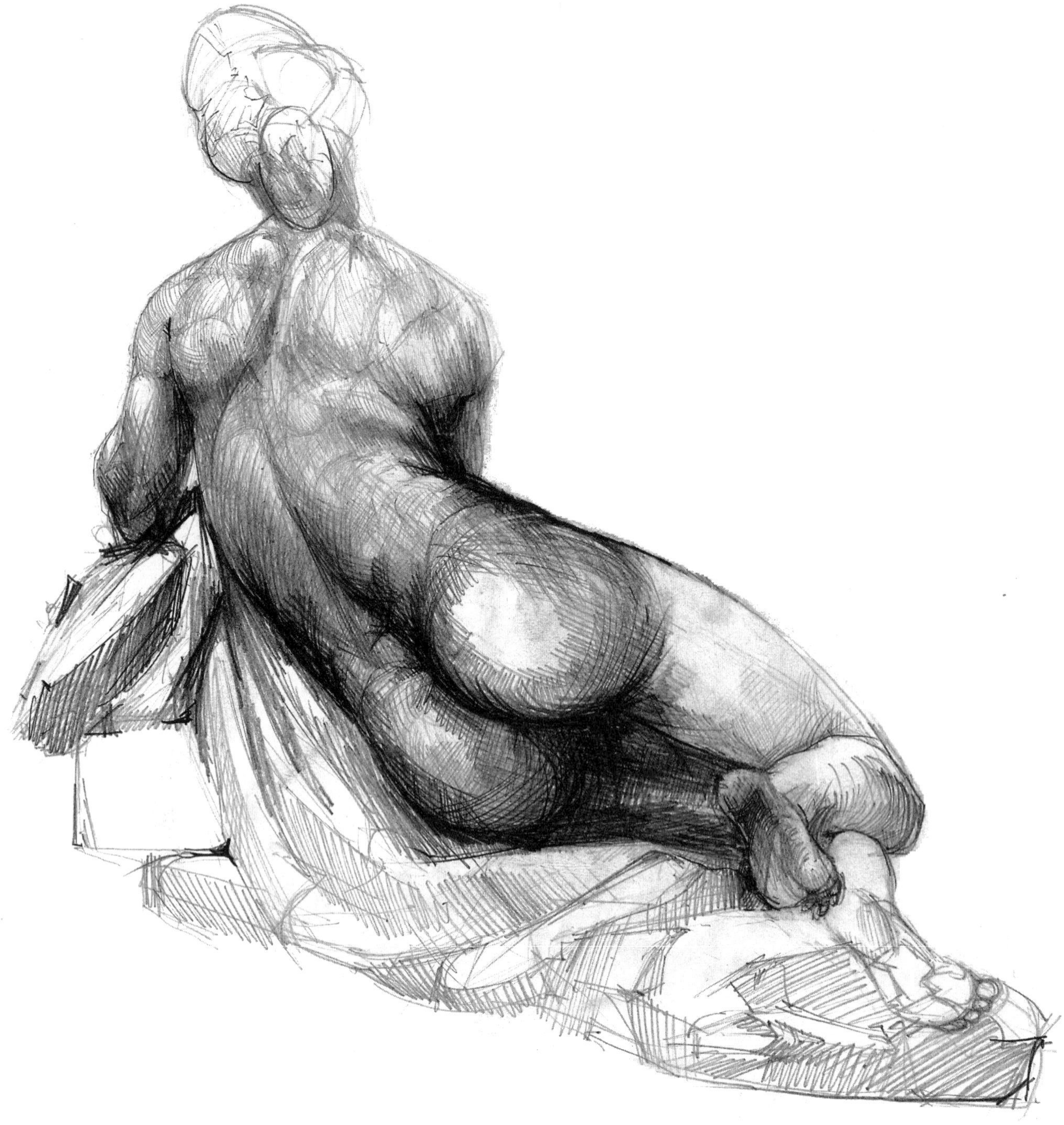

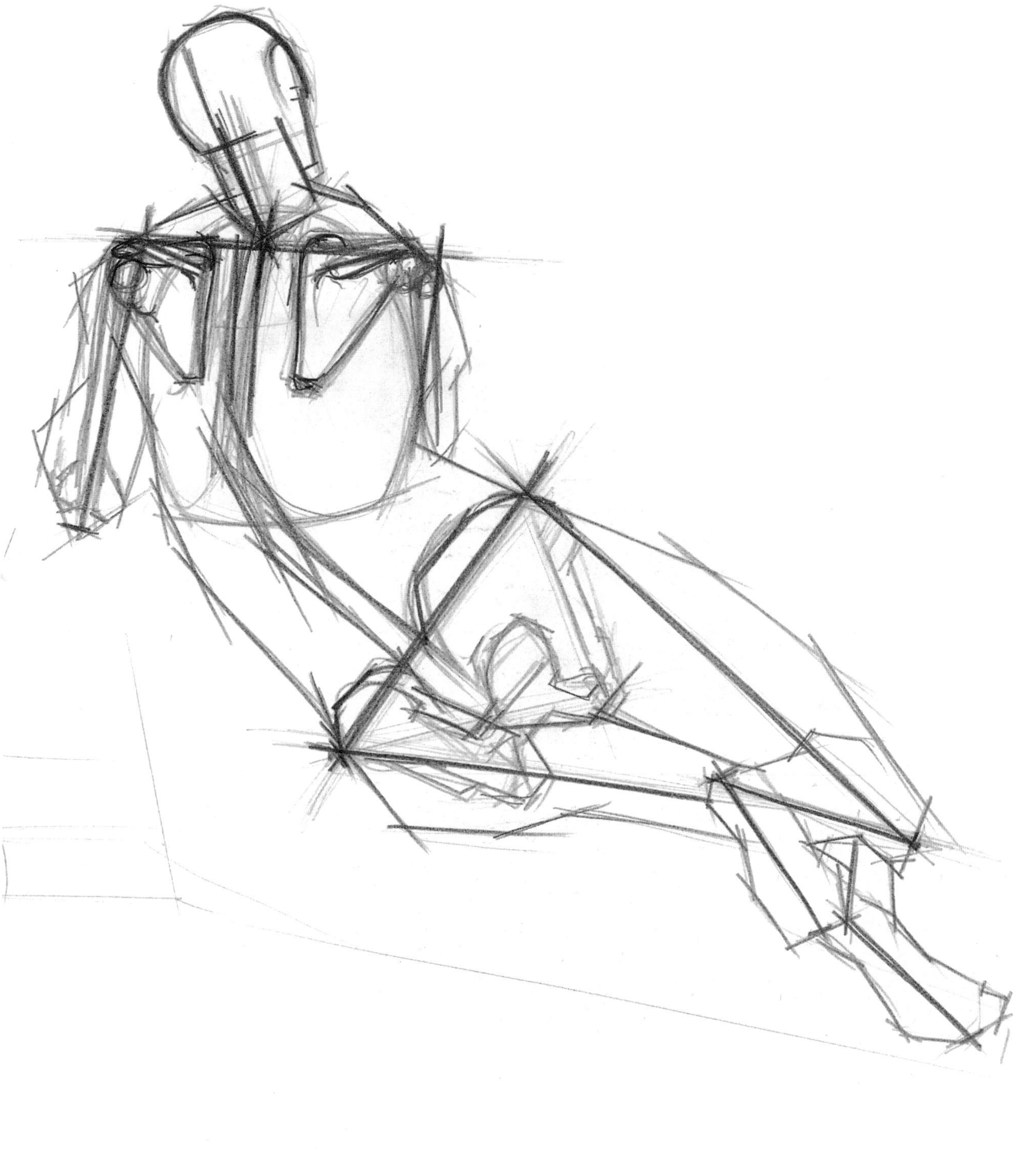

Nach »Eva lauscht der Stimme«
von Edward Hodges Baily, 1842

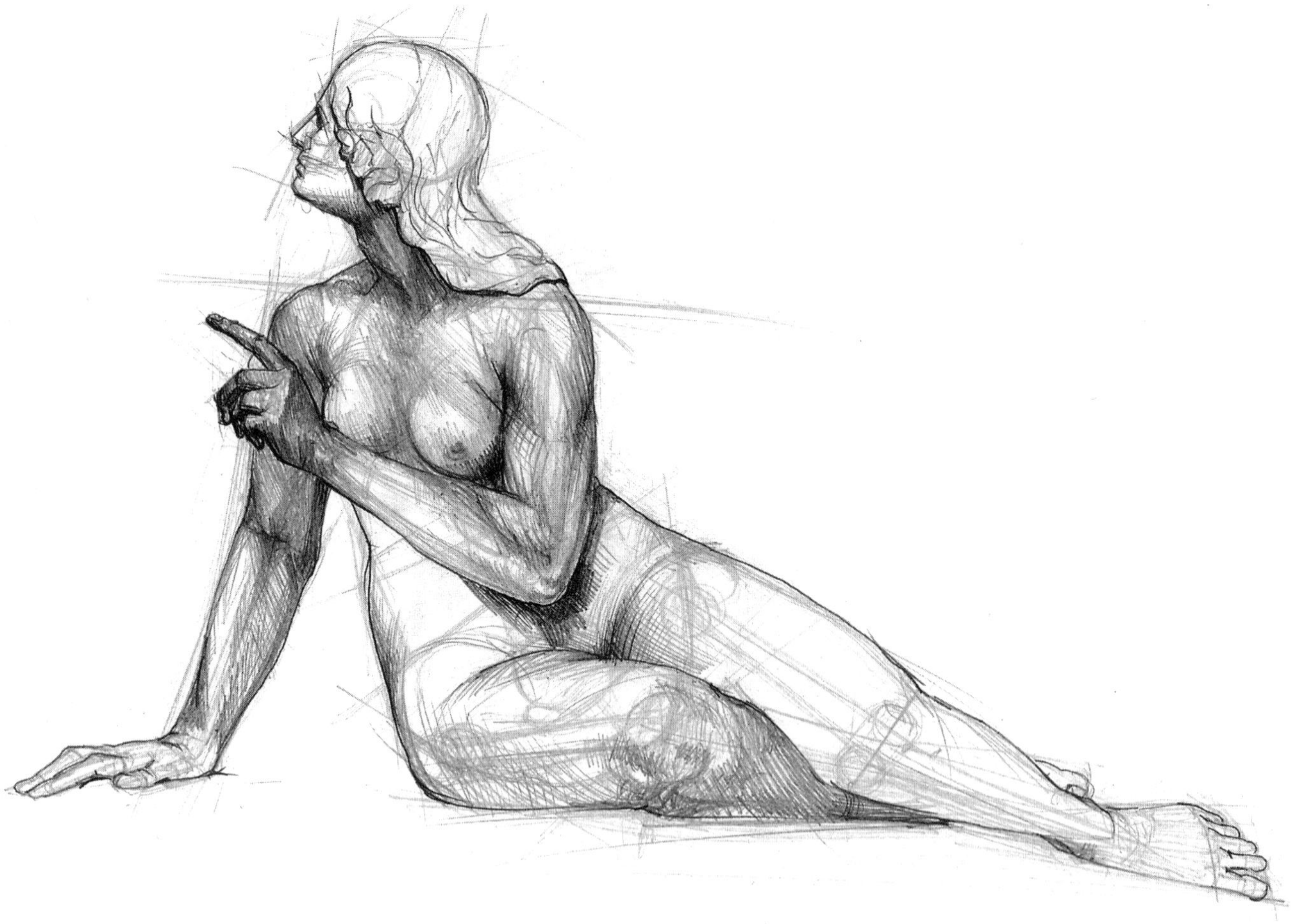

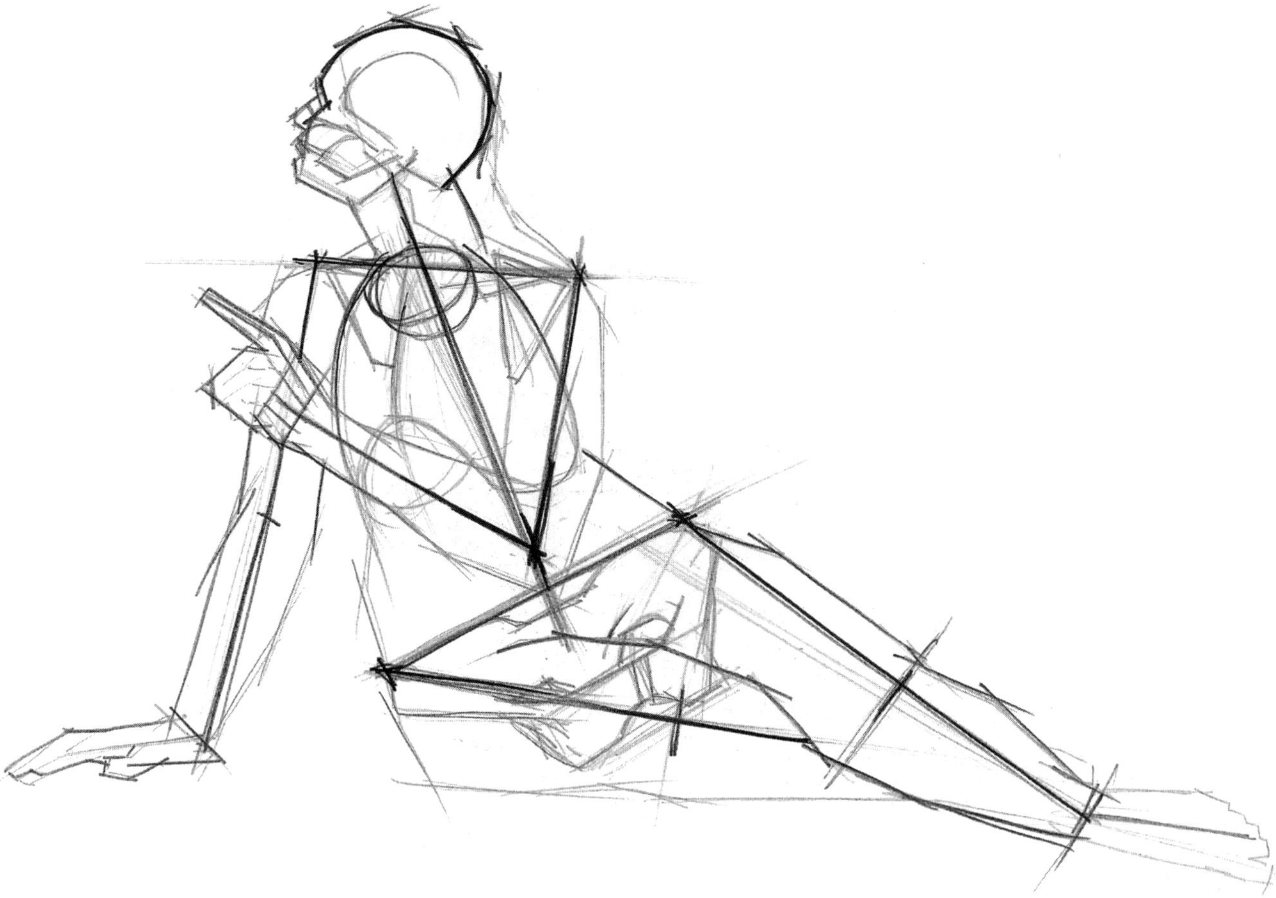

Nach einem Detail aus »Samson und die Philister« von Vincenzo Foggini, 1749

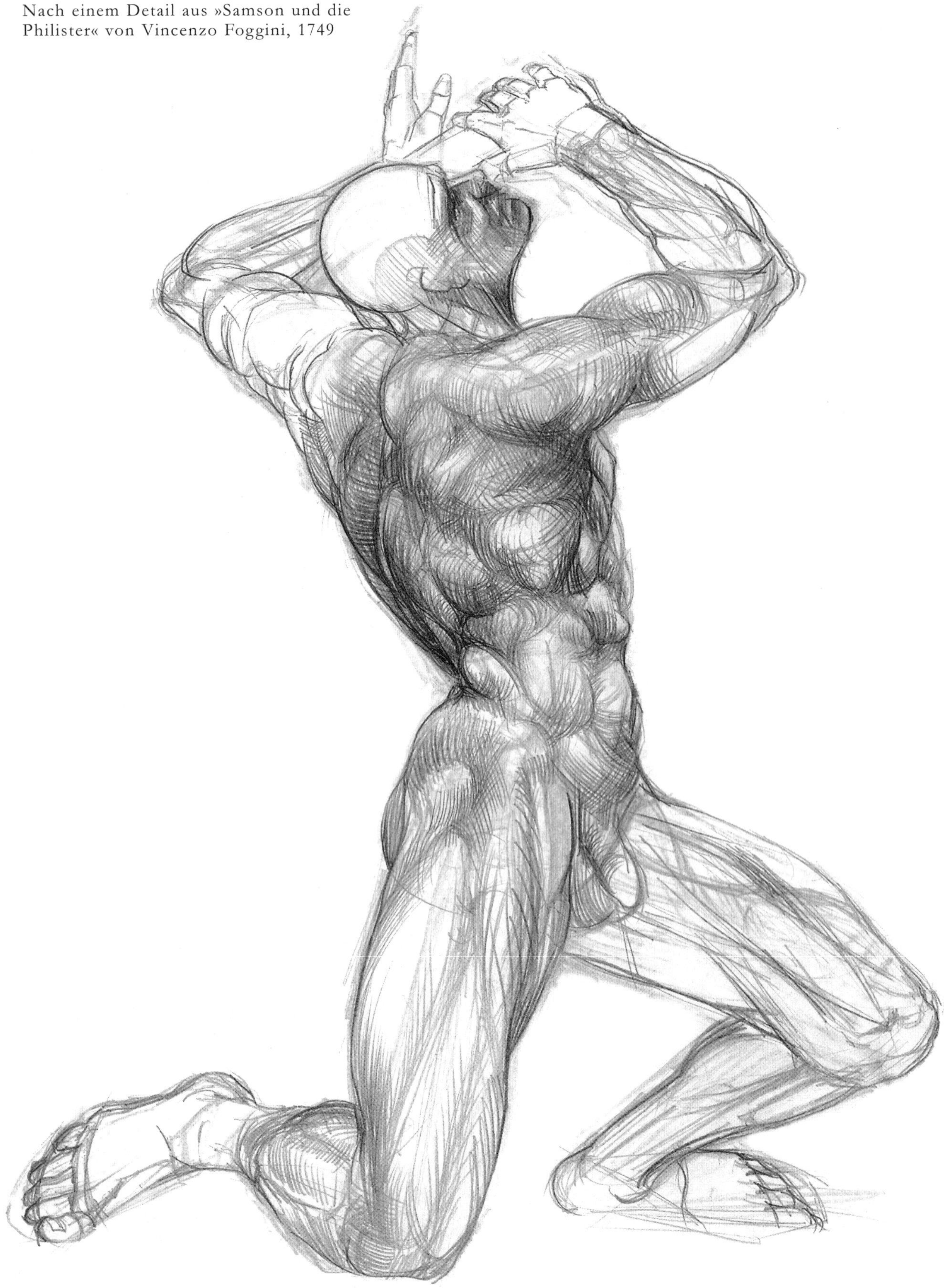

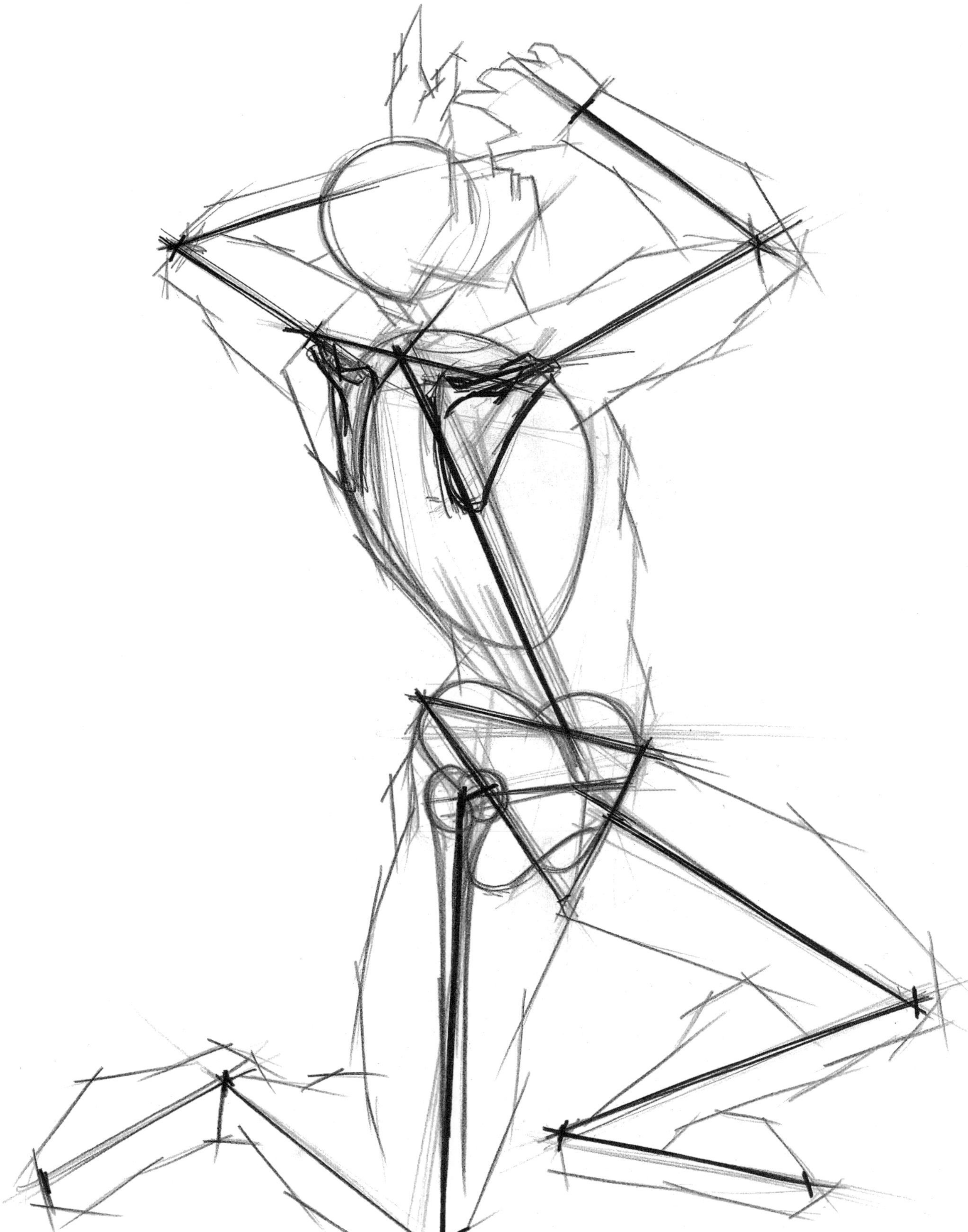

Nach »Achilles beim Anlegen der Rüstung« von Thomas Banks, um 1780–1790

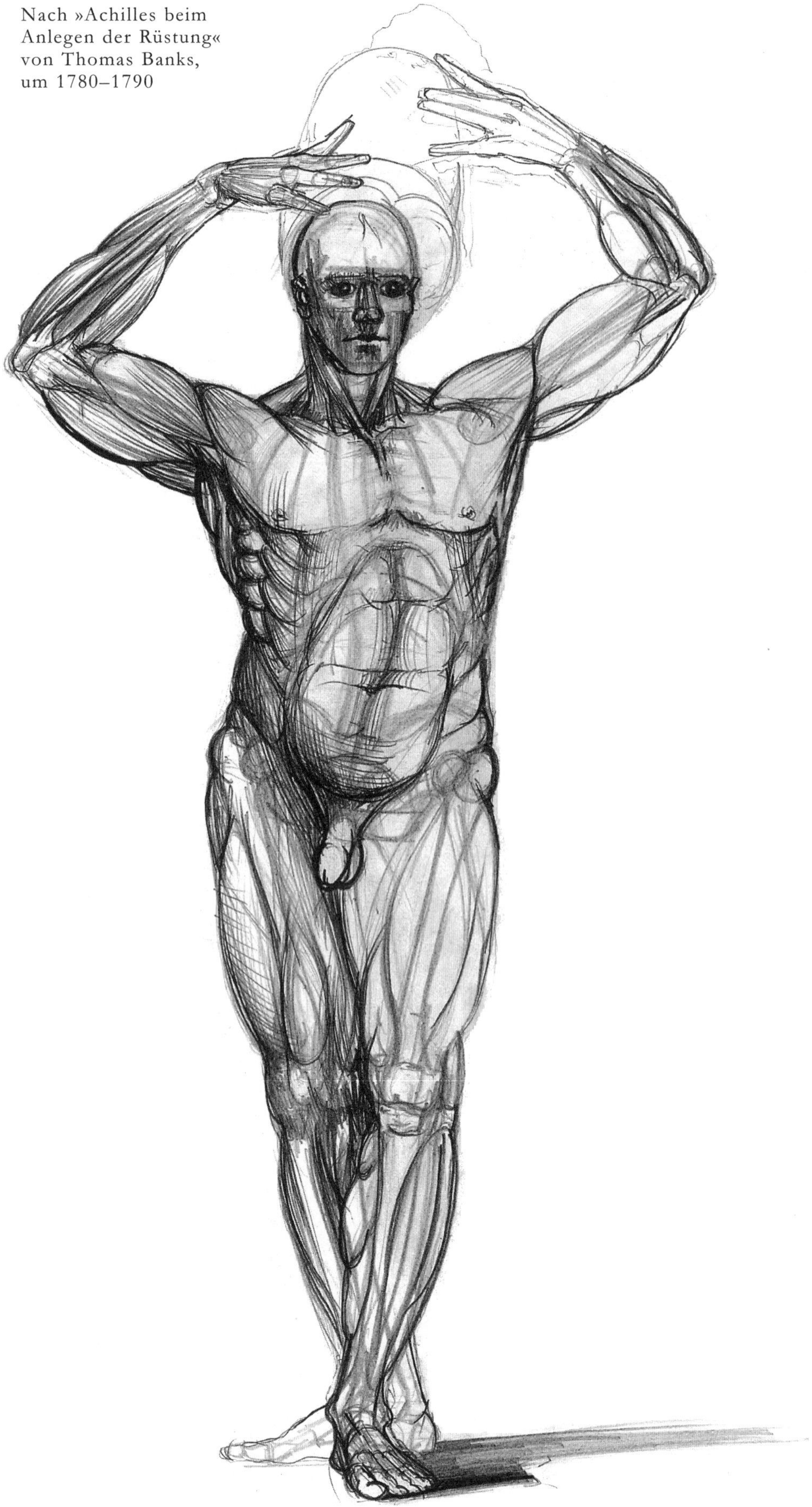

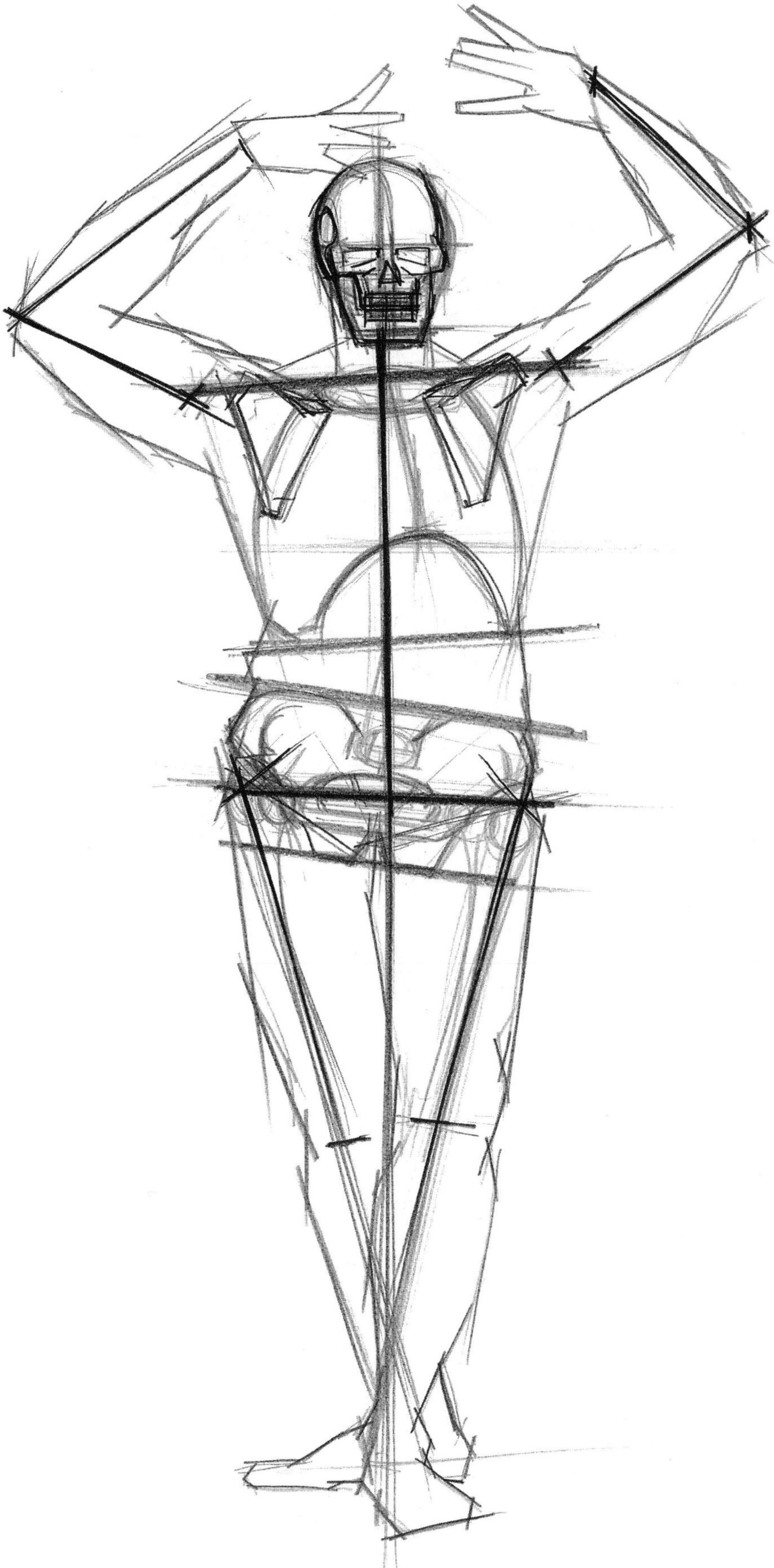

Nach einer Darstellung der linken Hand, bekannt als »Michelangelos Hand«, um 1580

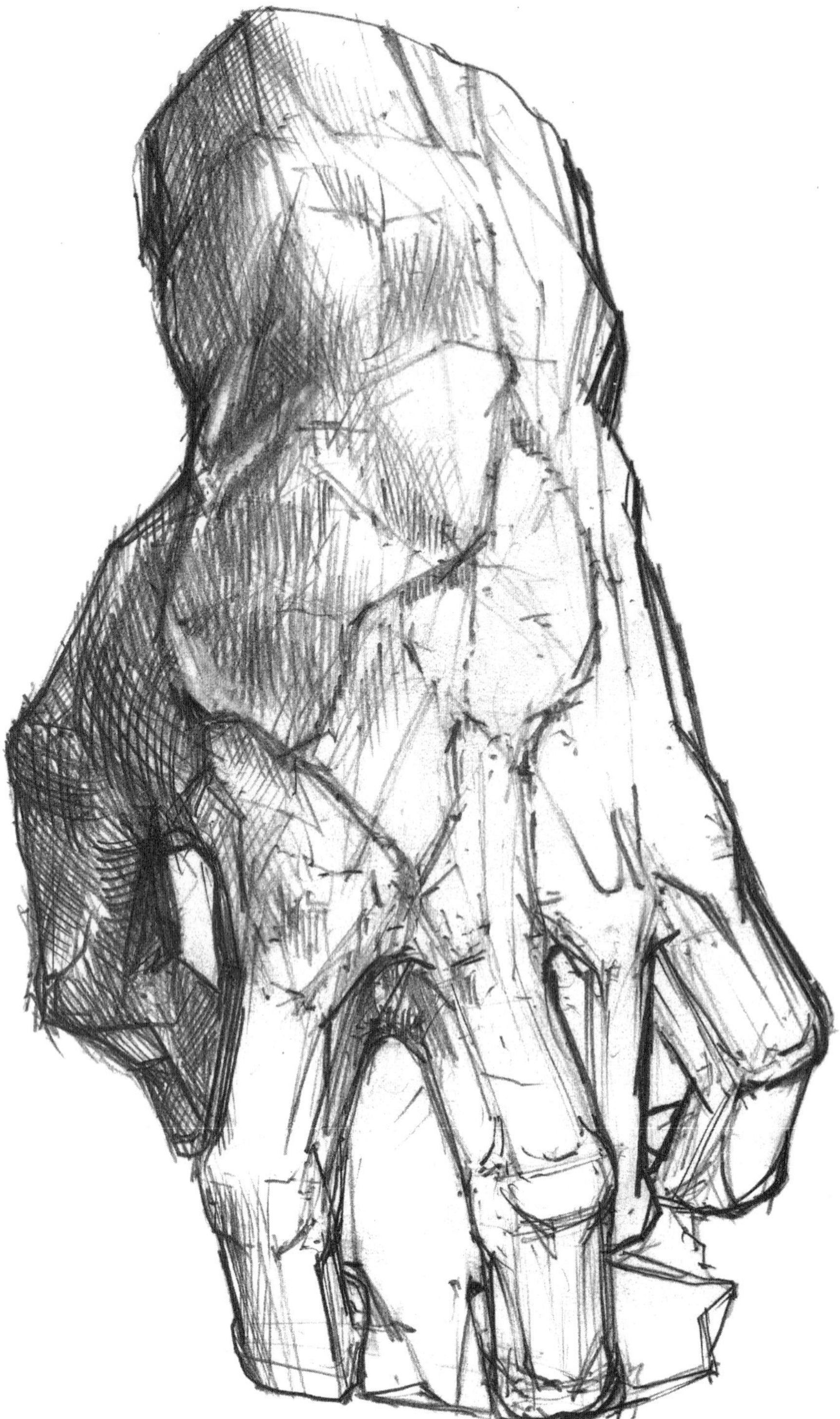

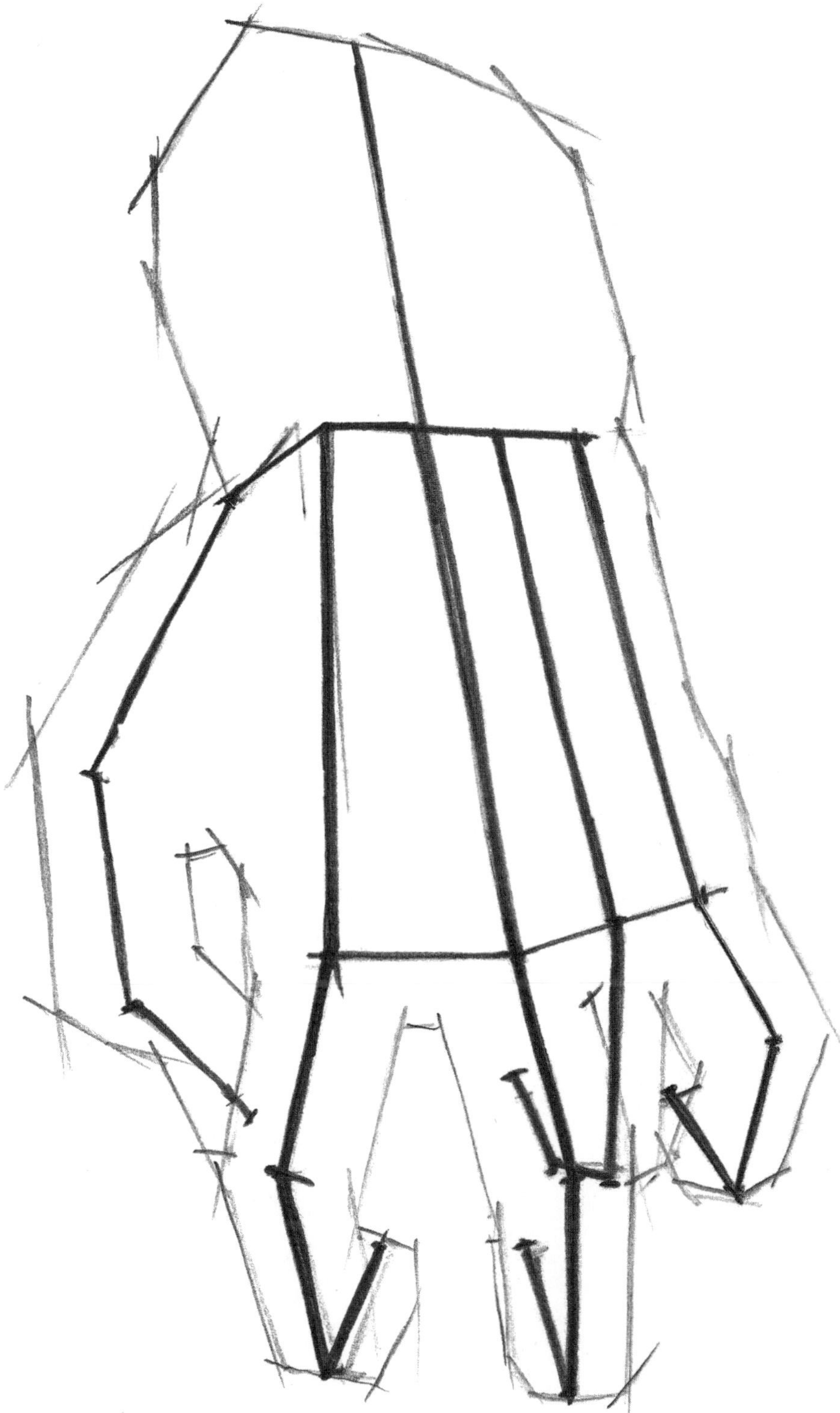

Nach einem Detail von Michelangelos Davidskulptur, 1501–1504

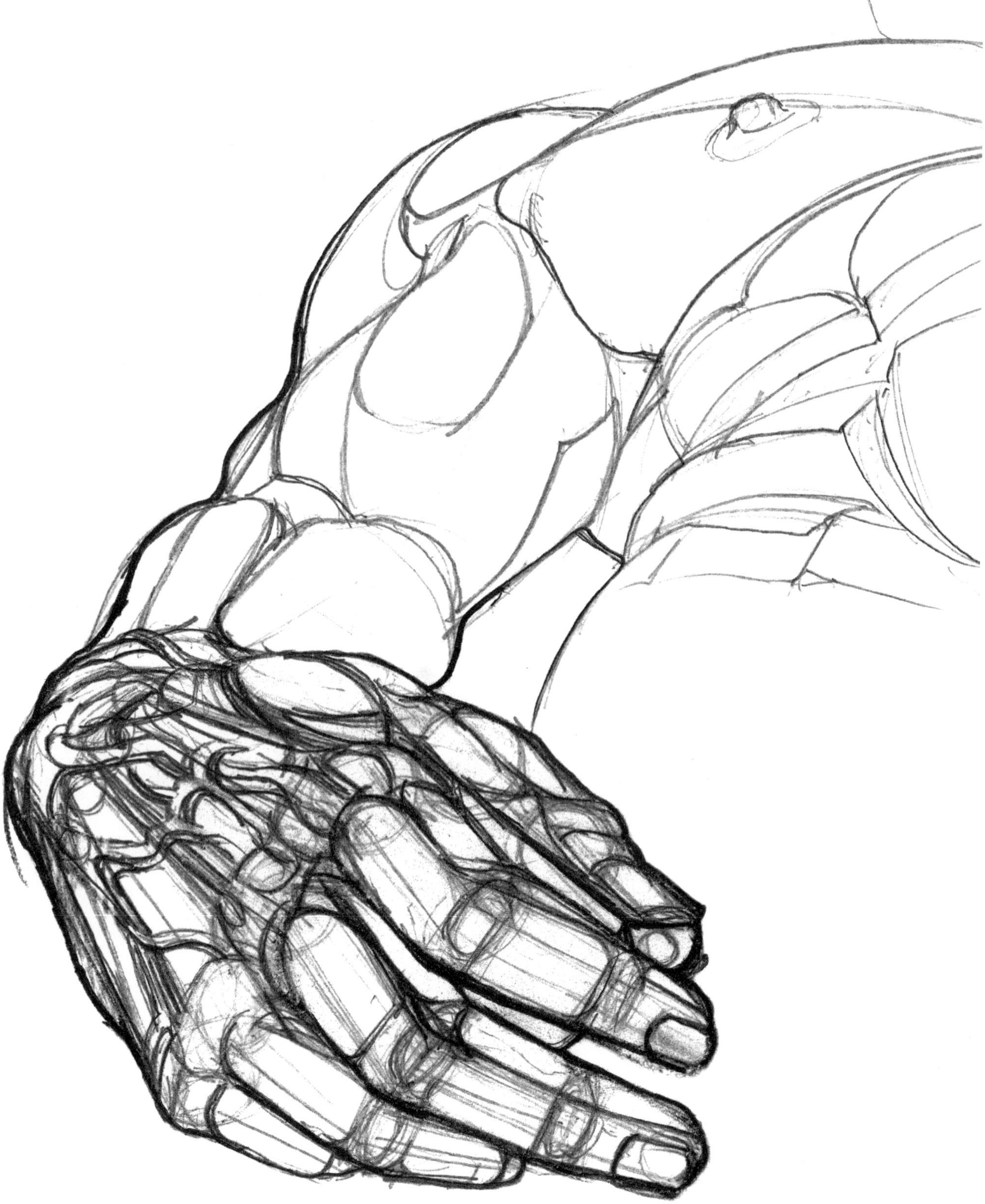

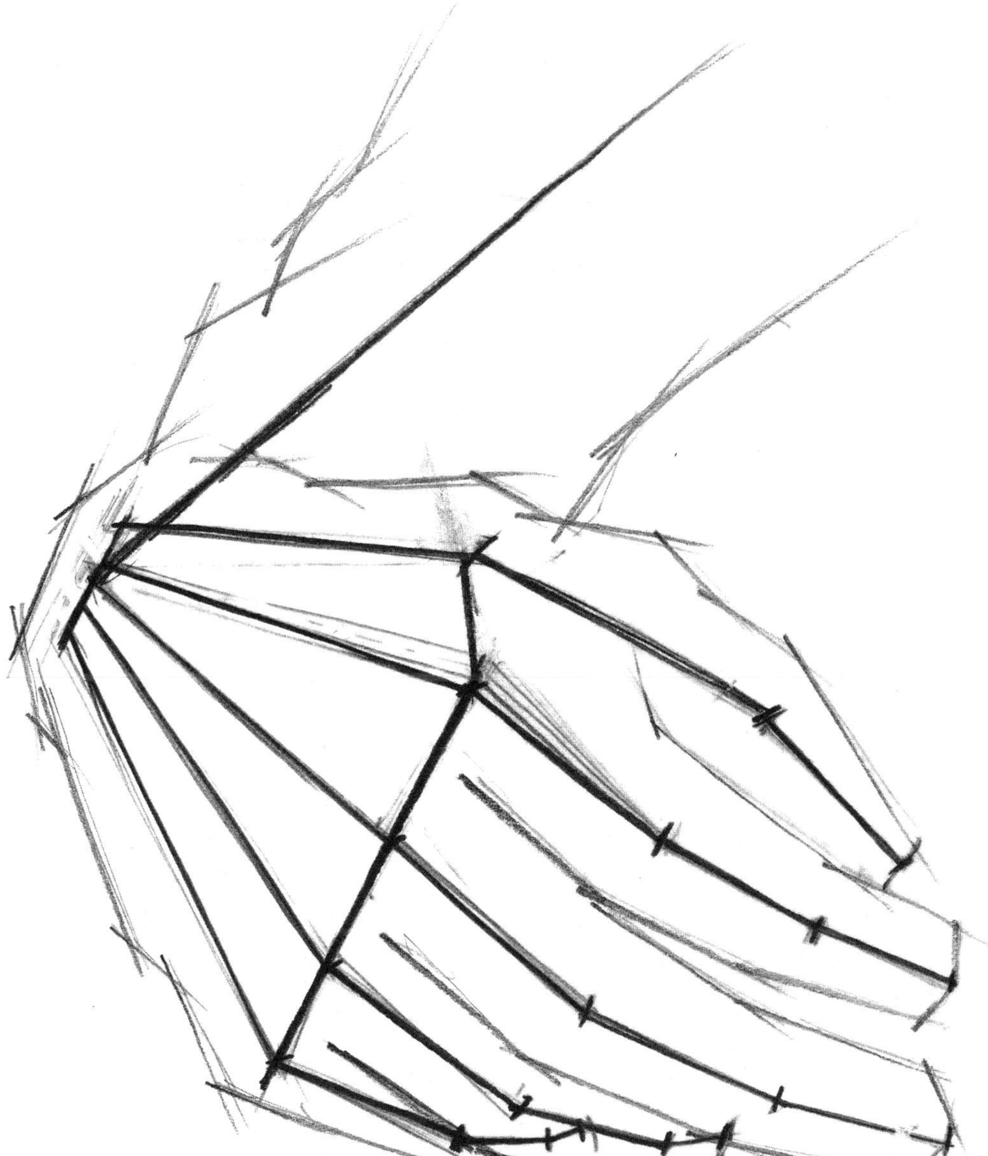

Nach einem Detail aus »Samson und die Philister« von Vincenzo Foggini, 1749

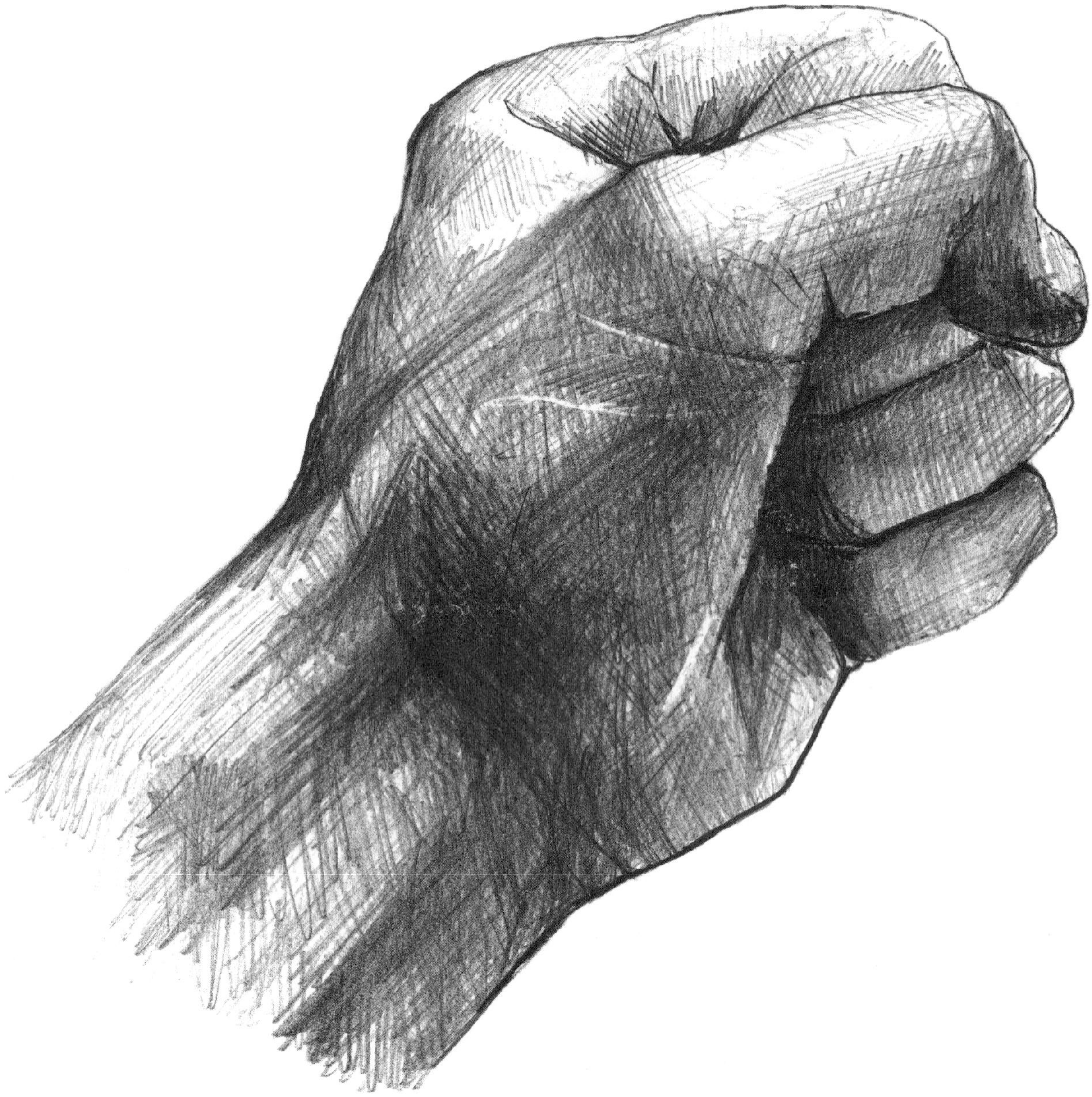

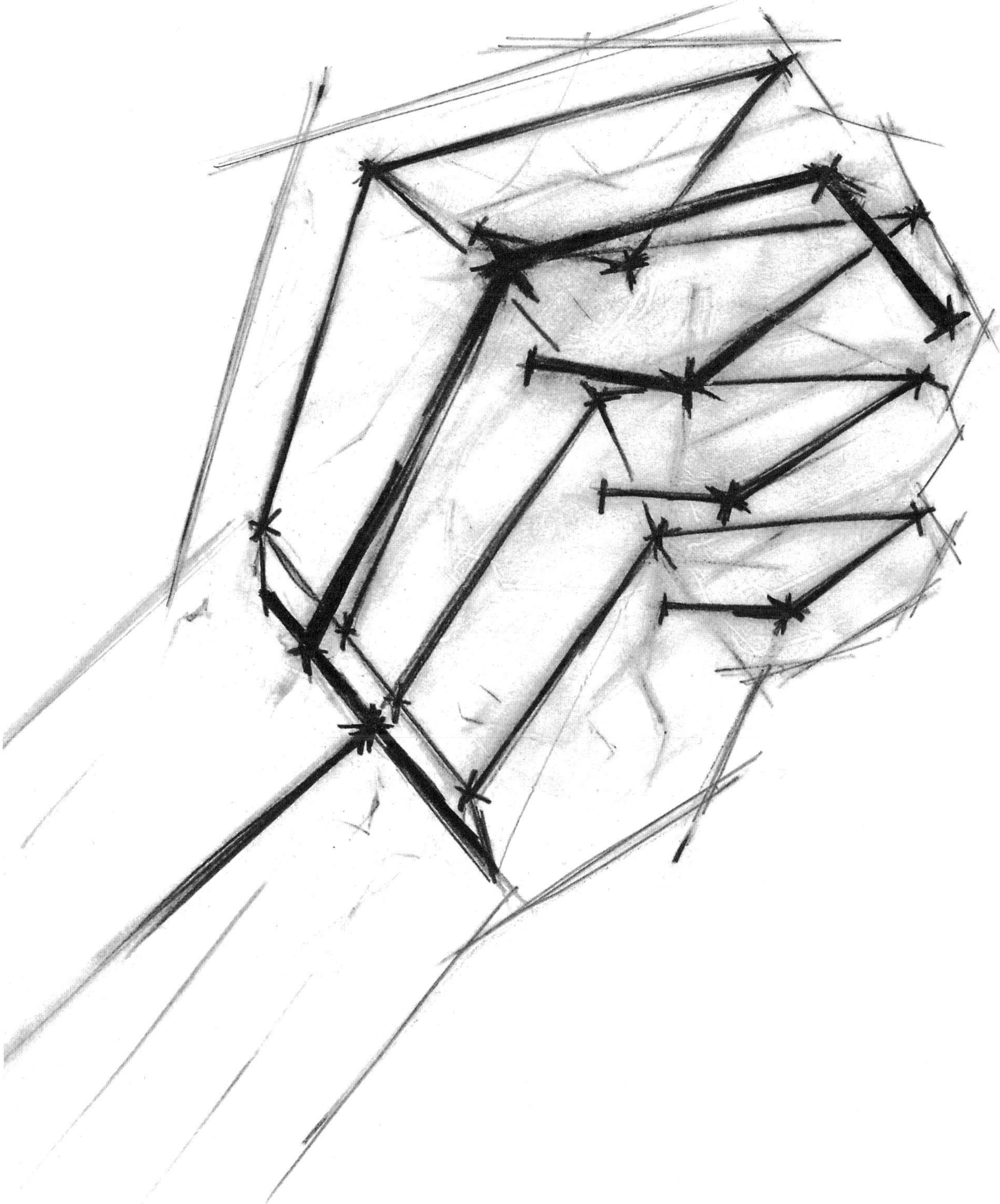

Darstellung der Hand nach »Eva lauscht der Stimme« von Edward Hodges Baily, 1842

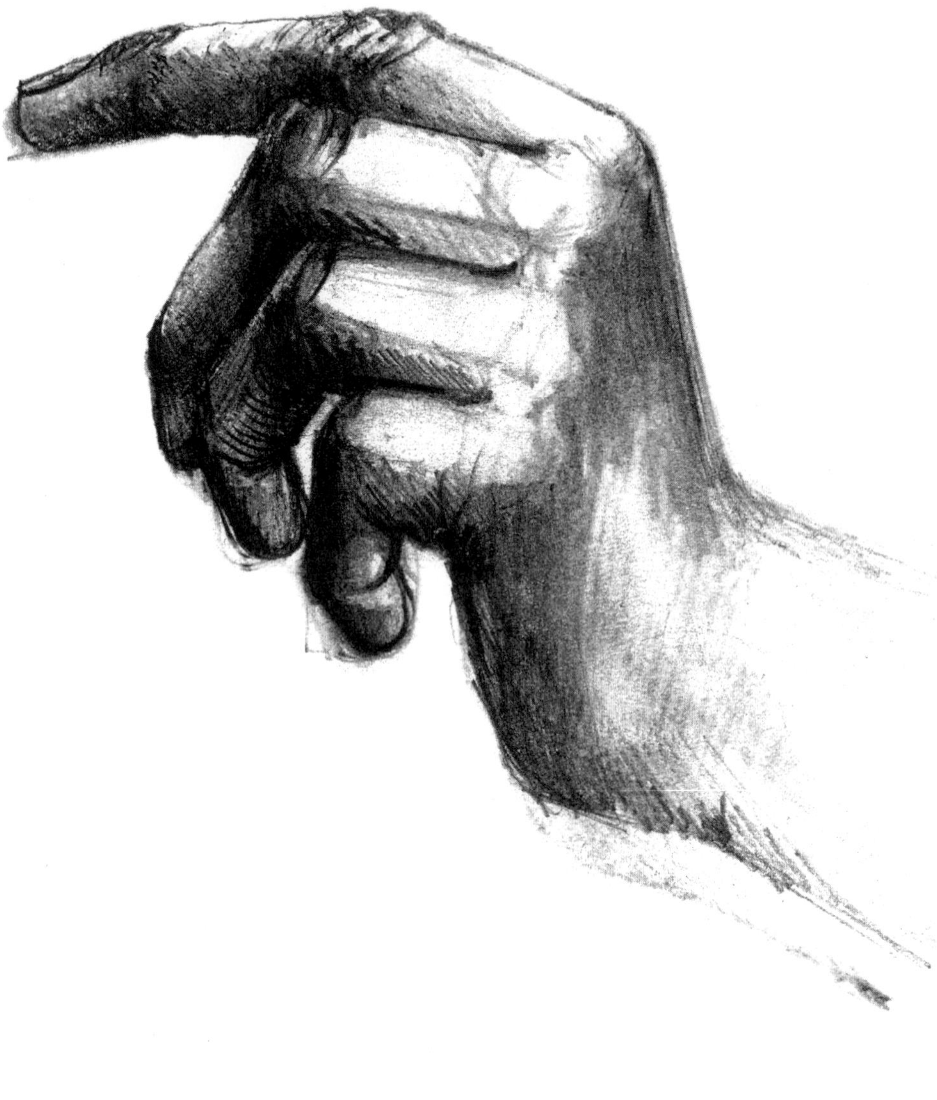

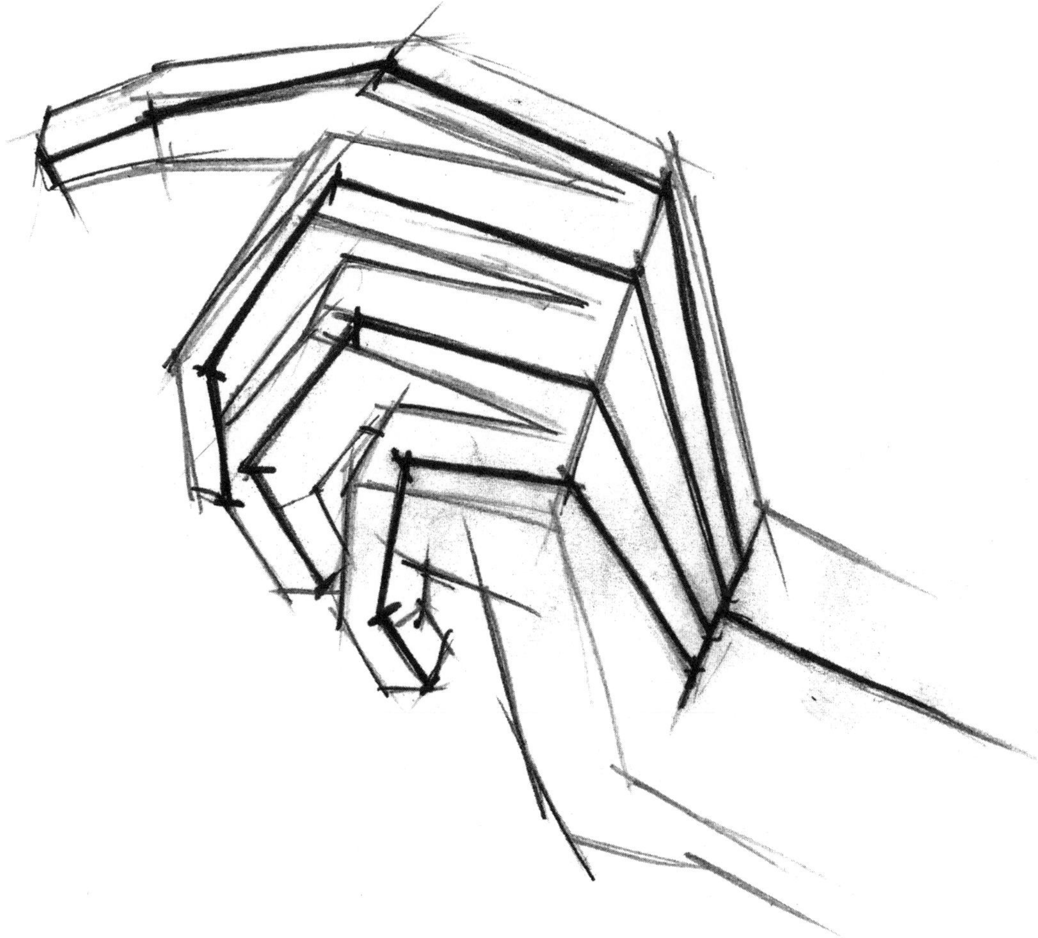

Nach »Samson und die Philister« von
Vincenzo Foggini, 1749

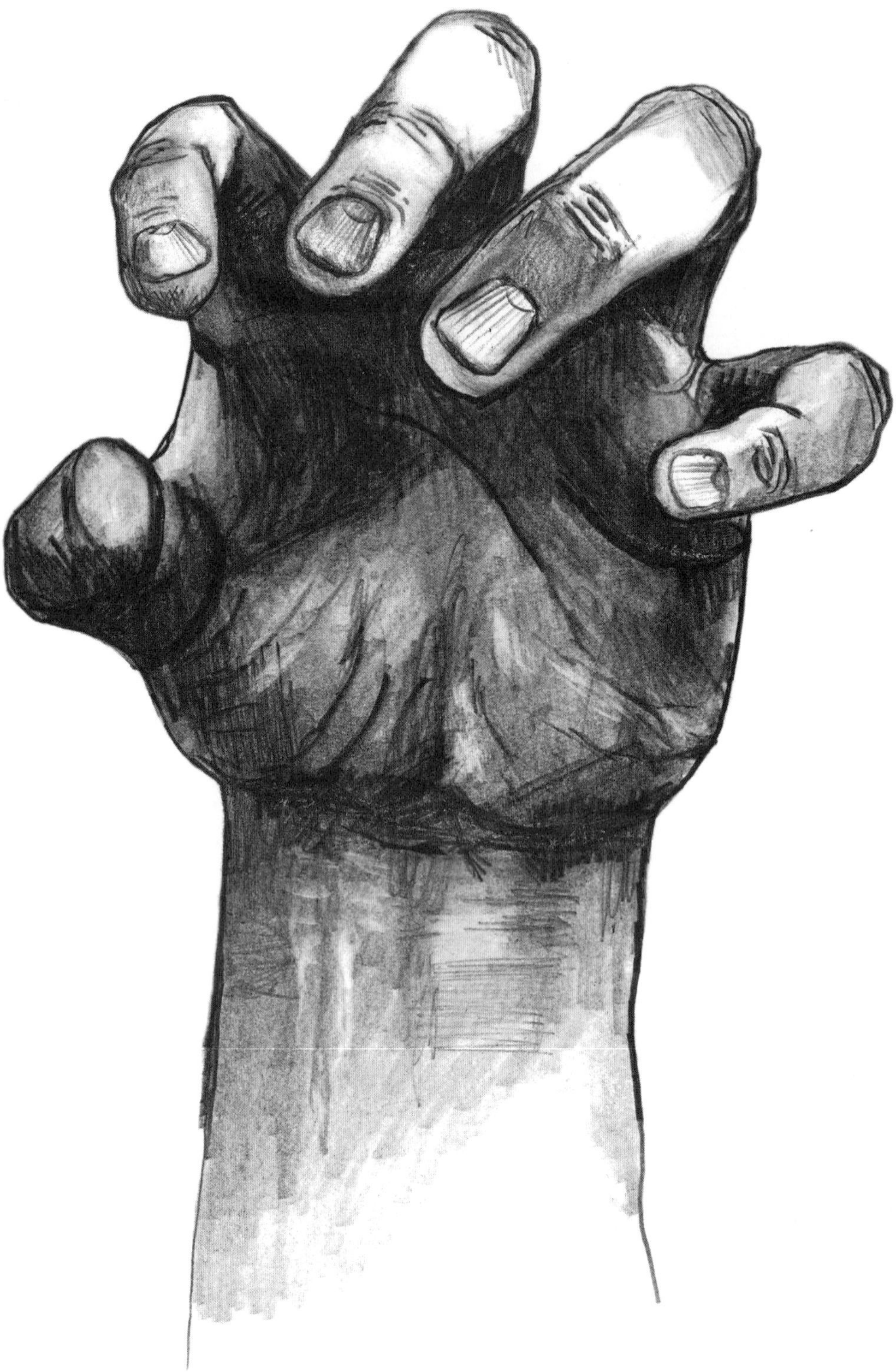

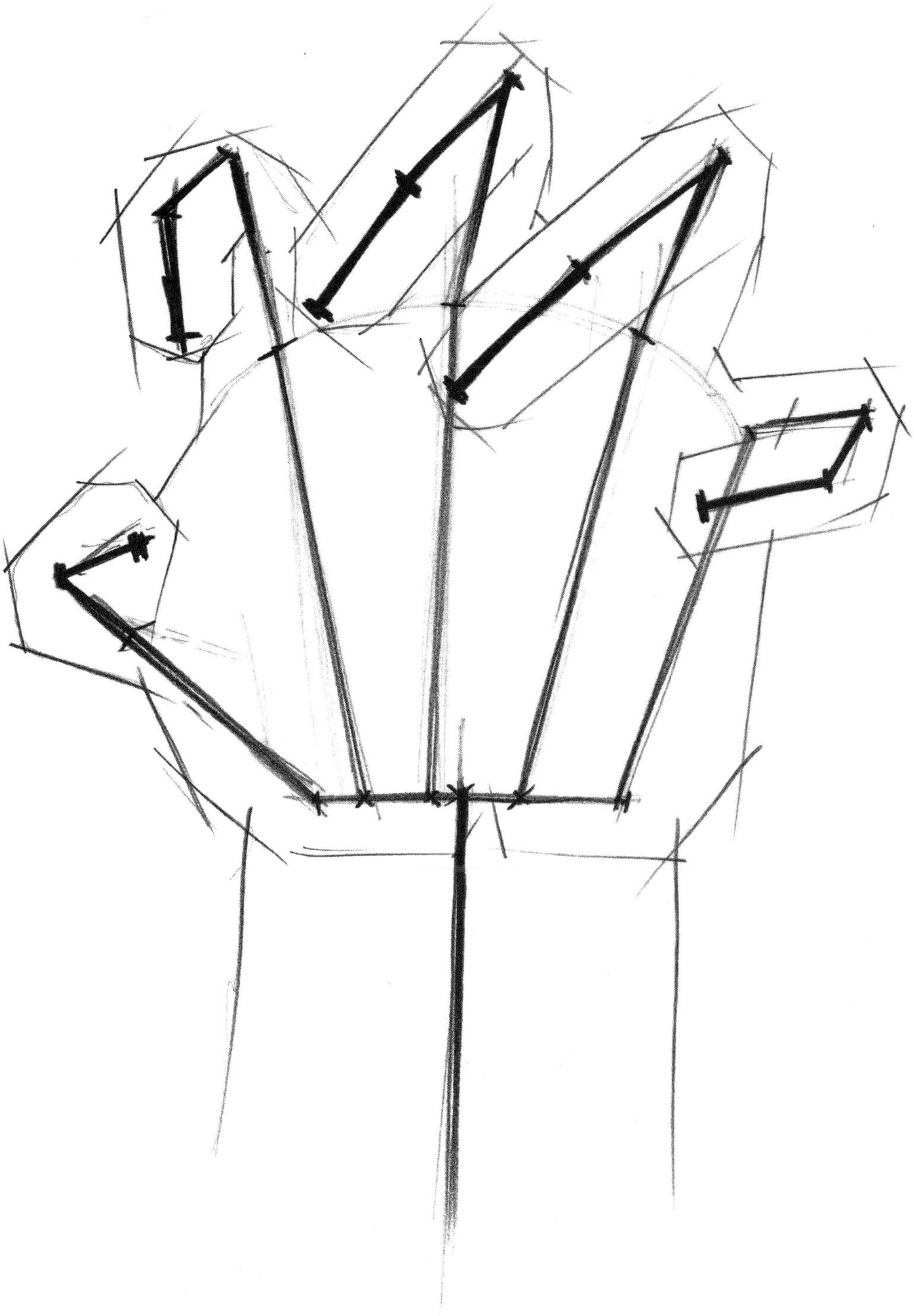

Nach Samsons rechtem Fuß aus »Samson und die Philister« von Vincenzo Foggini, 1749

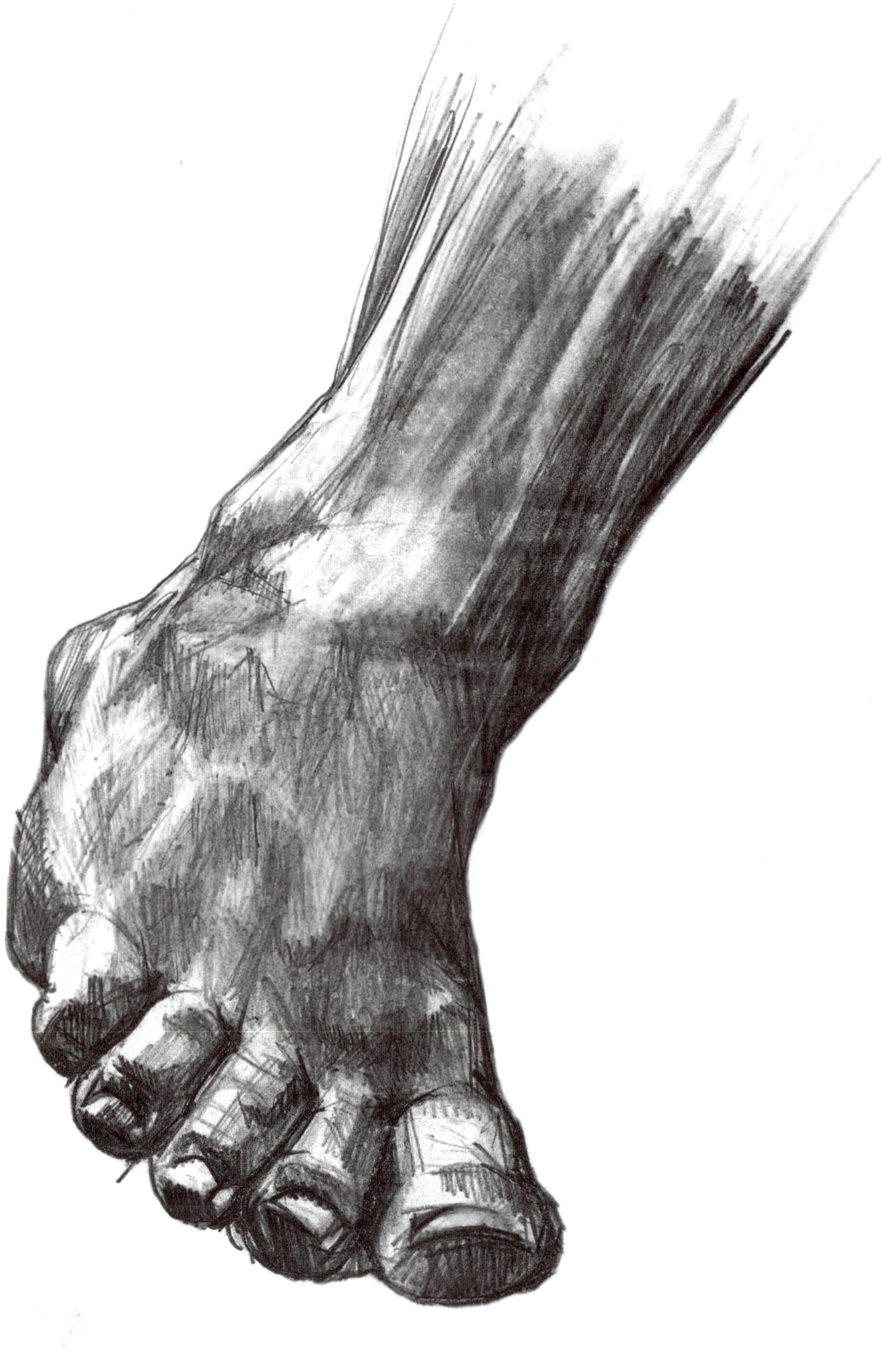

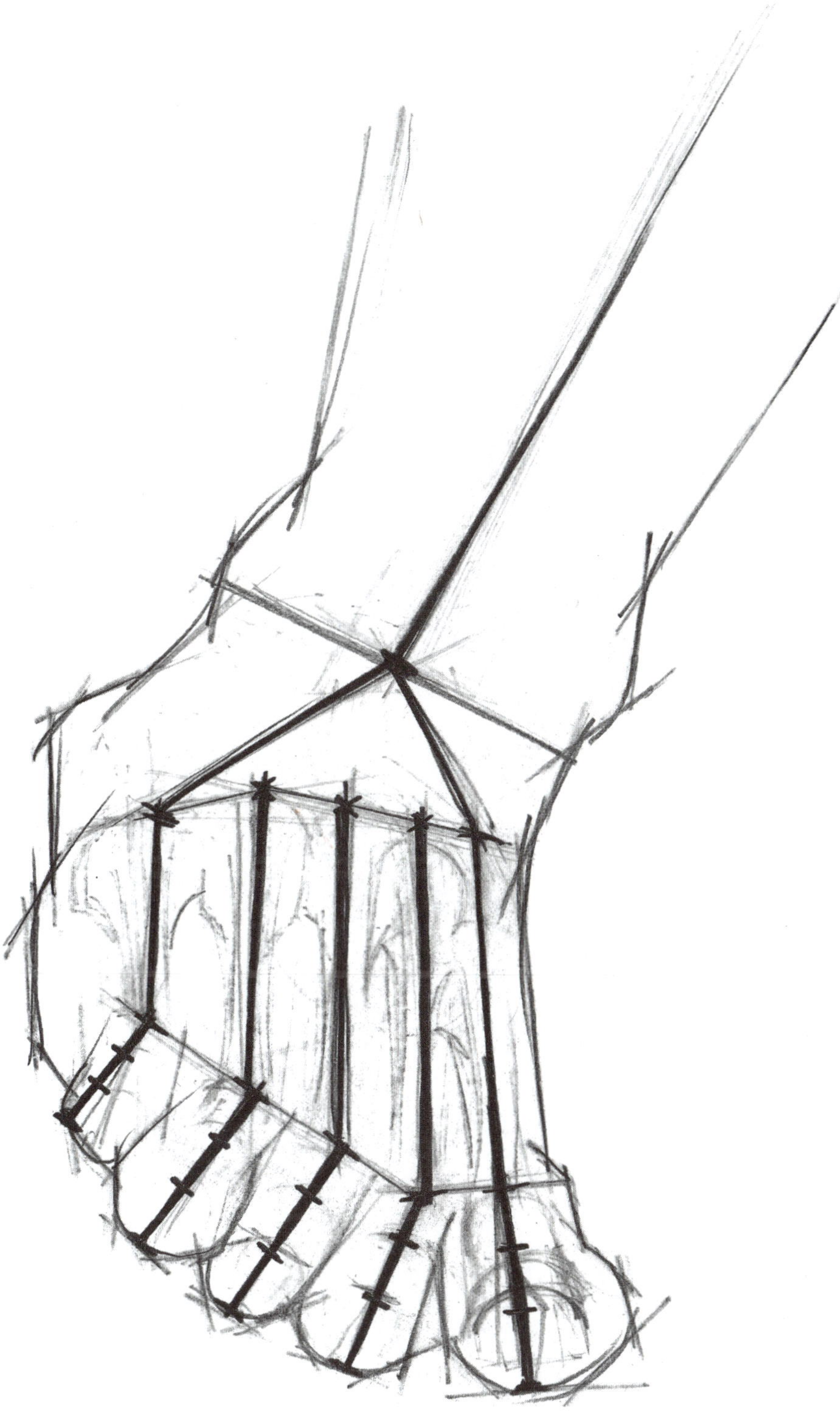

Nach einem Detail eines Abgusses
von Michelangelos »David«

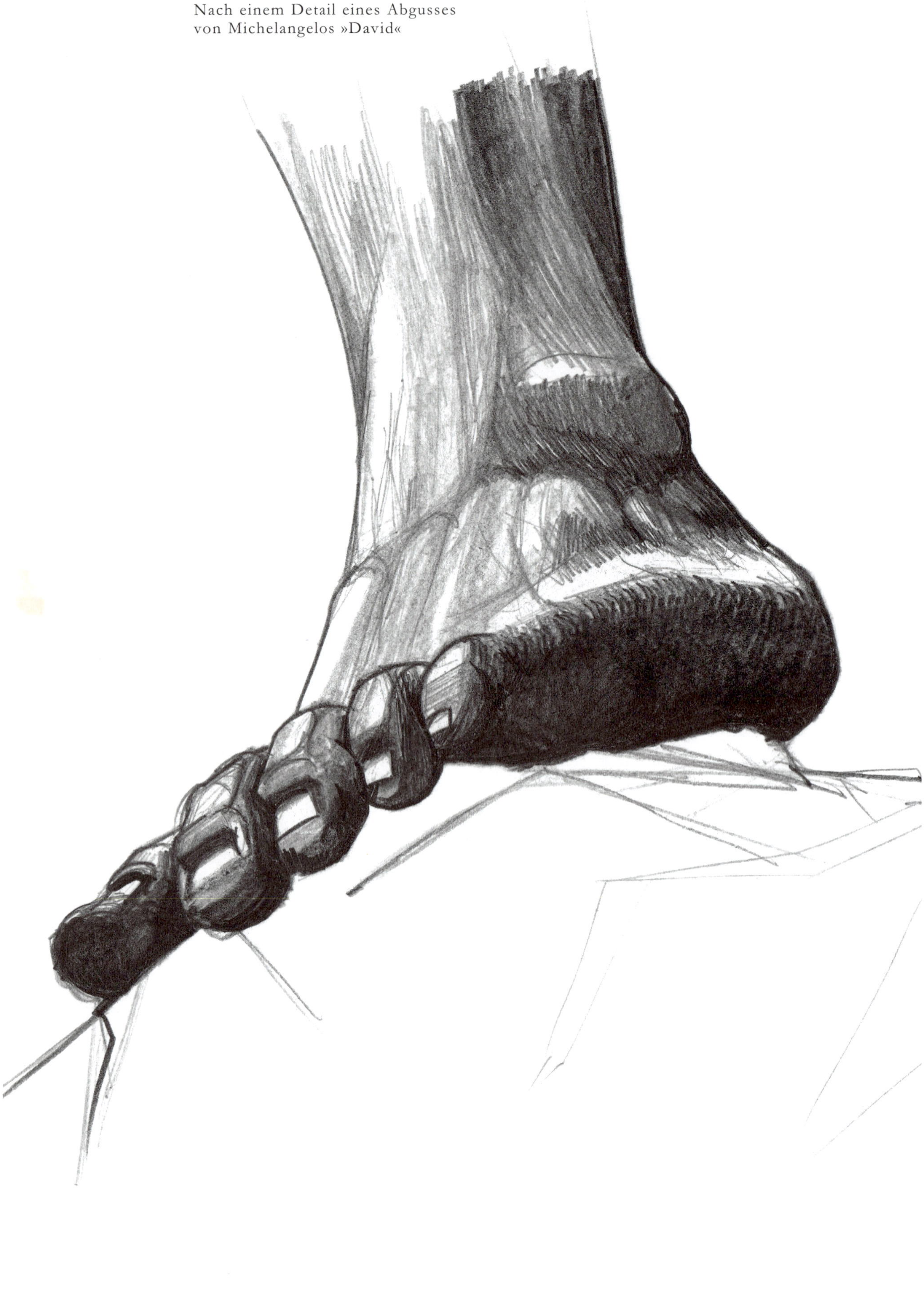

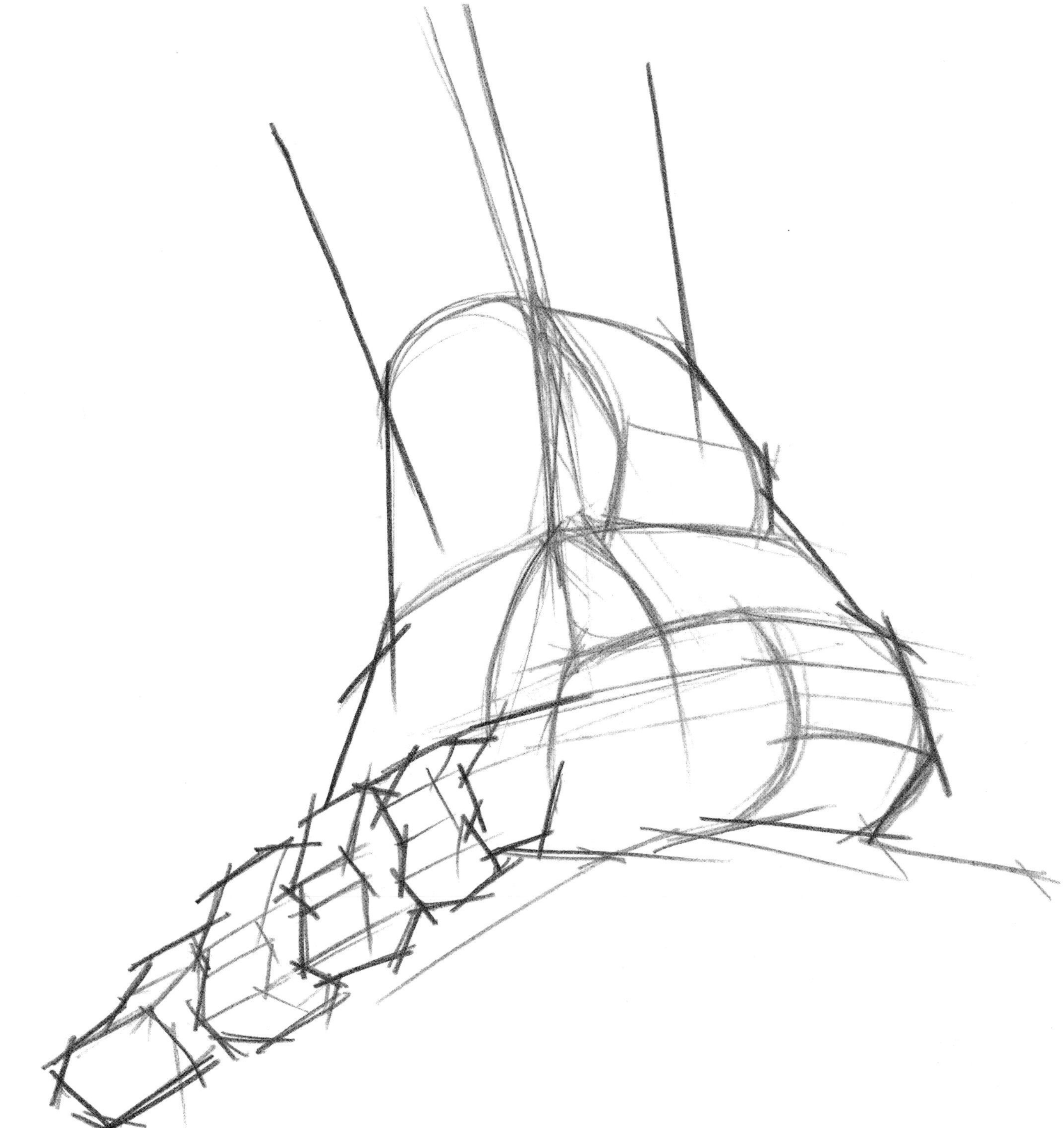

Nach Samsons linkem Fuß aus »Samson
und die Philister« von Foggini, 1749

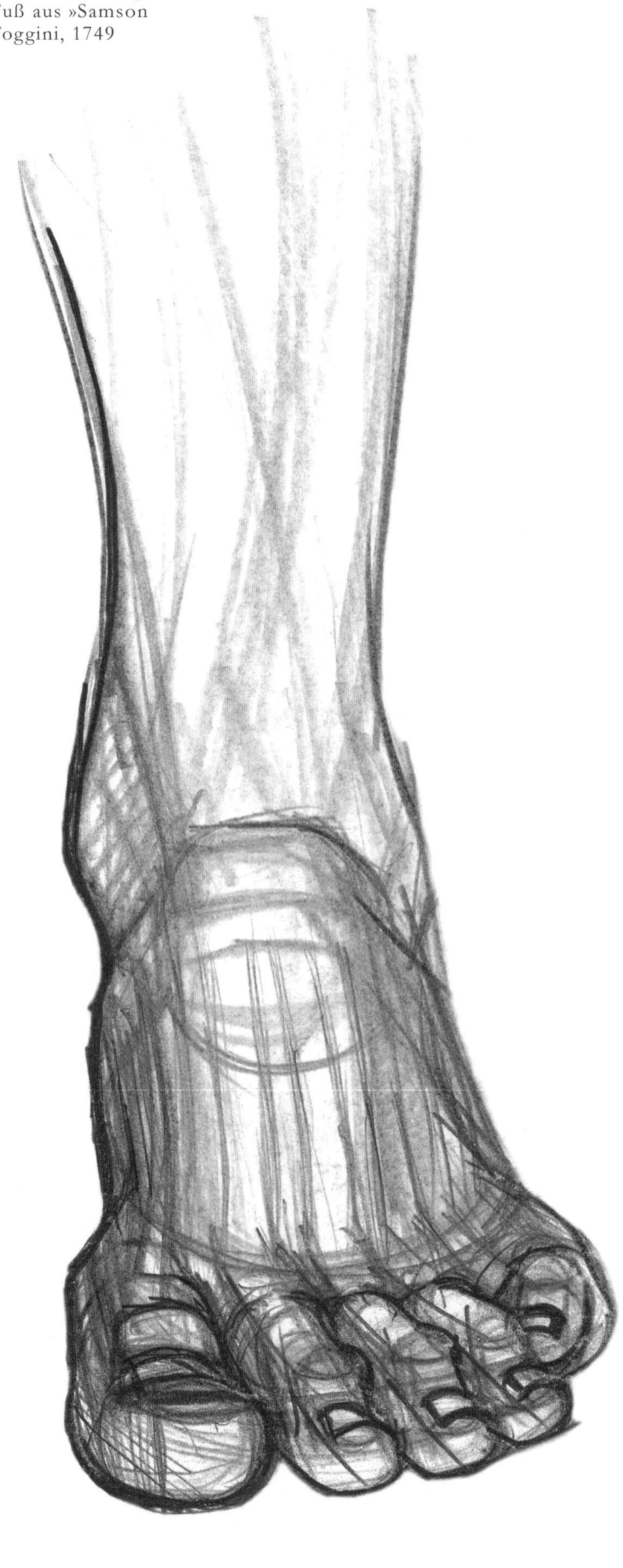

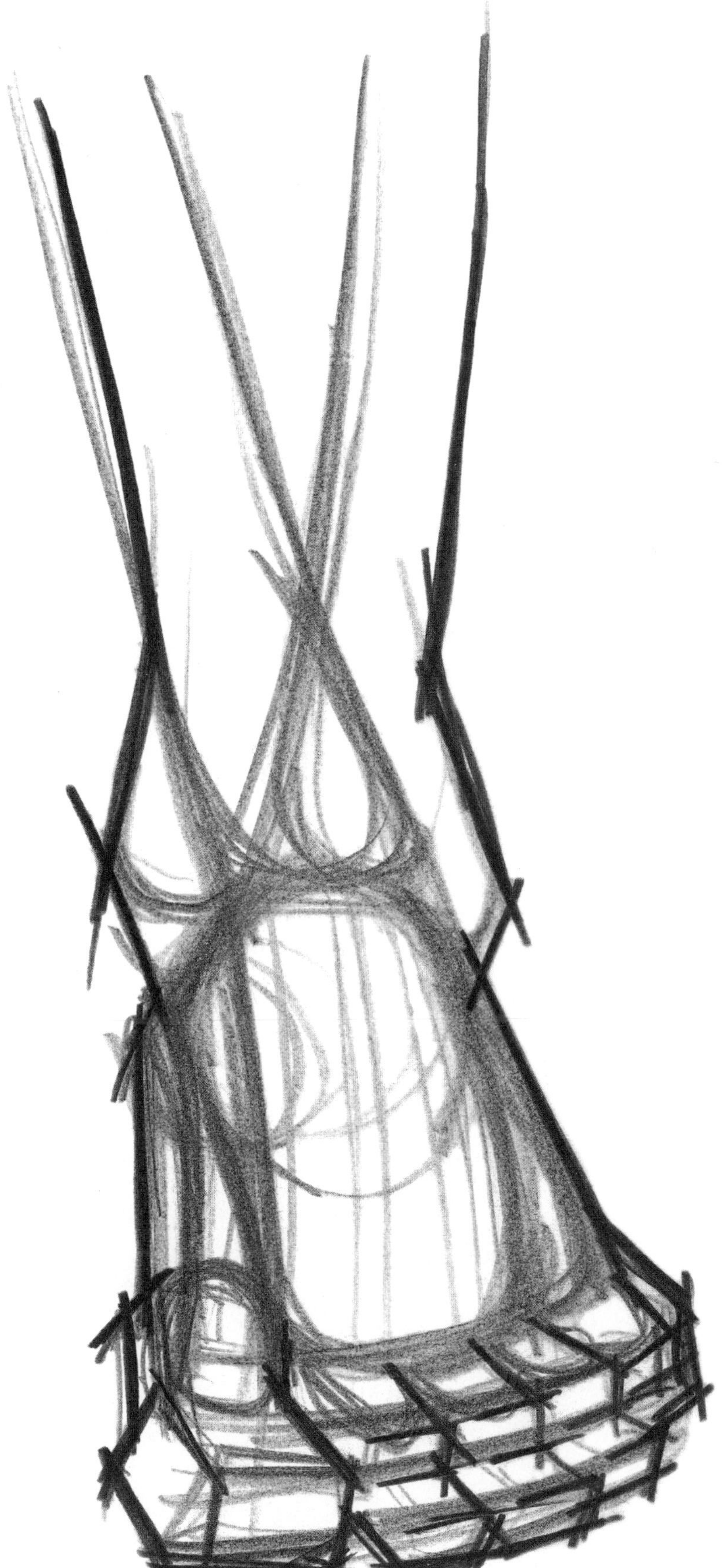

Nach einem Detail aus »Thetis taucht Achilles in den Fluss Styx« von Thomas Banks, 1789

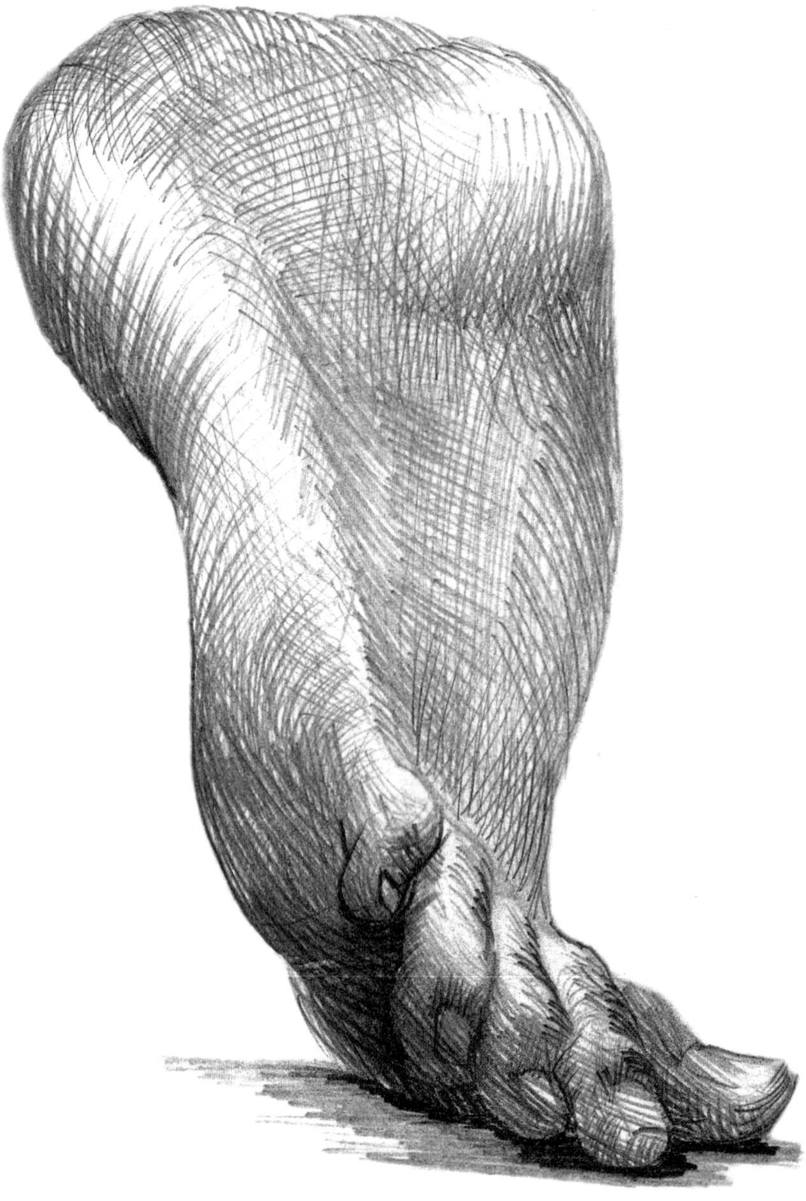

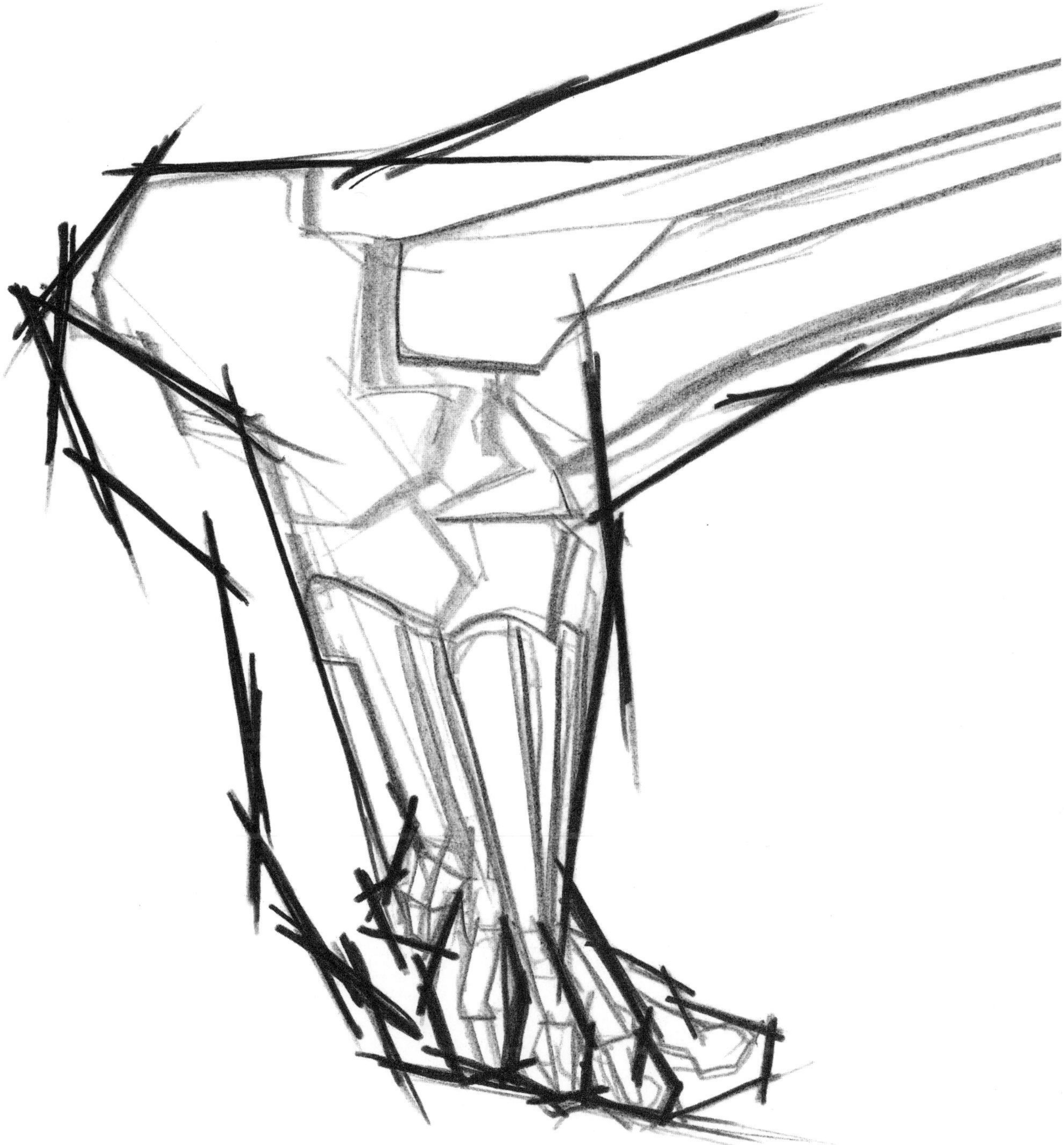

Die Grundform

Um einer gezeichneten Figur Leben zu verleihen, muss sie eine gewisse Plastizität besitzen. Die plastische Grundform kann man als die elementare geometrische Form des Körpers verstehen, die gleichsam unter der Haut liegt. Sie zu kennen und zu beherrschen ist die Voraussetzung für erfolgreiches Zeichnen.

Künstler wie Leonardo und Dürer erdachten verschiedene visuelle Hilfsmittel, um zu beschreiben, wie sich die Grundform aus Elementen wie Würfeln und Quadern, Kugeln und Zylindern zusammensetzt. In diesem Kapitel wollen wir mit Hilfe dieser geometrischen Hilfskonstruktionen die Grundform des menschlichen Körpers darstellen.

Speziell für solche Studien wurde von Künstlern das Hilfsmittel des Mannequins, einer meist hölzernen Gliederpuppe, entwickelt. Mit Hilfe dieser beweglichen Figur kann der Künstler Einsicht in die formale Charakteristik einer bestimmten Pose gewinnen, bevor er ein Modell nachzeichnet. Gliederpuppen sind auch sehr nützlich, wenn die zu zeichnende Pose so anstrengend ist, dass sie einem lebendigen Modell nicht lange zugemutet werden kann.

Für Künstler ist es eine Herausforderung, die Illusion von Plastizität und Dreidimensionalität zu wecken. Die gelungene Darstellung setzt ein wiederholtes und intensives Studium der menschlichen Anatomie und ihrer Zusammenhänge mit den geometrischen Grundformen voraus. Später in diesem Buch lernen Sie, wie die Muskeln an solche geometrischen Hilfsformen angebracht werden und damit die Zeichnung schrittweise immer realistischer und ausdrucksstärker gestaltet wird.

Ansicht von vorn

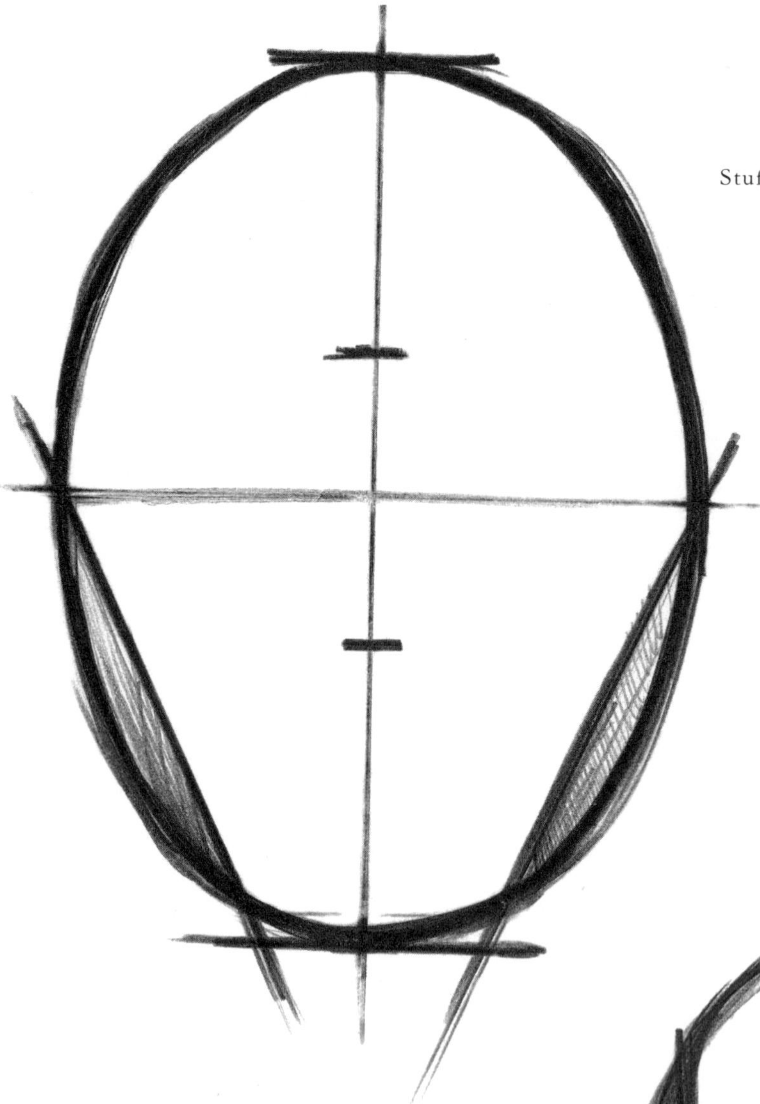

Stufe 1

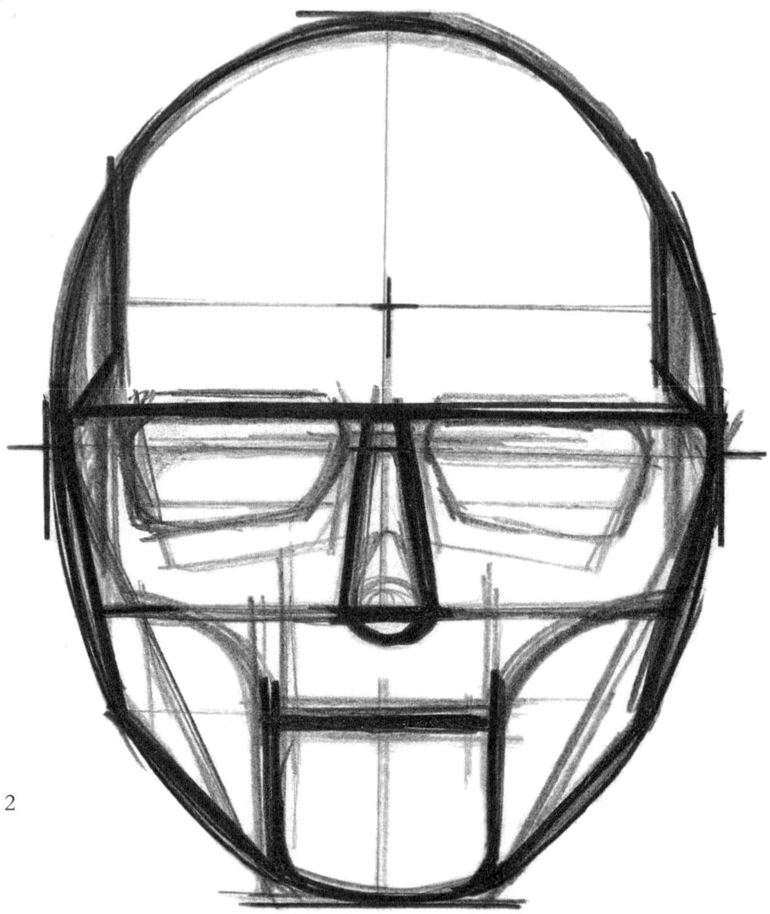

Stufe 2

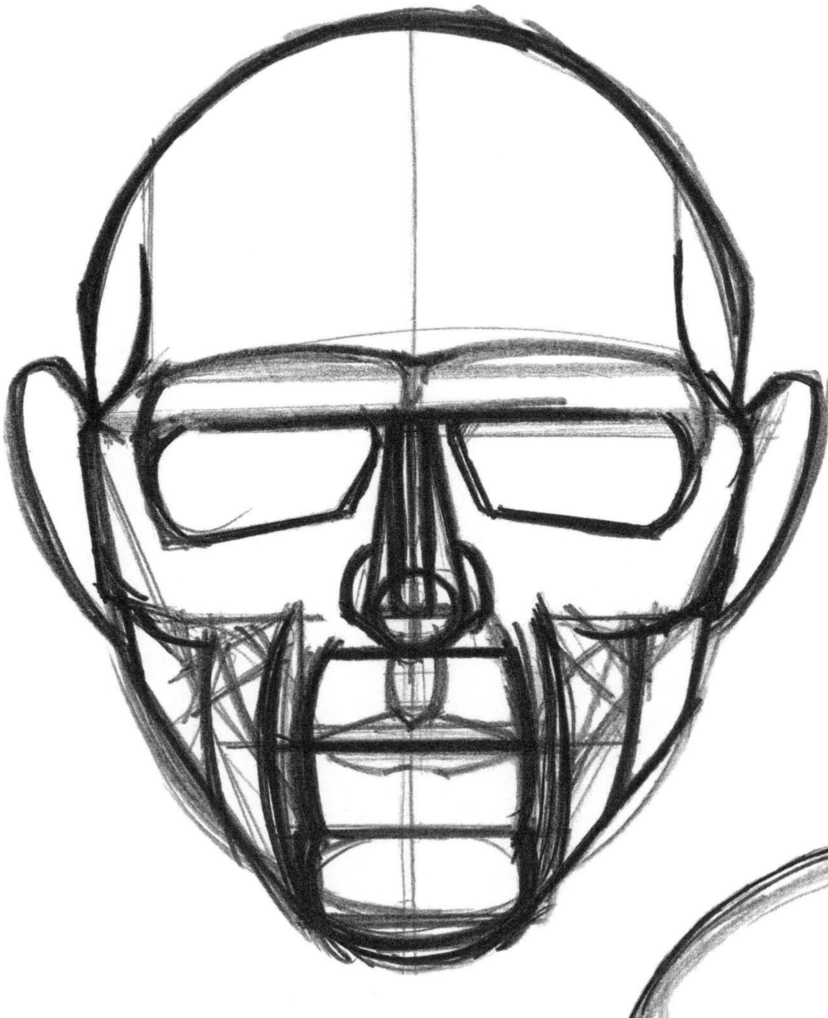

Stufe 3

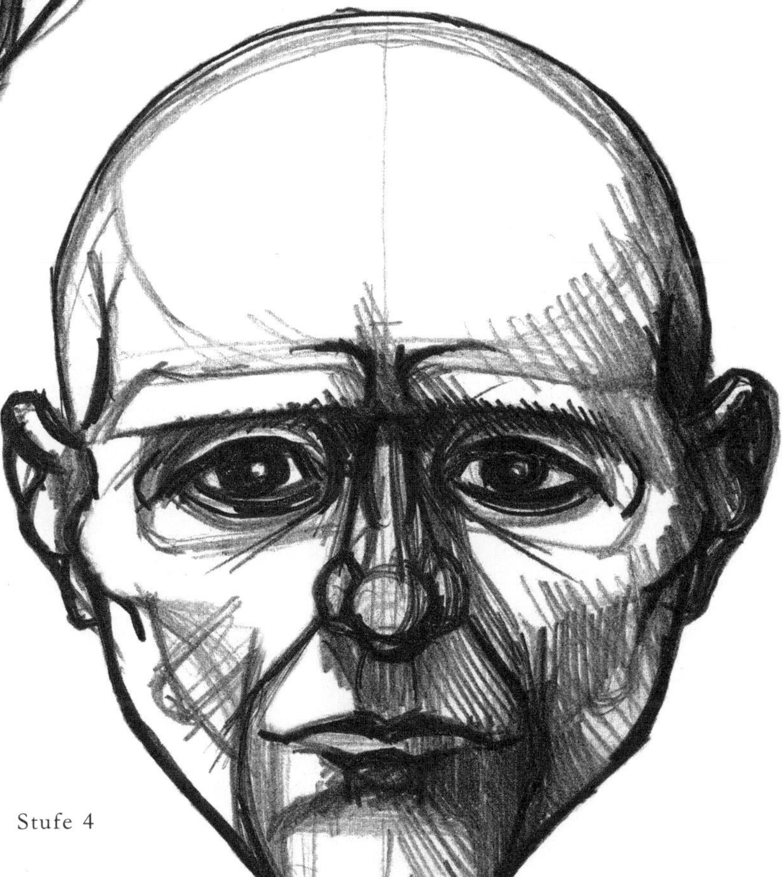

Stufe 4

Ansicht von vorn

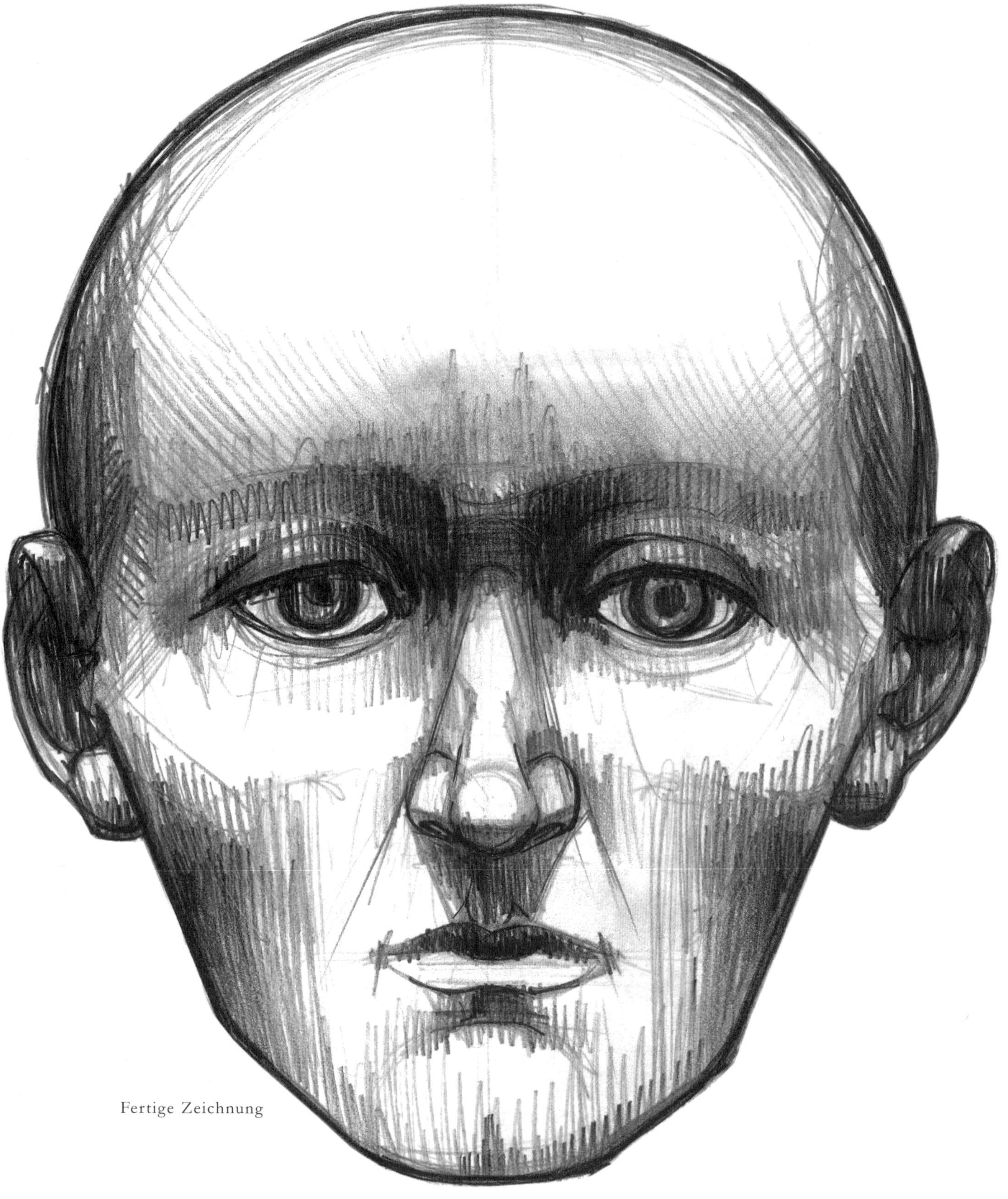

Fertige Zeichnung

Seitenansicht

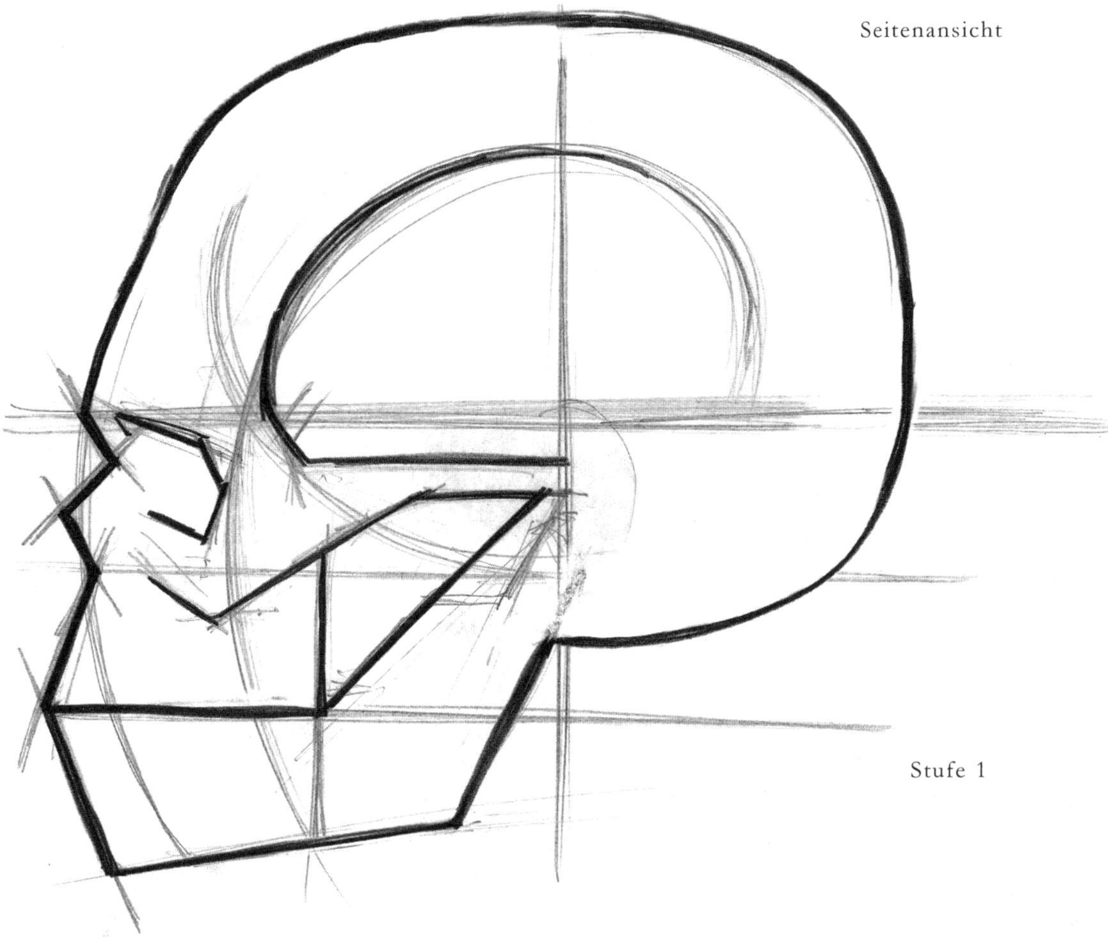

Stufe 1

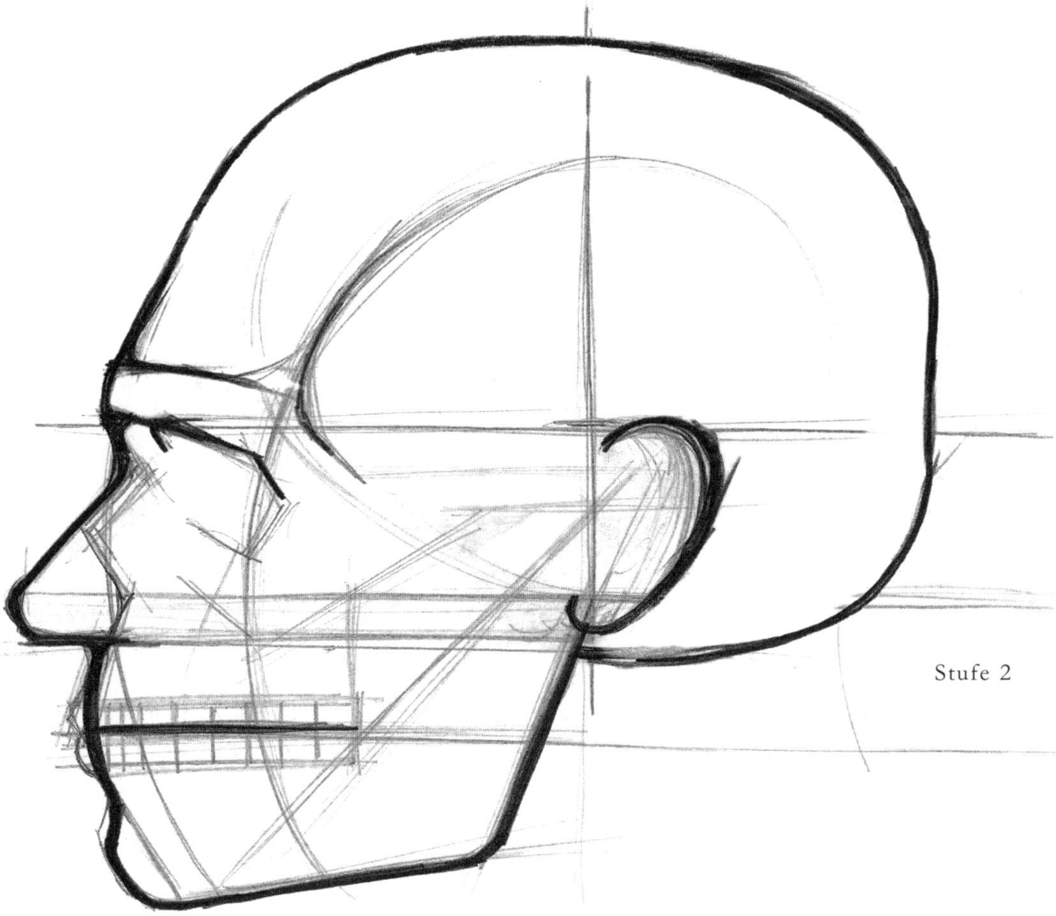

Stufe 2

Seitenansicht

Stufe 3

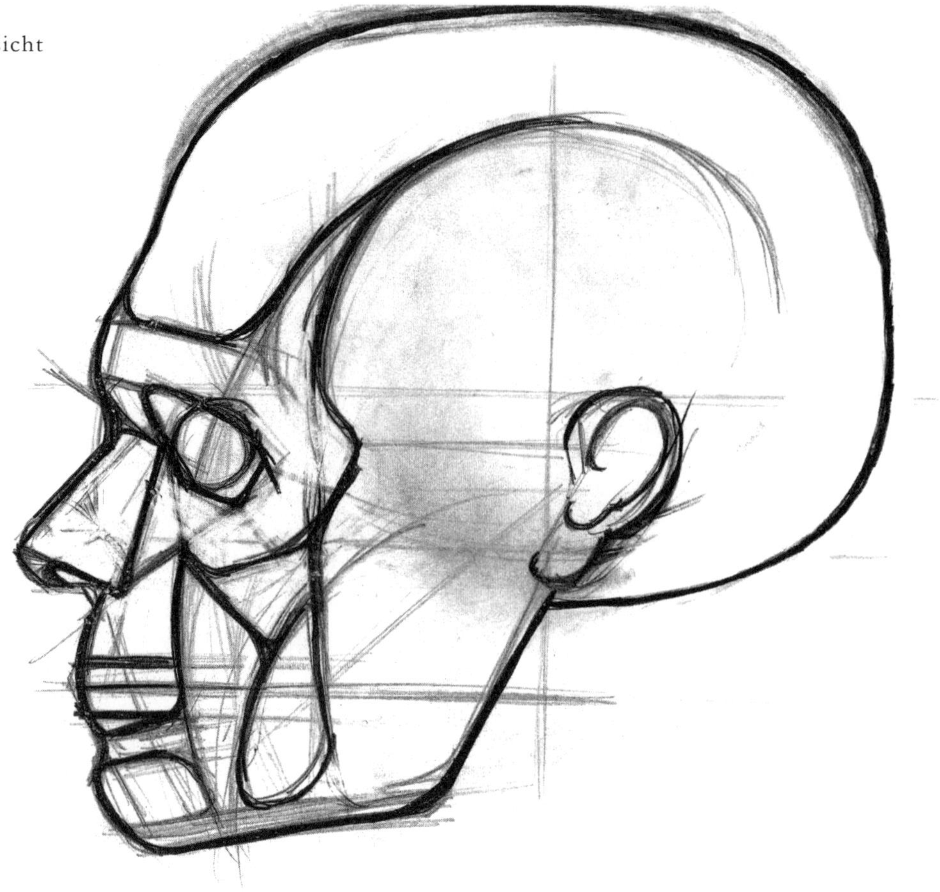

Stufe 4

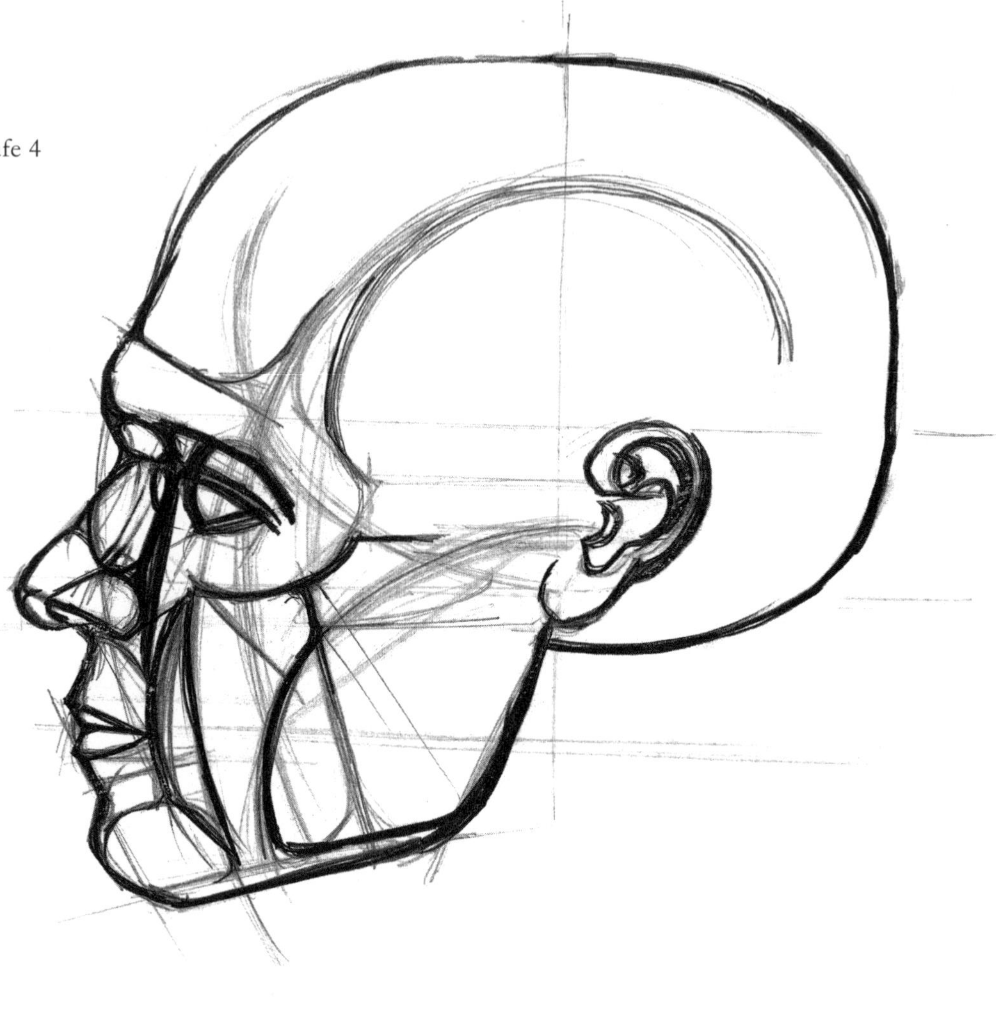

Seitenansicht

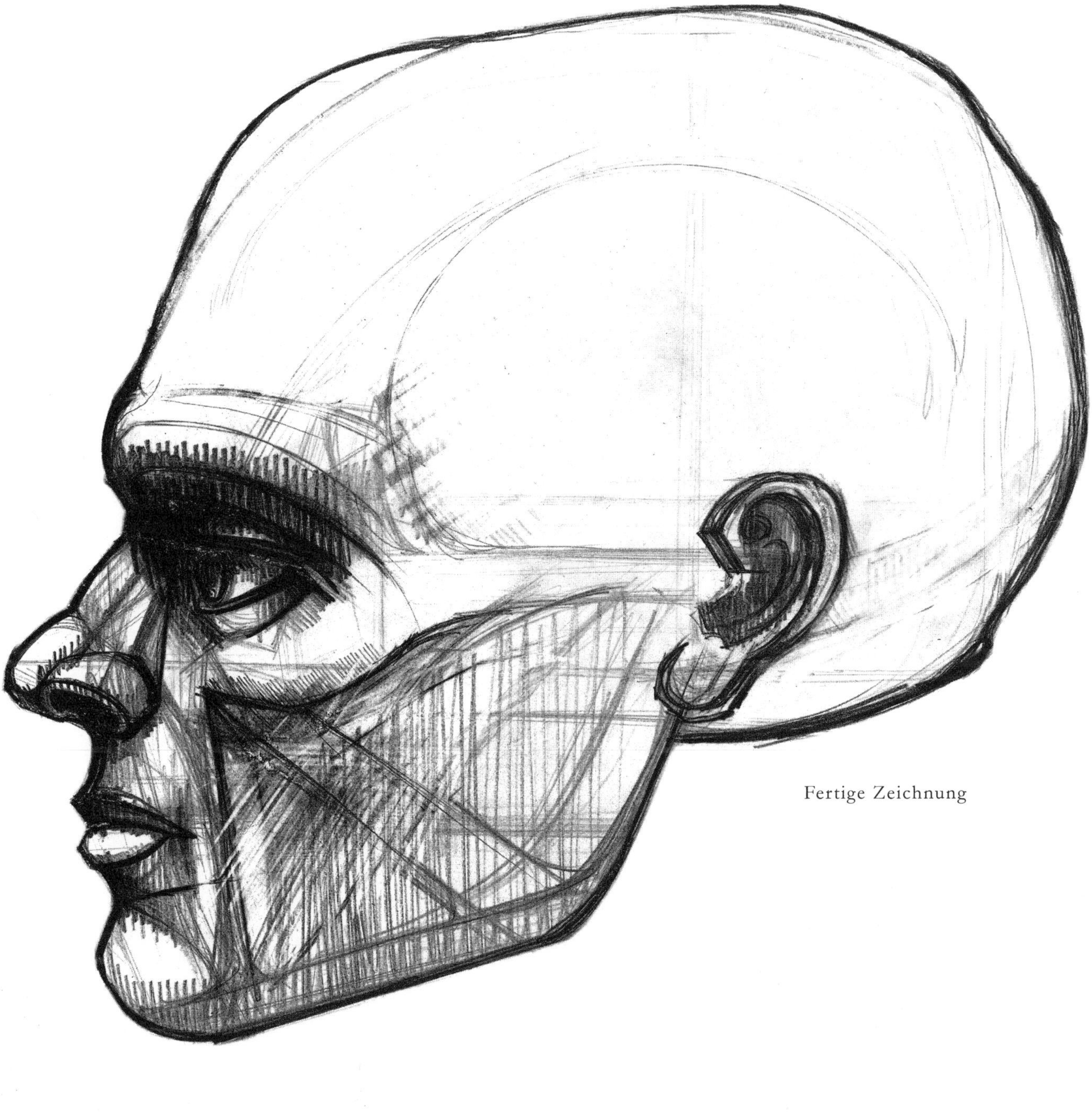

Fertige Zeichnung

Ansicht von vorn

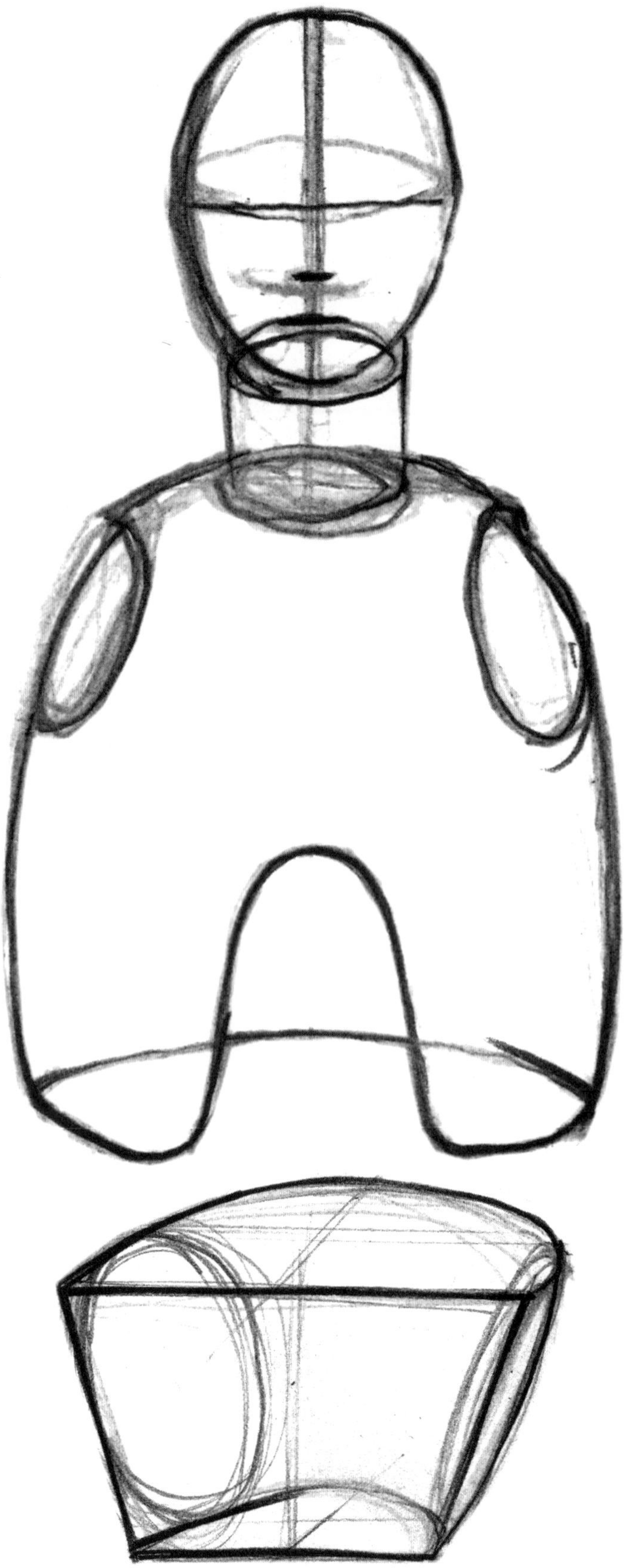

Der Kopf blickt nach vorn, Rumpf und Becken werden von der Seite gesehen.

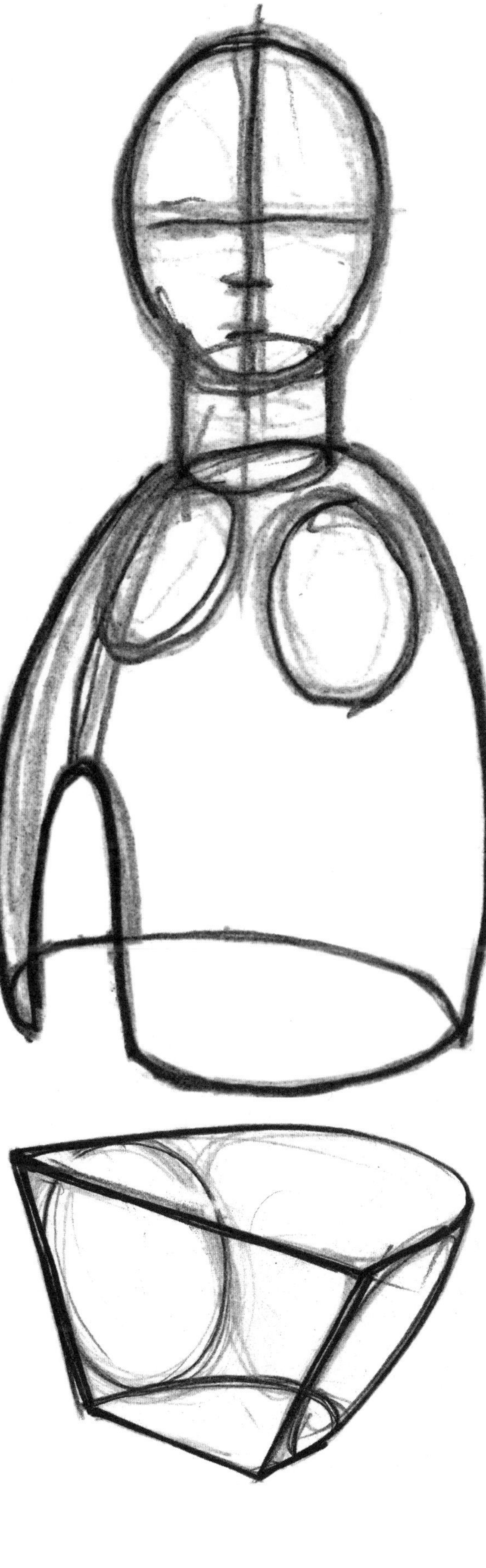

Halbprofil

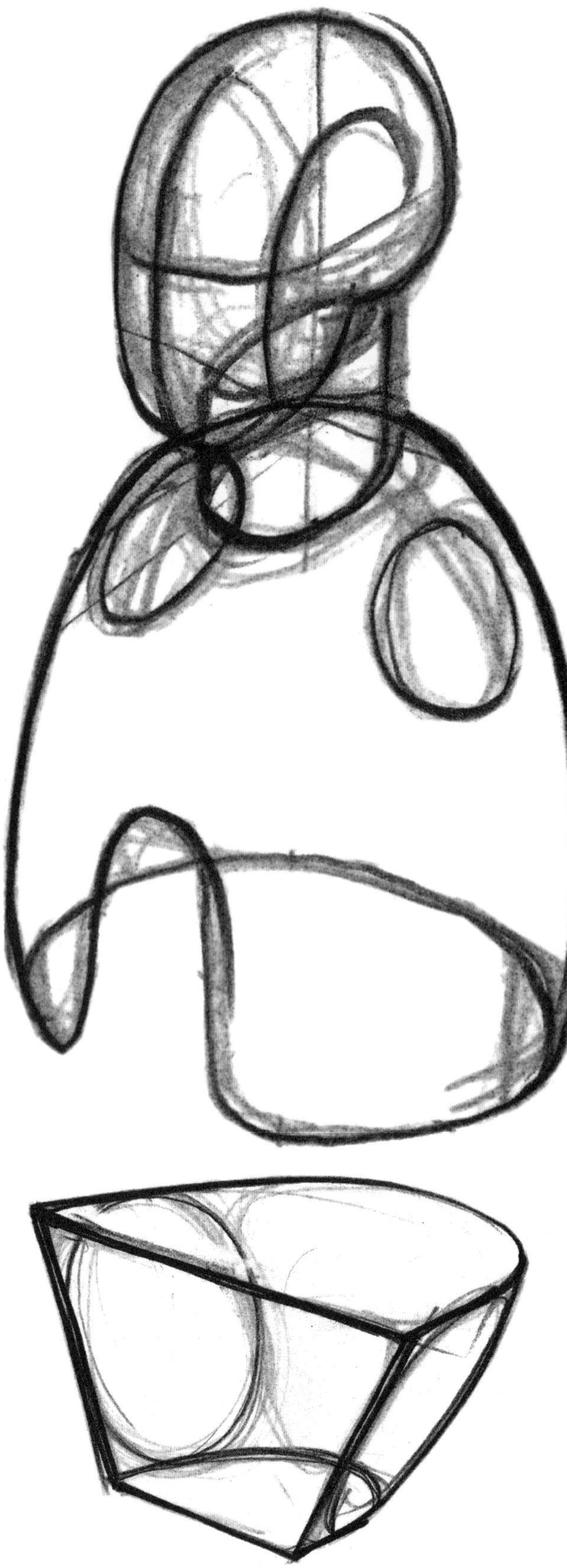

Kopf nach links gewandt

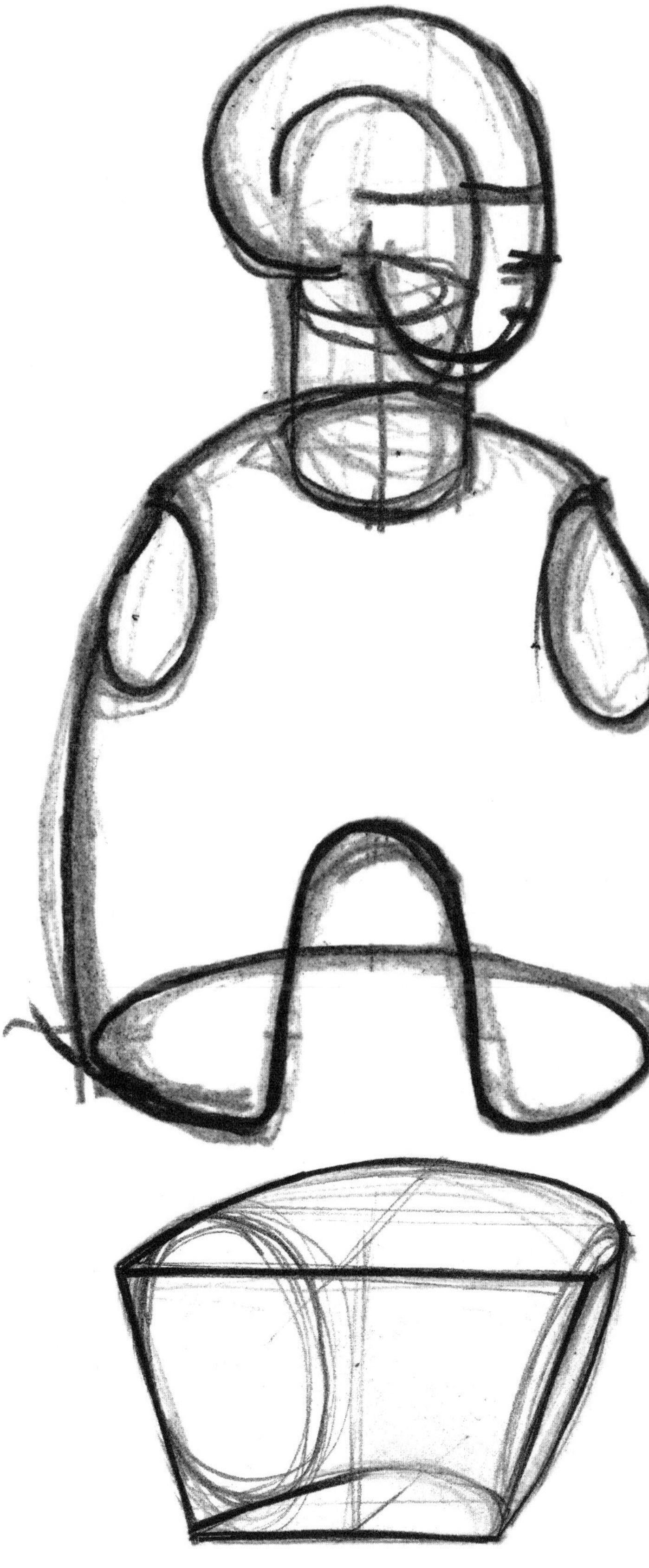

Ansicht von vorn

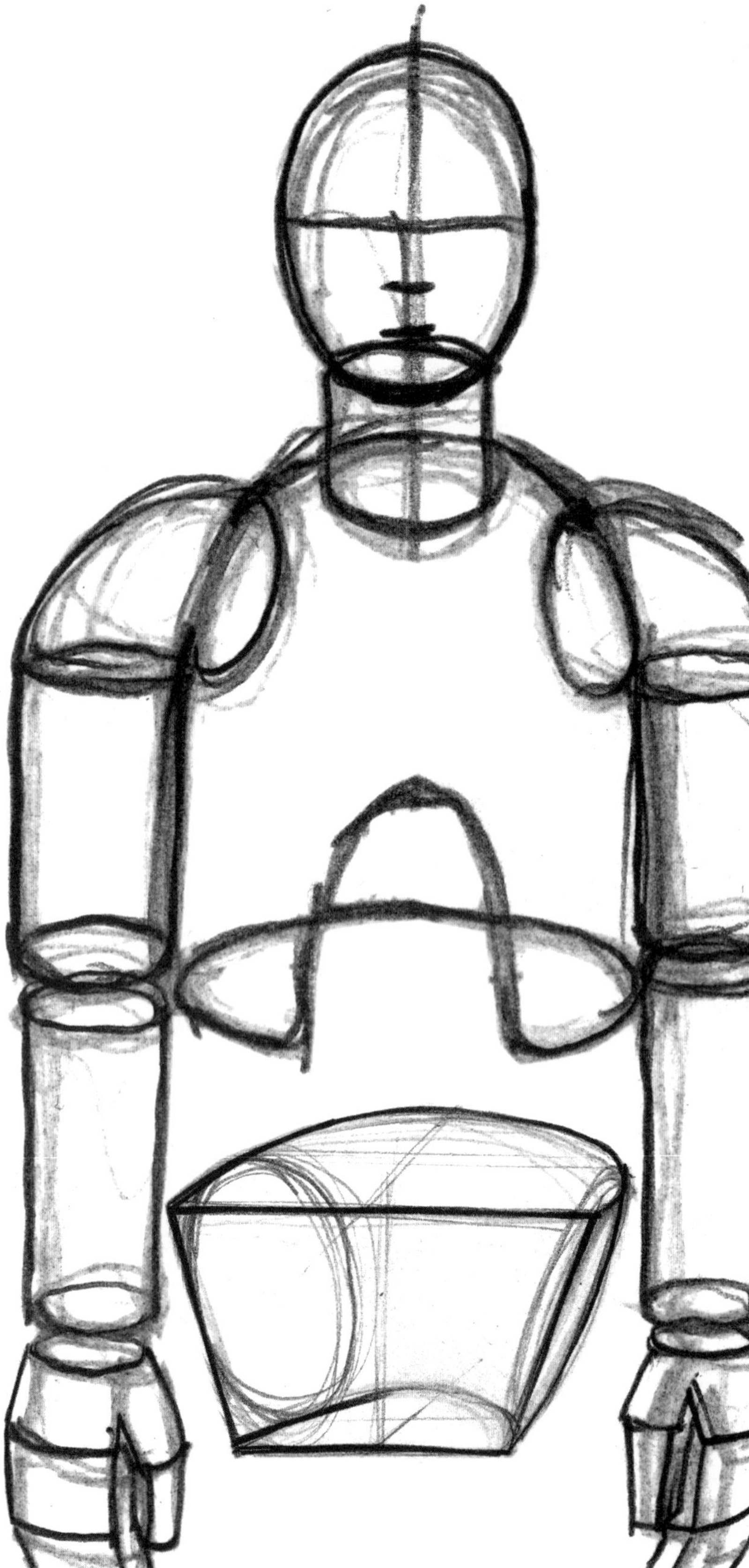

Halbprofil

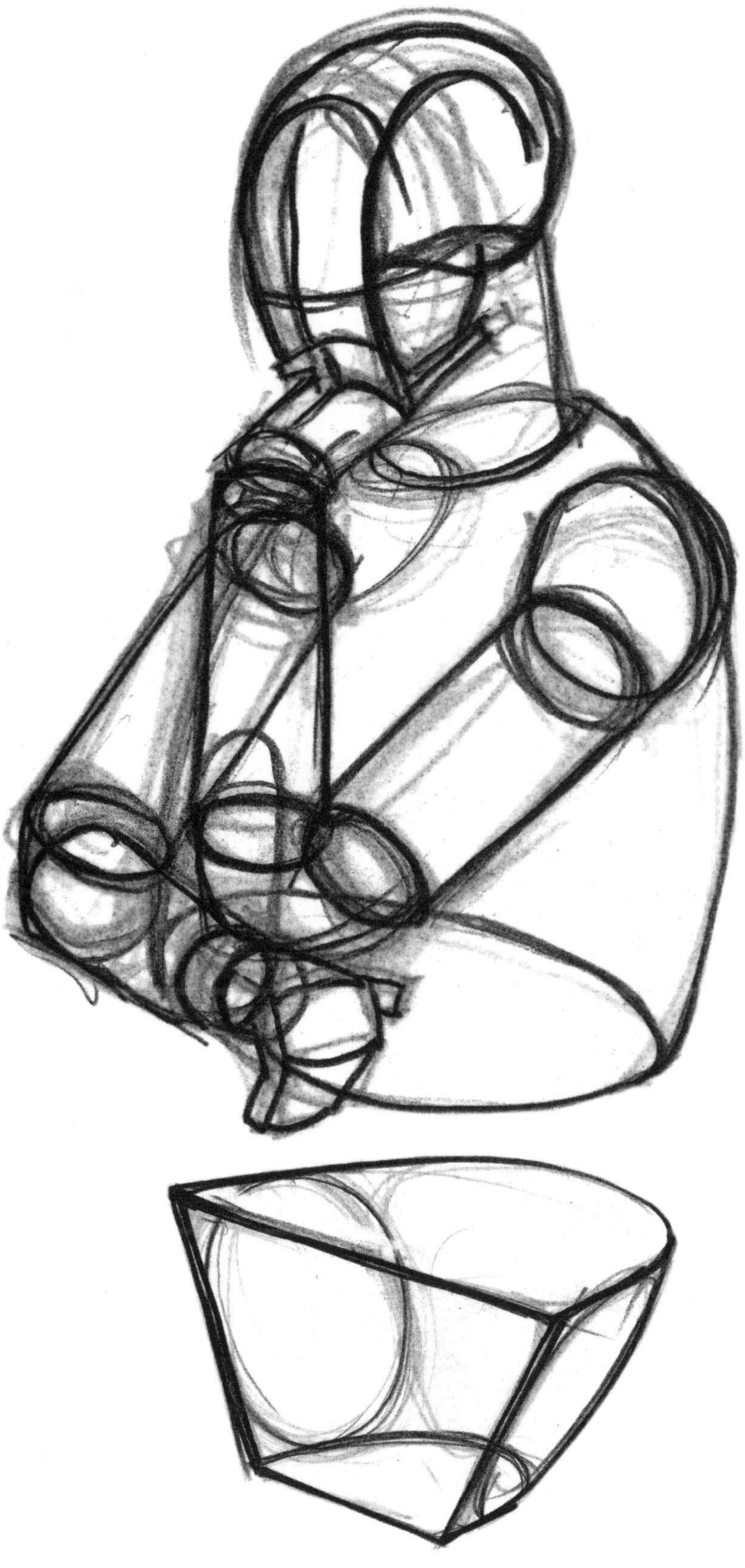

Ansicht von vorn

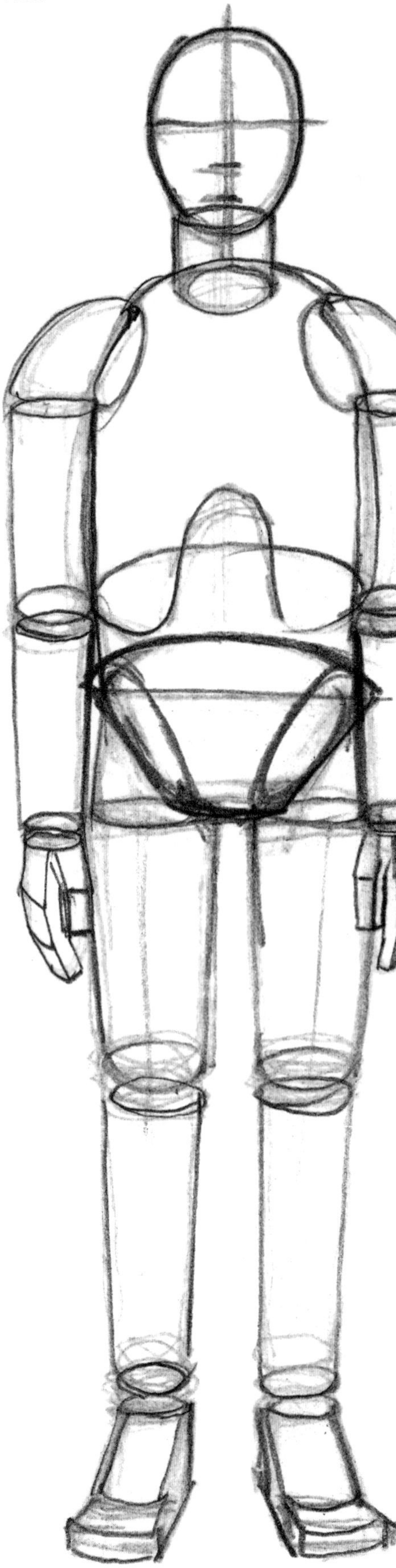

Seitenansicht

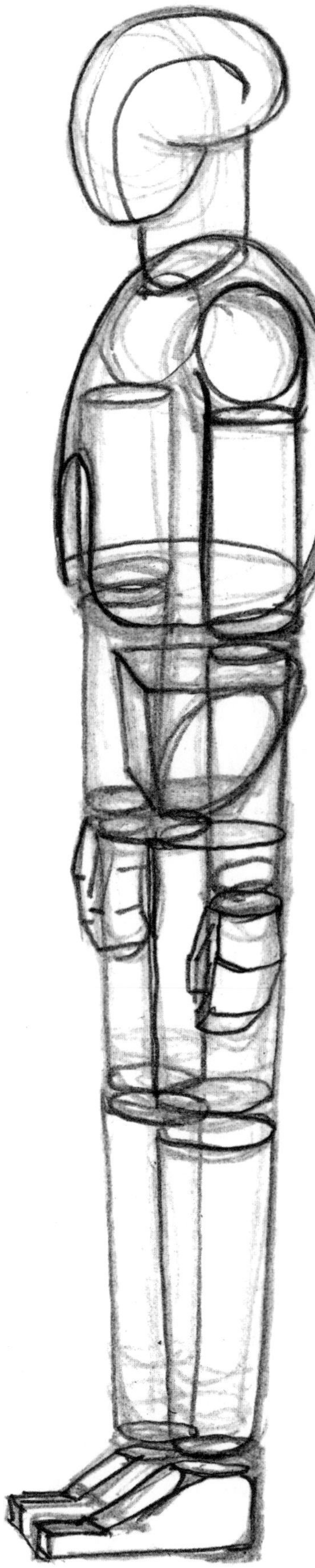

Ansicht von hinten

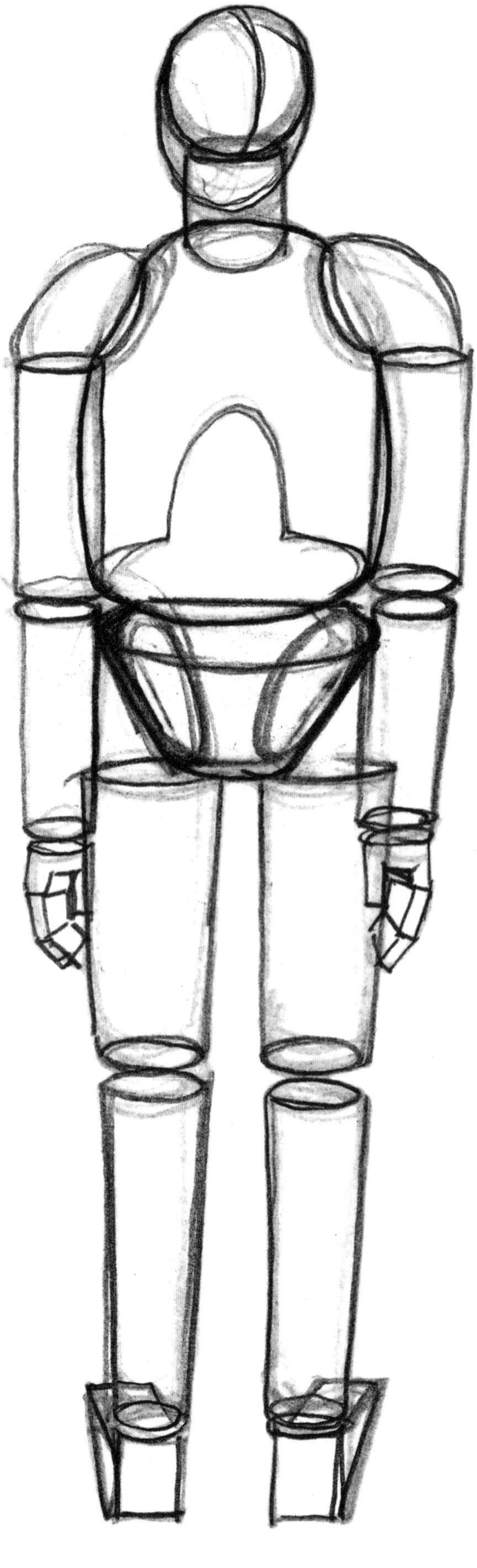

Liegende Pose

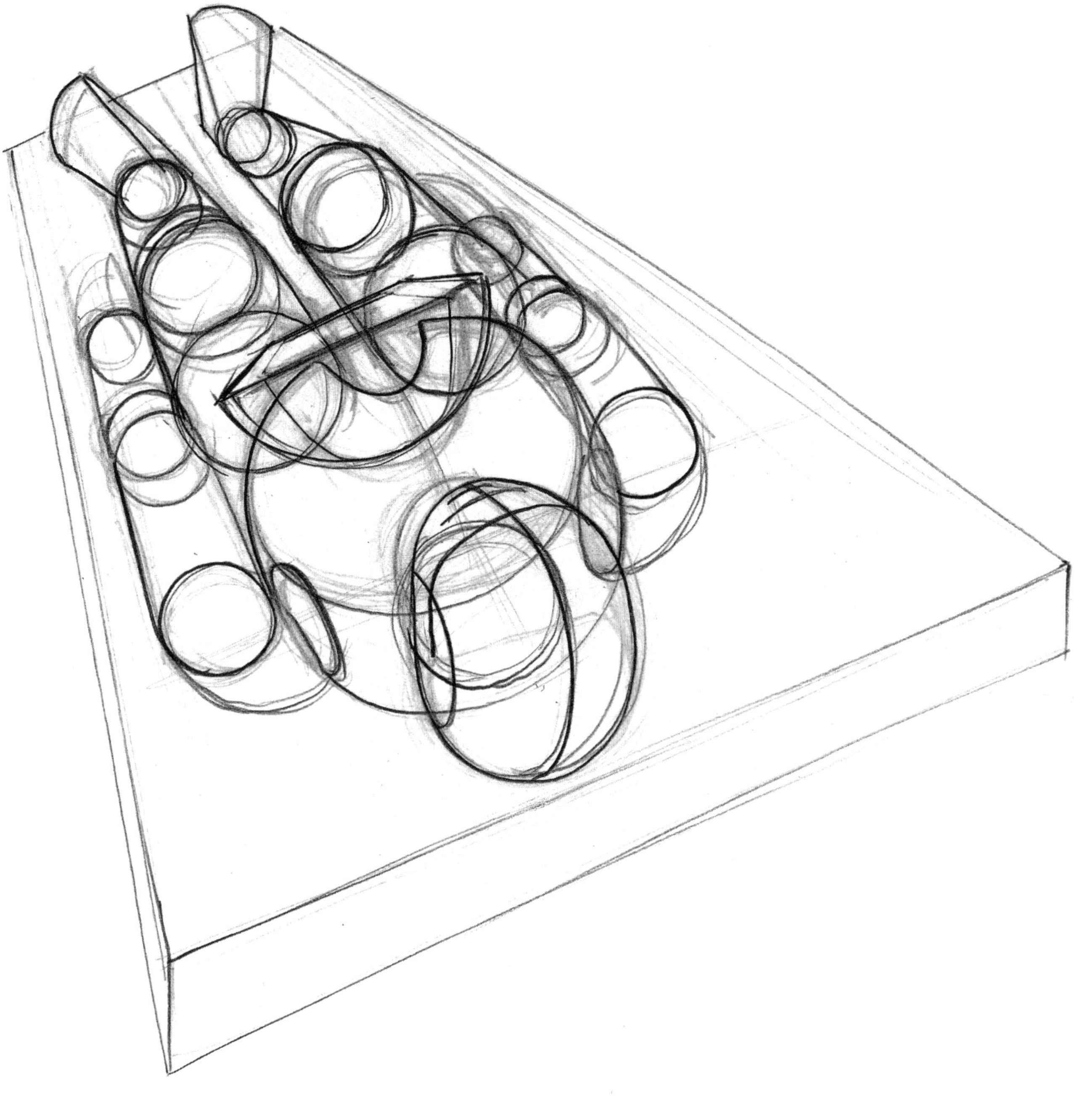

Handrücken

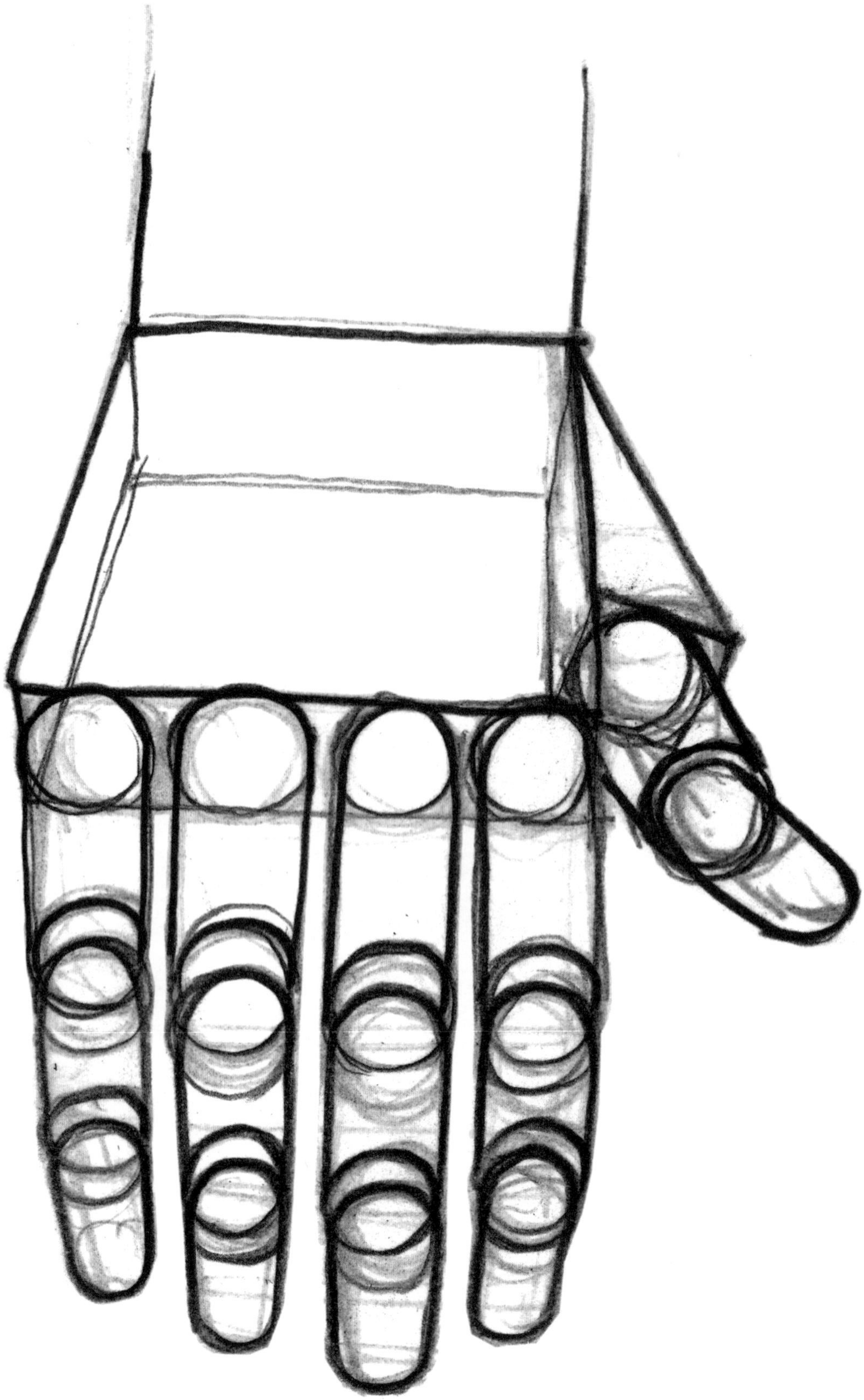

Handrücken, schematisiert

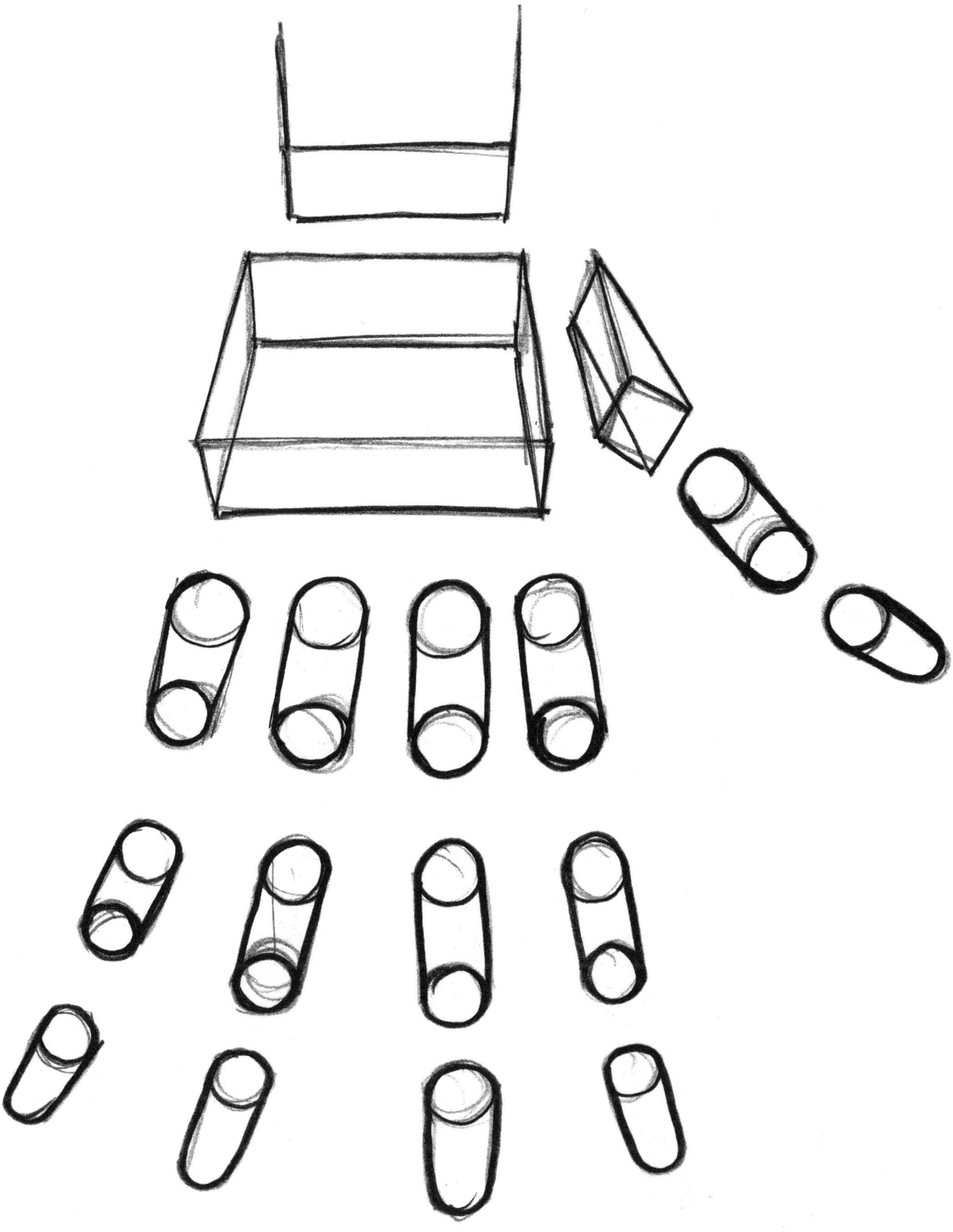

Handteller

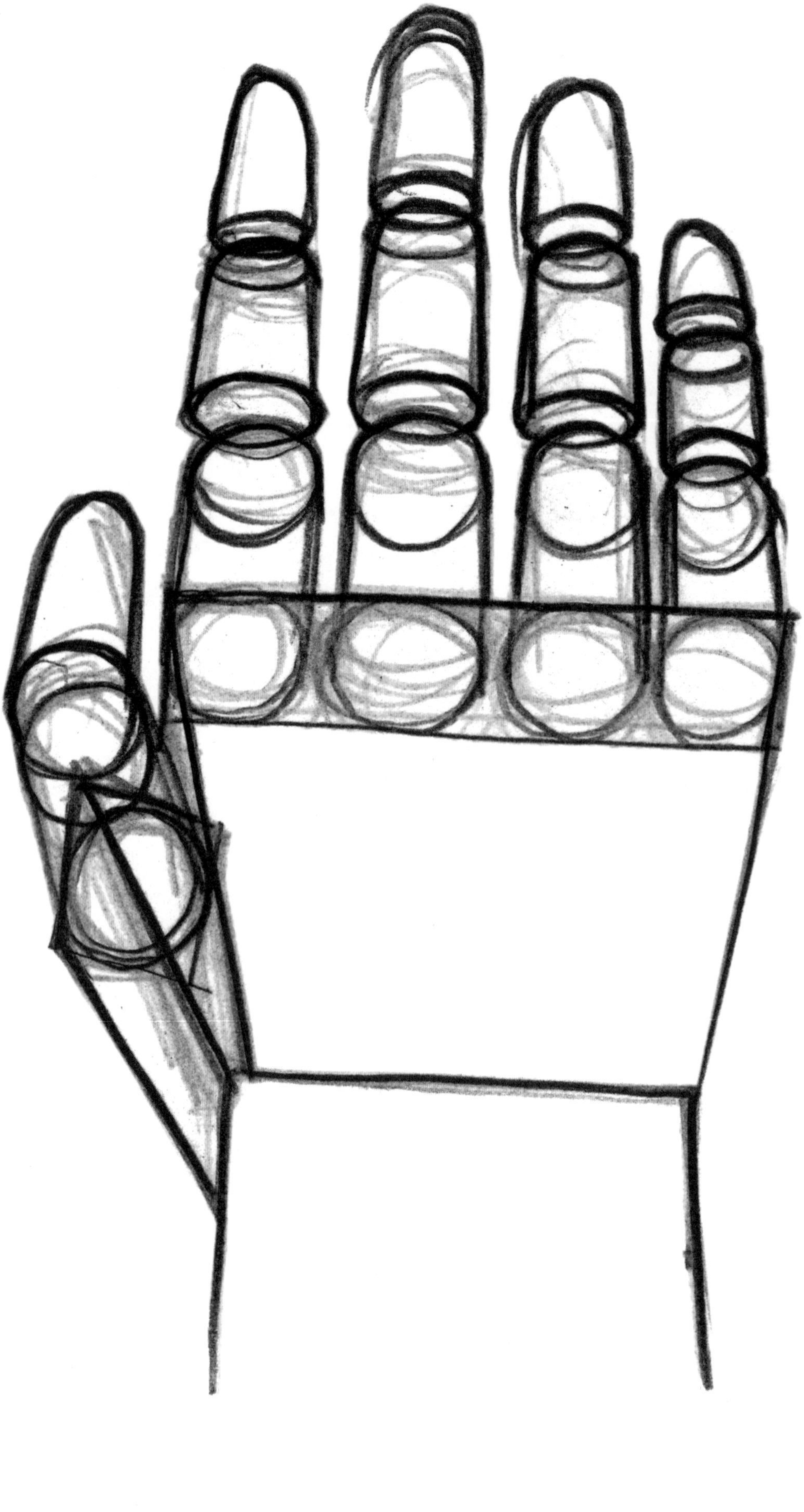

Handteller, schematisiert

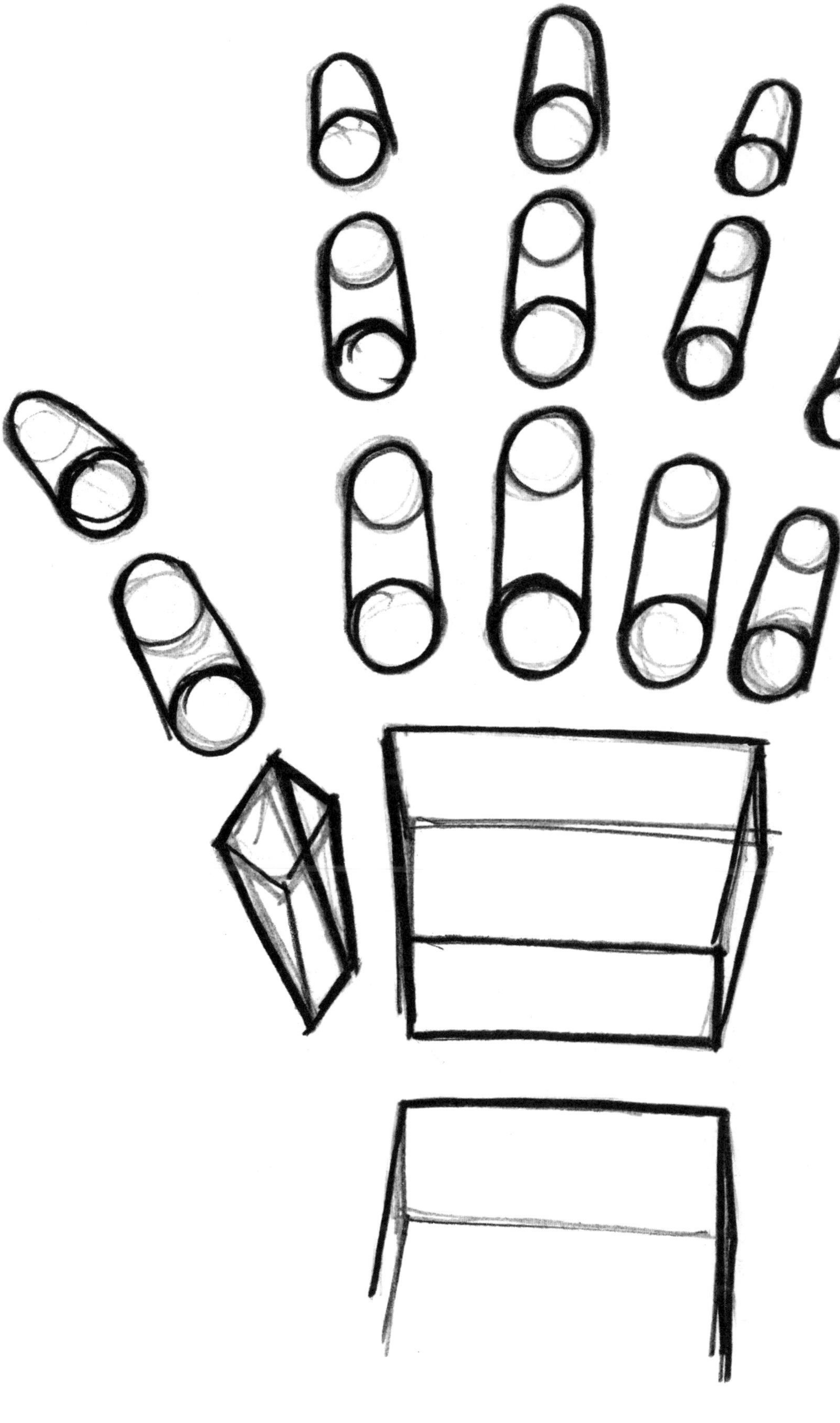

Verschiedene Blickwinkel und Handstellungen

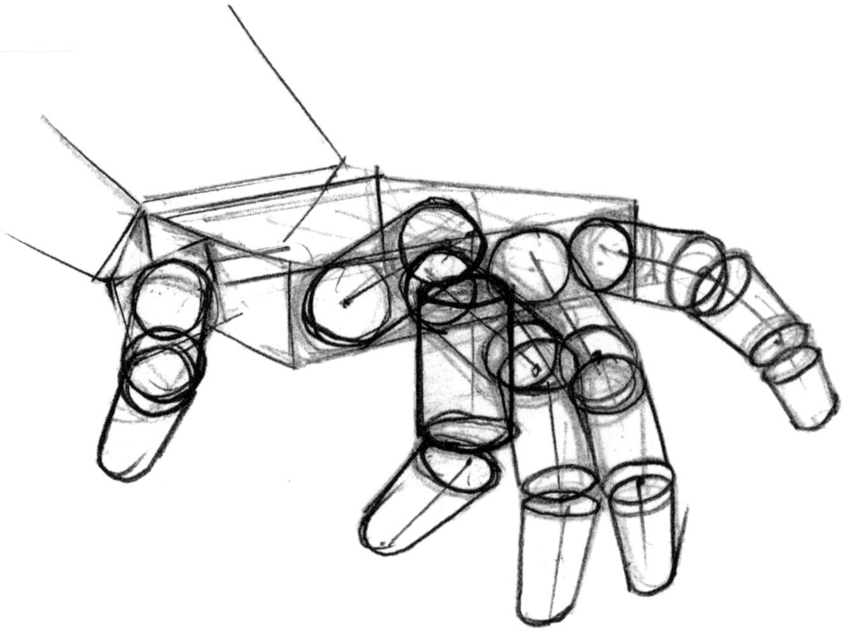

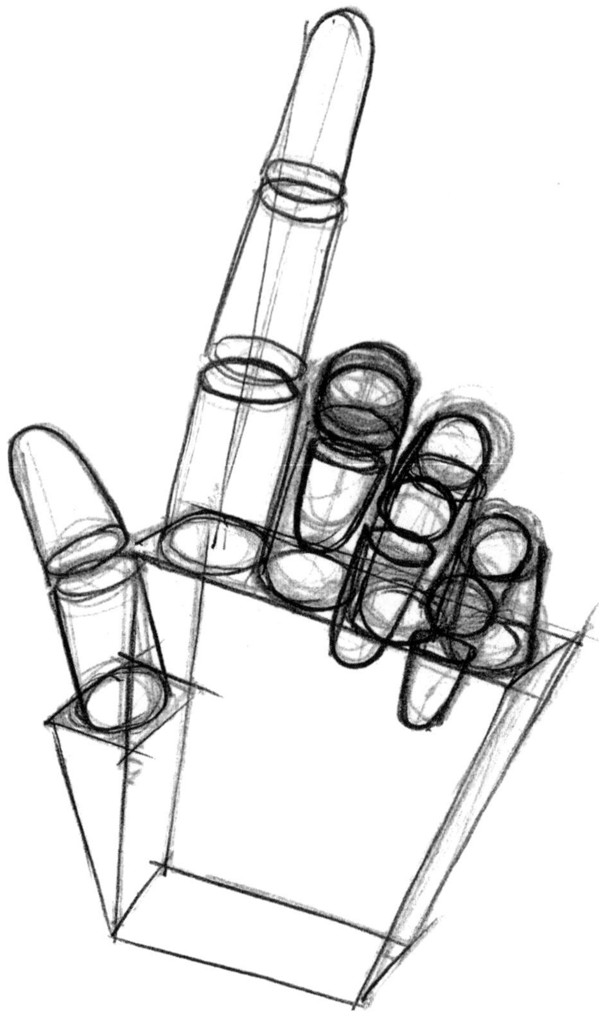

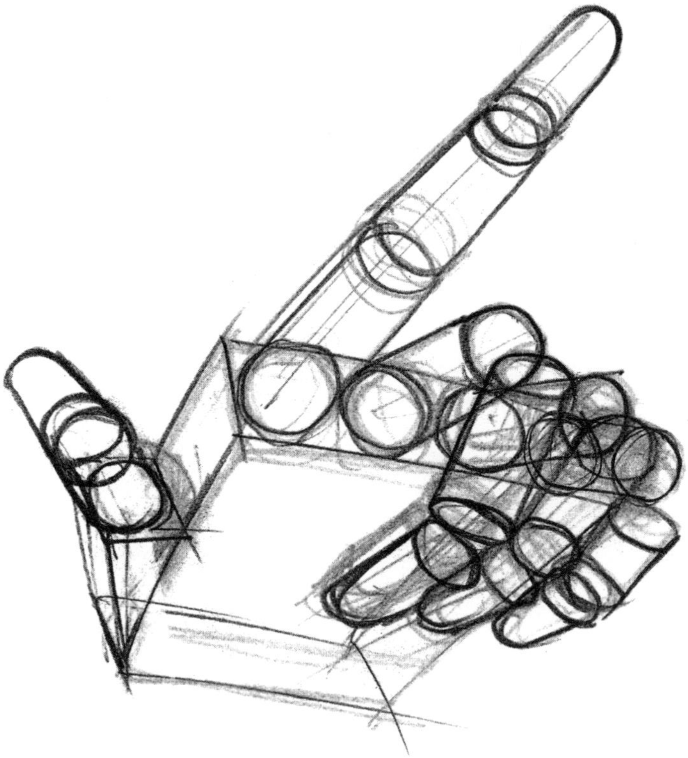

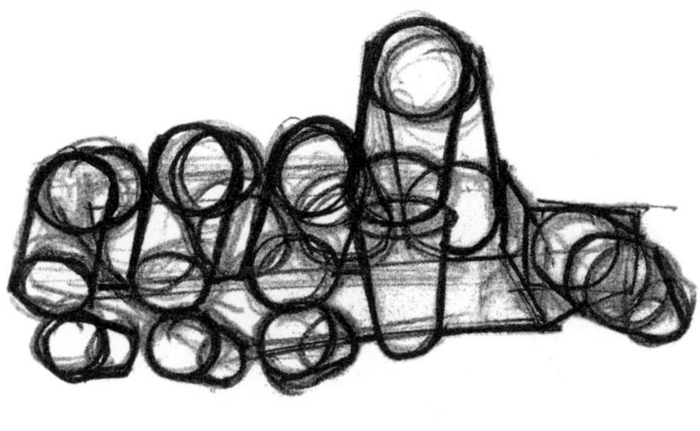

Fuß von vorn

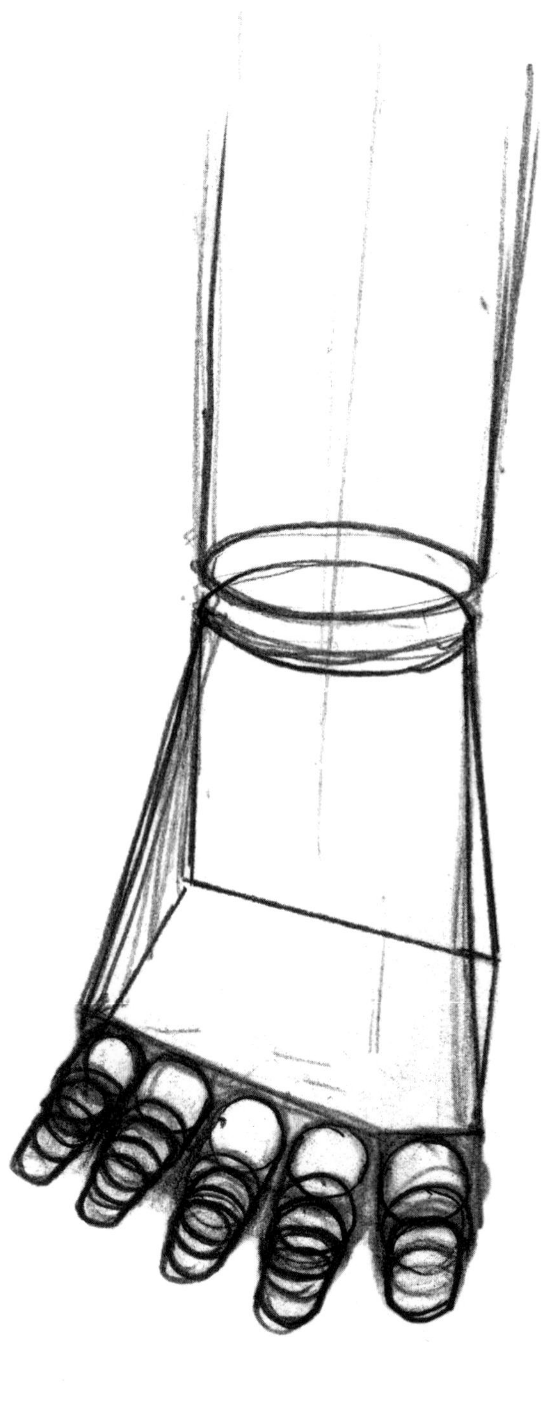

Fuß von vorn, schematisiert

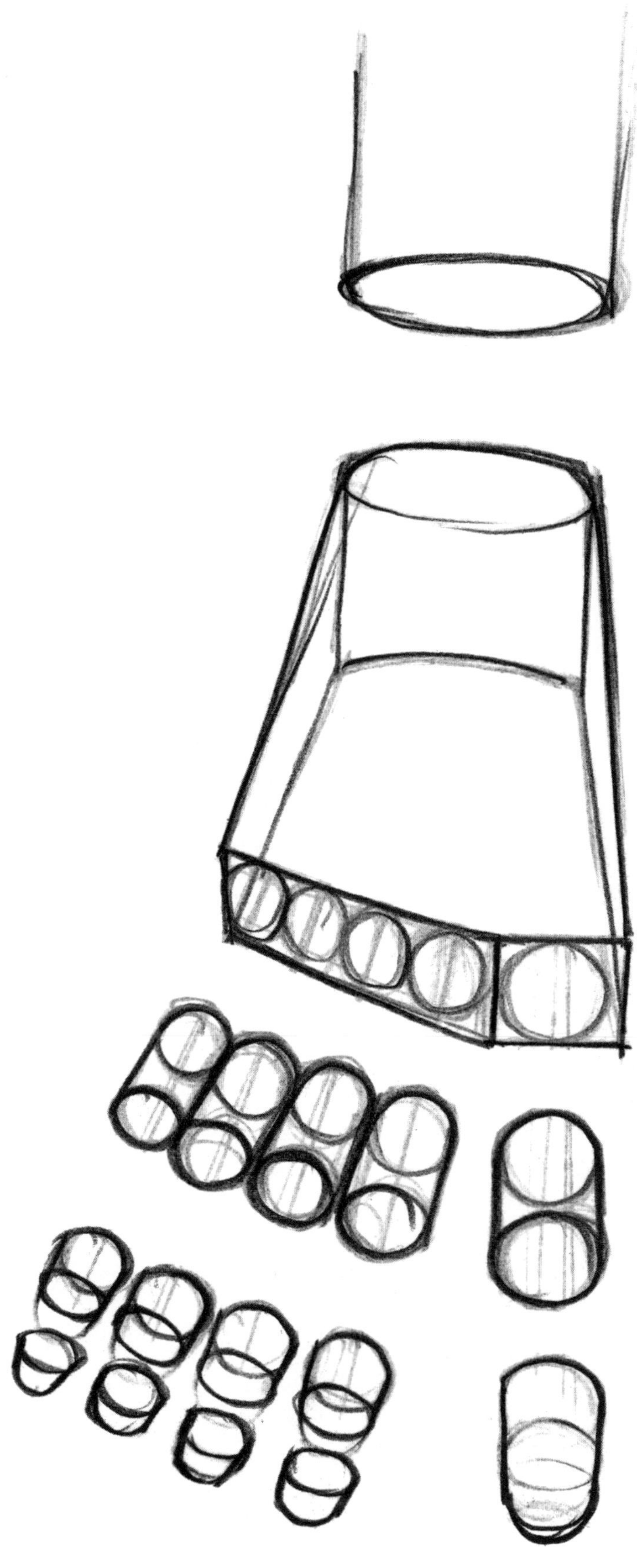

Fuß von der Seite

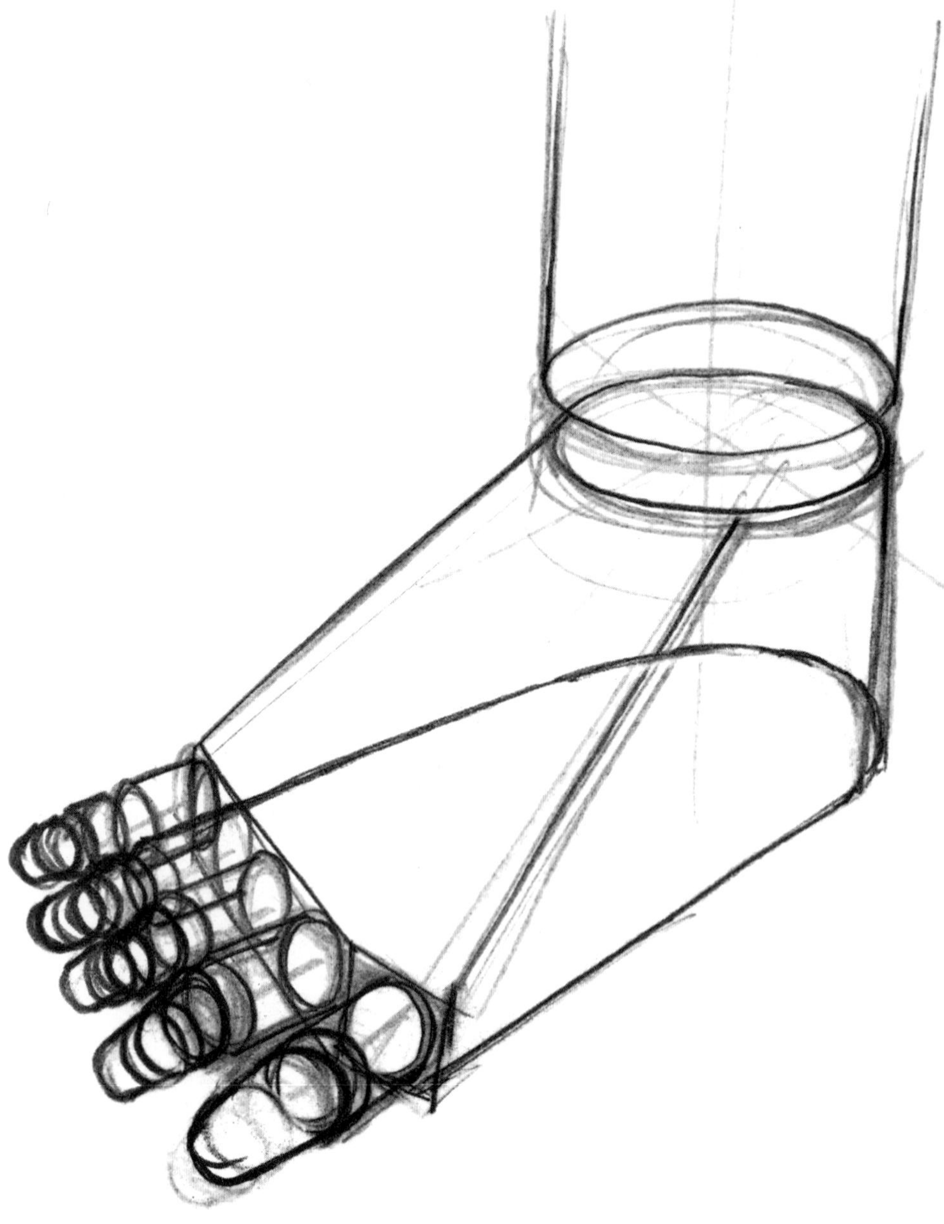

Seitenansicht, schematisiert

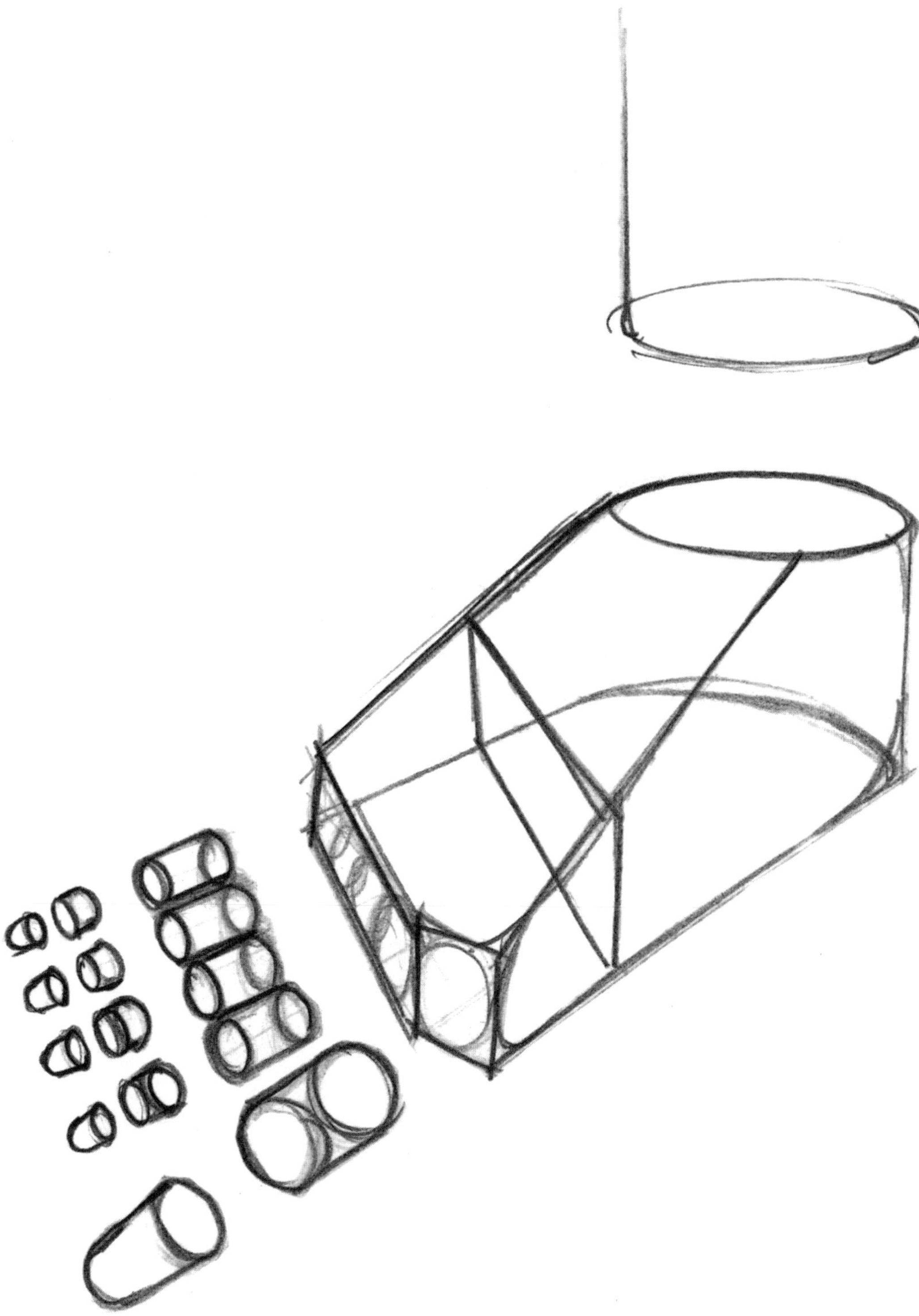

Verschiedene Blickwinkel und Fußstellungen

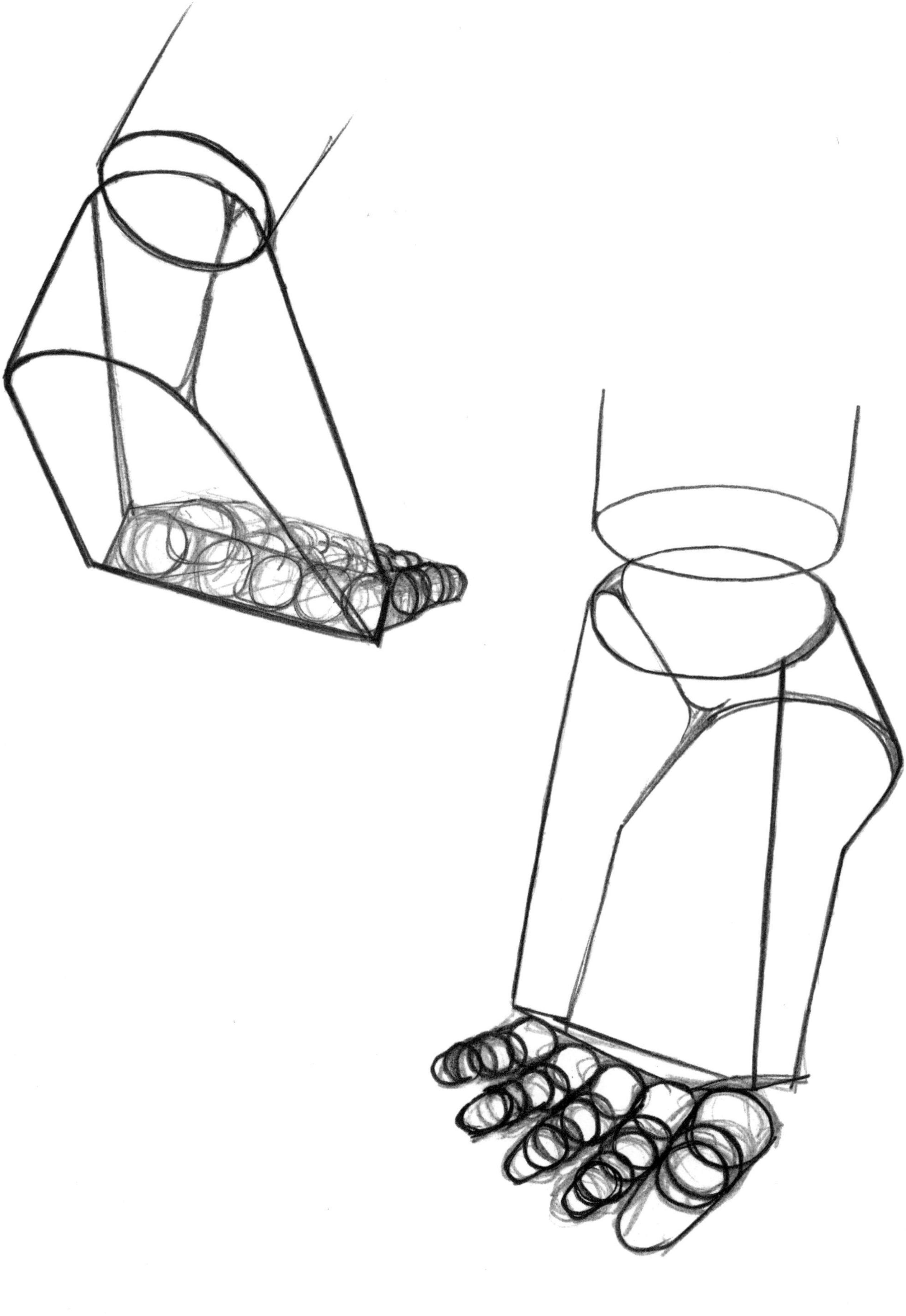

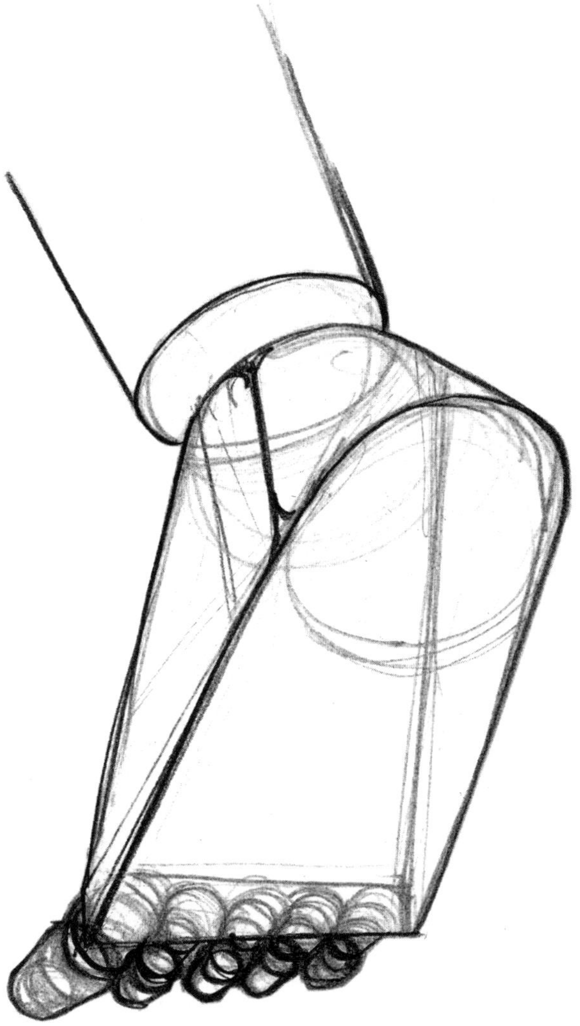

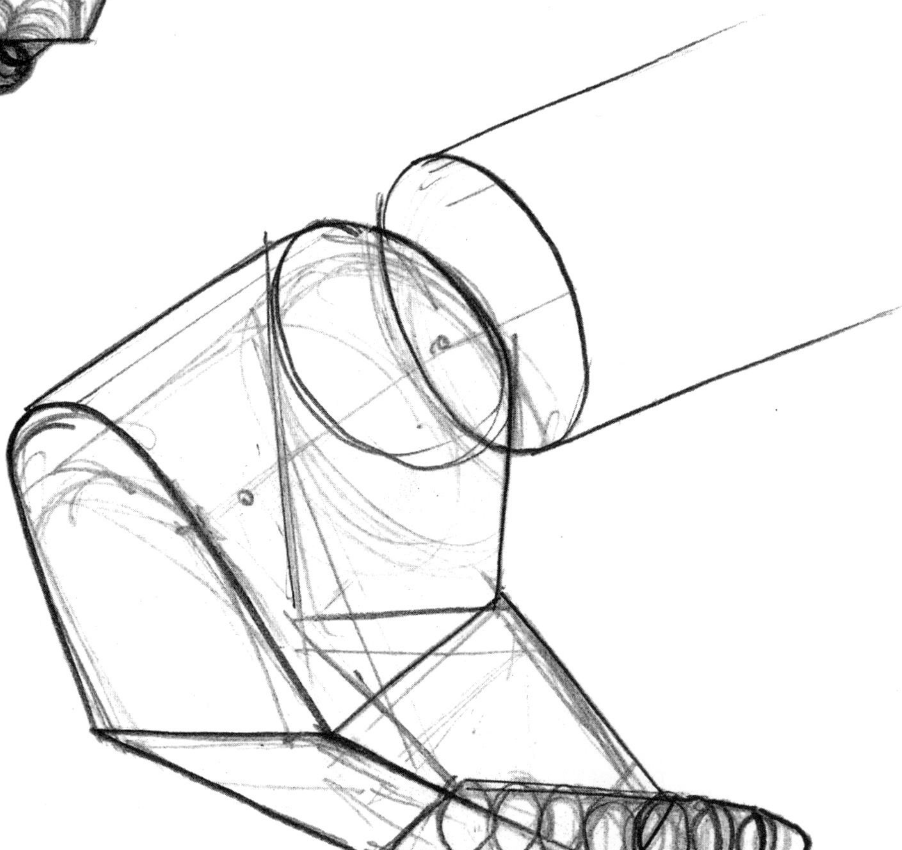

Die Zeichenpraxis

Im letzten Kapitel fassen wir nun alle bisher besprochenen Einzelaspekte der Anatomie zu fertigen Zeichnungen zusammen. Wir beginnen dabei mit einer Serie, in der Schritt für Schritt die erlernten Elemente zusammengefügt werden. Jede Zeichnung baut Schicht für Schicht auf der vorigen auf, sodass der Zuiksammenhang von Strukturen und der Illusion von Dreidimensionalität immer deutlicher wird.

Diese Einzelelemente können auf verschiedene Arten zu einer fertigen Zeichnung integriert werden, je nach dem individuellen Charakter und Aussehen des Modells. Modelle, die dem klassischen Ideal des menschlichen Körpers entsprechen, zeigen die Anatomie sehr deutlich und sind daher besonders für Anfänger geeignet.

Es ist ratsam, dass Sie bei Ihren Versuchen, seien es eigene Motive oder Kopien anderer Werke, genau nach diesen Schemata vorgehen. Nach einem lebenden Modell zu zeichnen, kann für den Anfänger eine entmutigende Angelegenheit sein. Wenn Sie erst vor kurzem mit dem Zeichnen begonnen haben, gehen Sie am besten in ein Museum und skizzieren Sie die klassischen nackten Figuren, die dort ausgestellt sind. Auch Kunststudenten beginnen auf diese Art, anatomisches Zeichnen zu lernen. Eine Statue bewegt sich nicht und zeigt dennoch bereits die künstlerische Aussagekraft, die für den Anfänger so schwer erreichen ist, wenn er zum ersten Mal nach einem lebenden Modell zeichnet.

Sobald Sie sich zutrauen, die hier vorgestellten Methoden effizient umzusetzen, können Sie nach lebenden Modellen und selbst erdachte Posen zu zeichnen beginnen.

Proportionen und Körperstellung
als Bestandteil der Pose

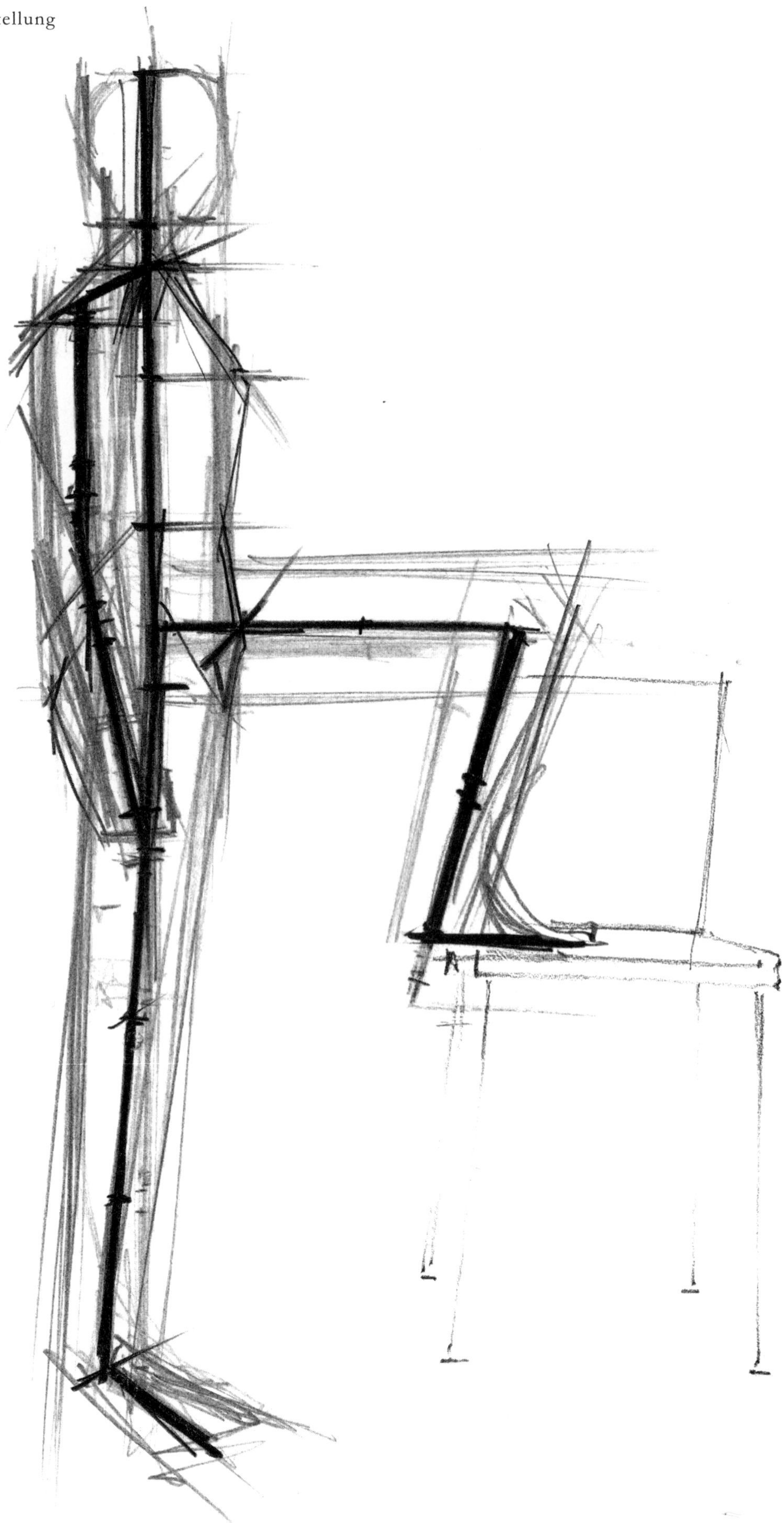

Körperhaltung und Pose werden zu Formen erweitert.

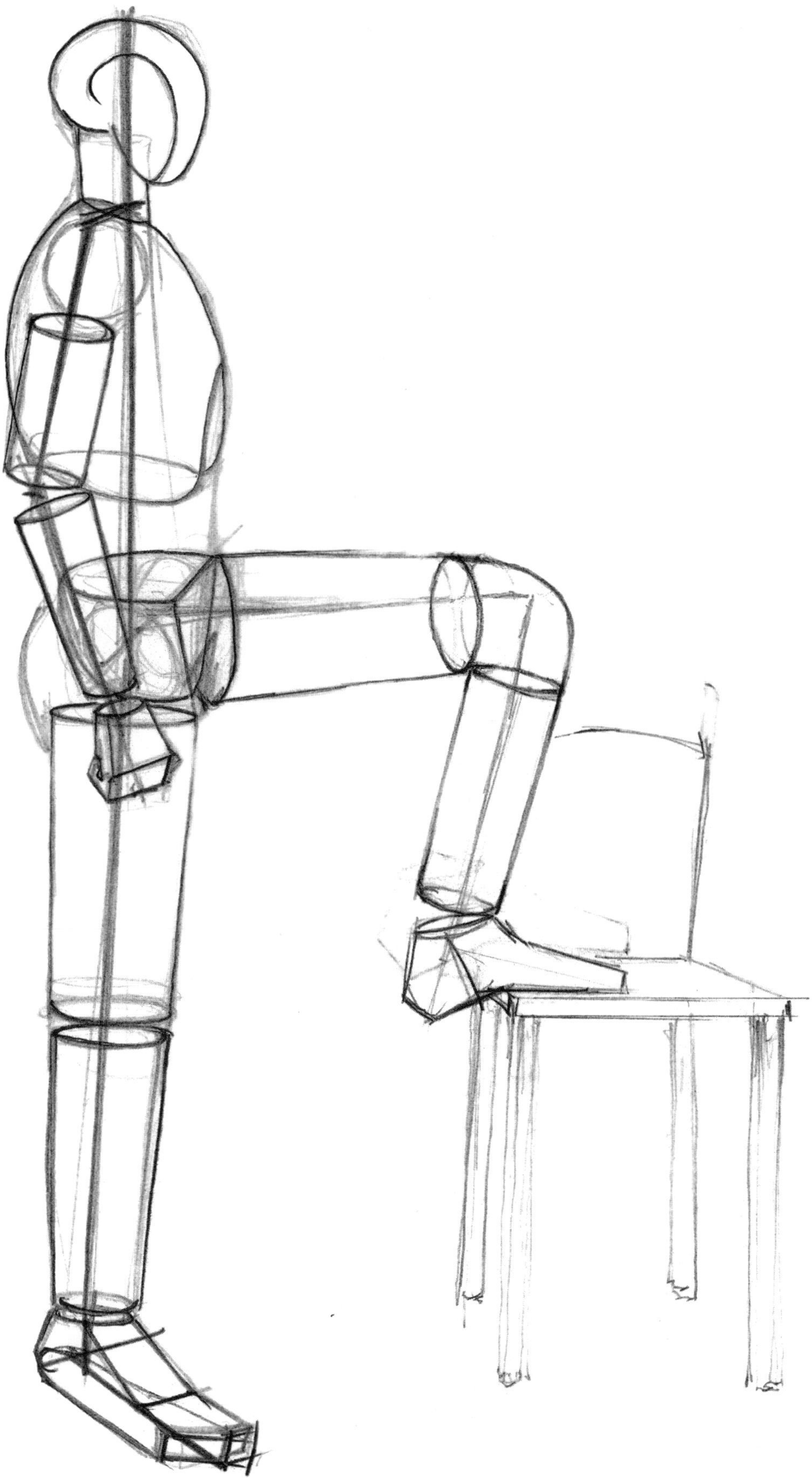

Körperhaltung, Pose und Grundformen werden um das Skelett erweitert.

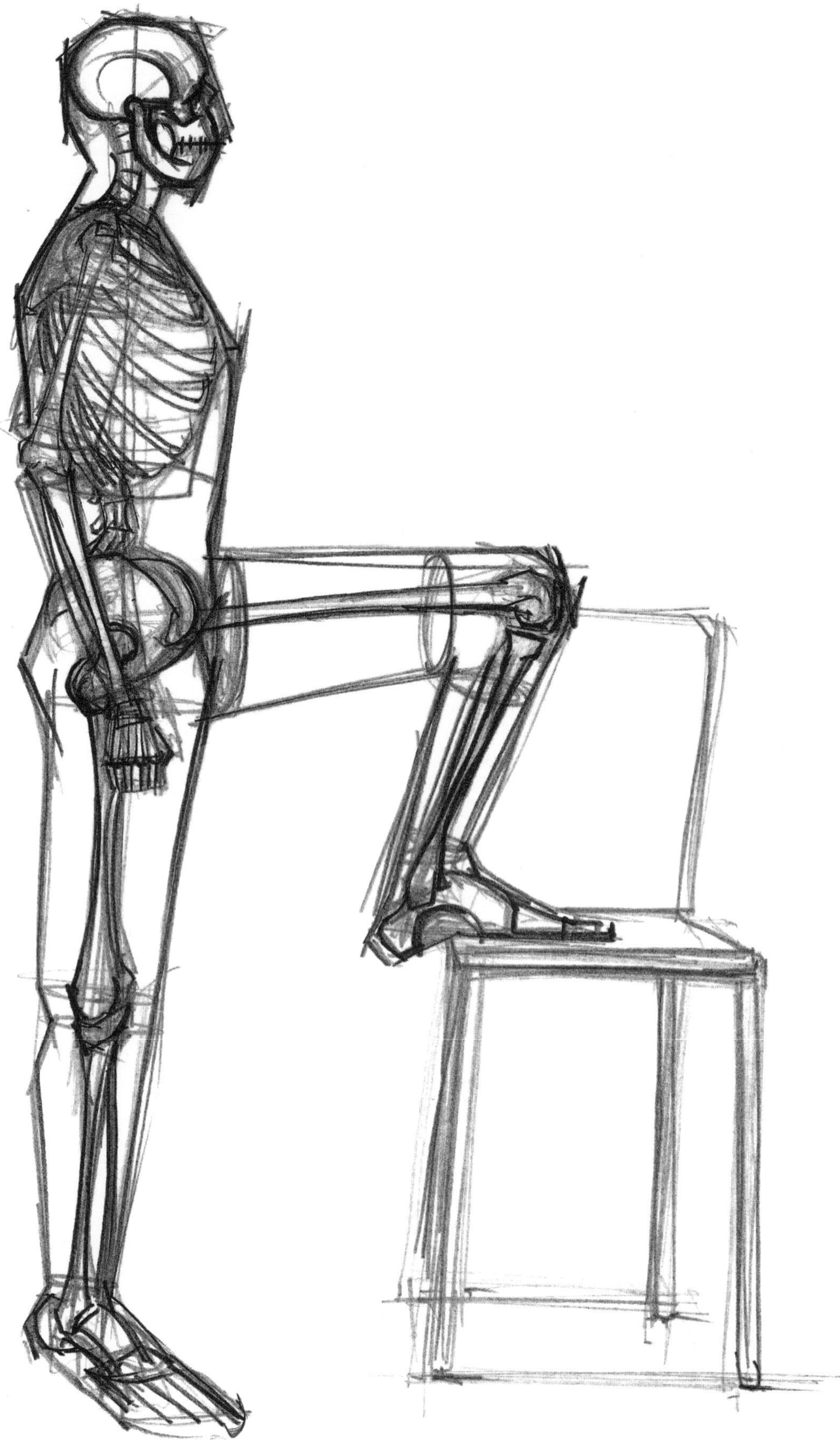

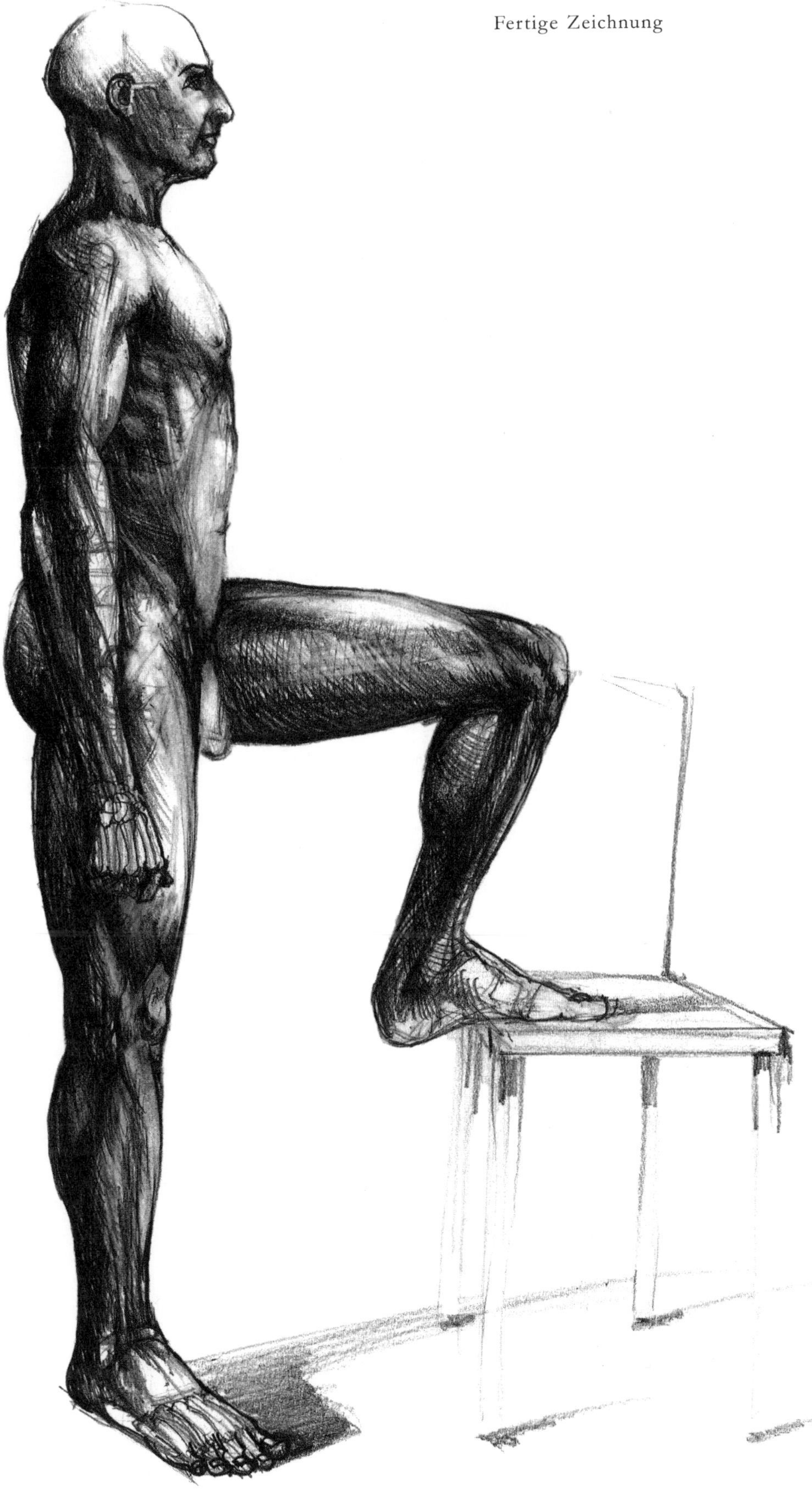

Fertige Zeichnung

Studie nach »Arbeitende« von
Frederic Leighton, 1883

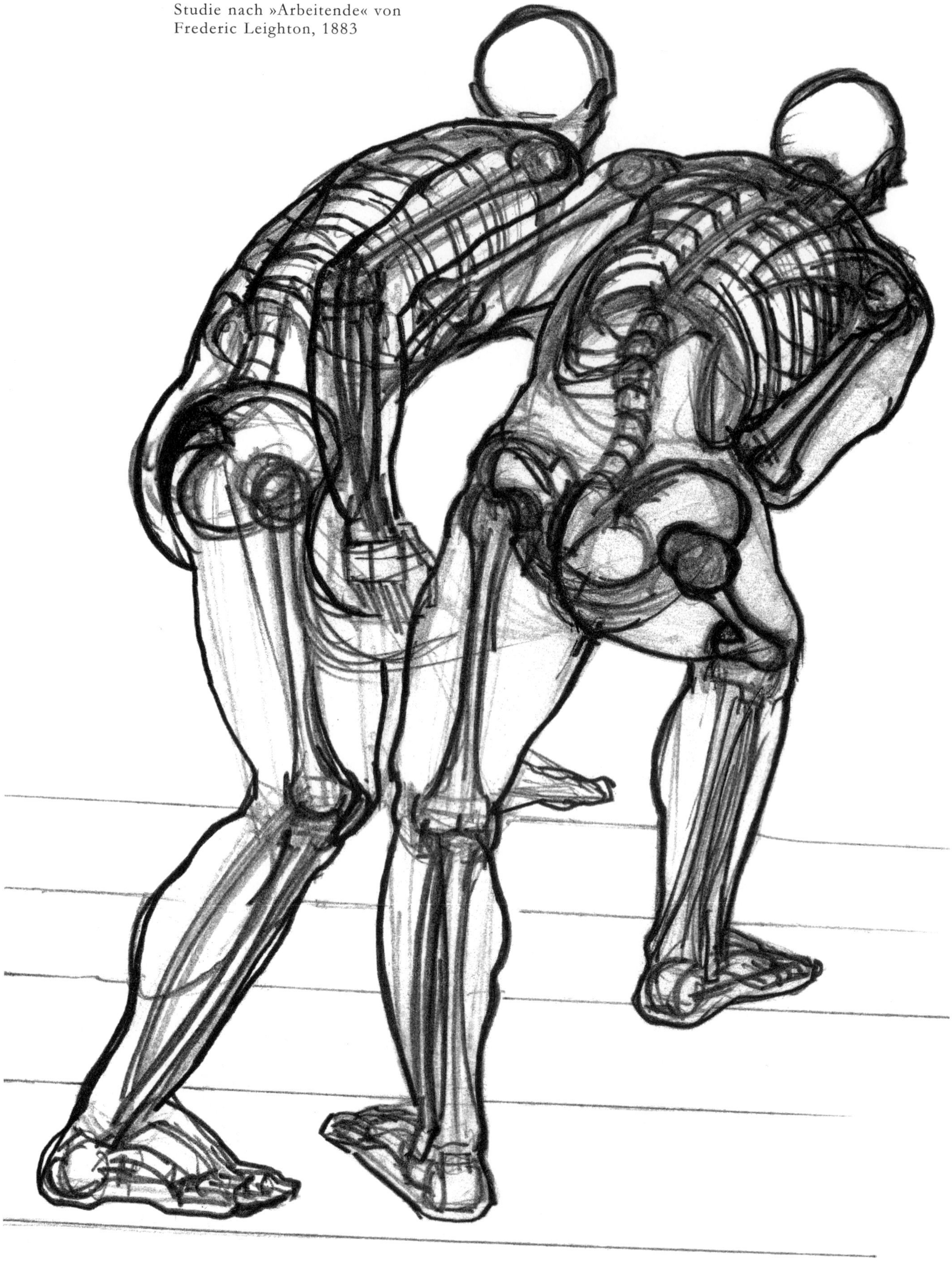

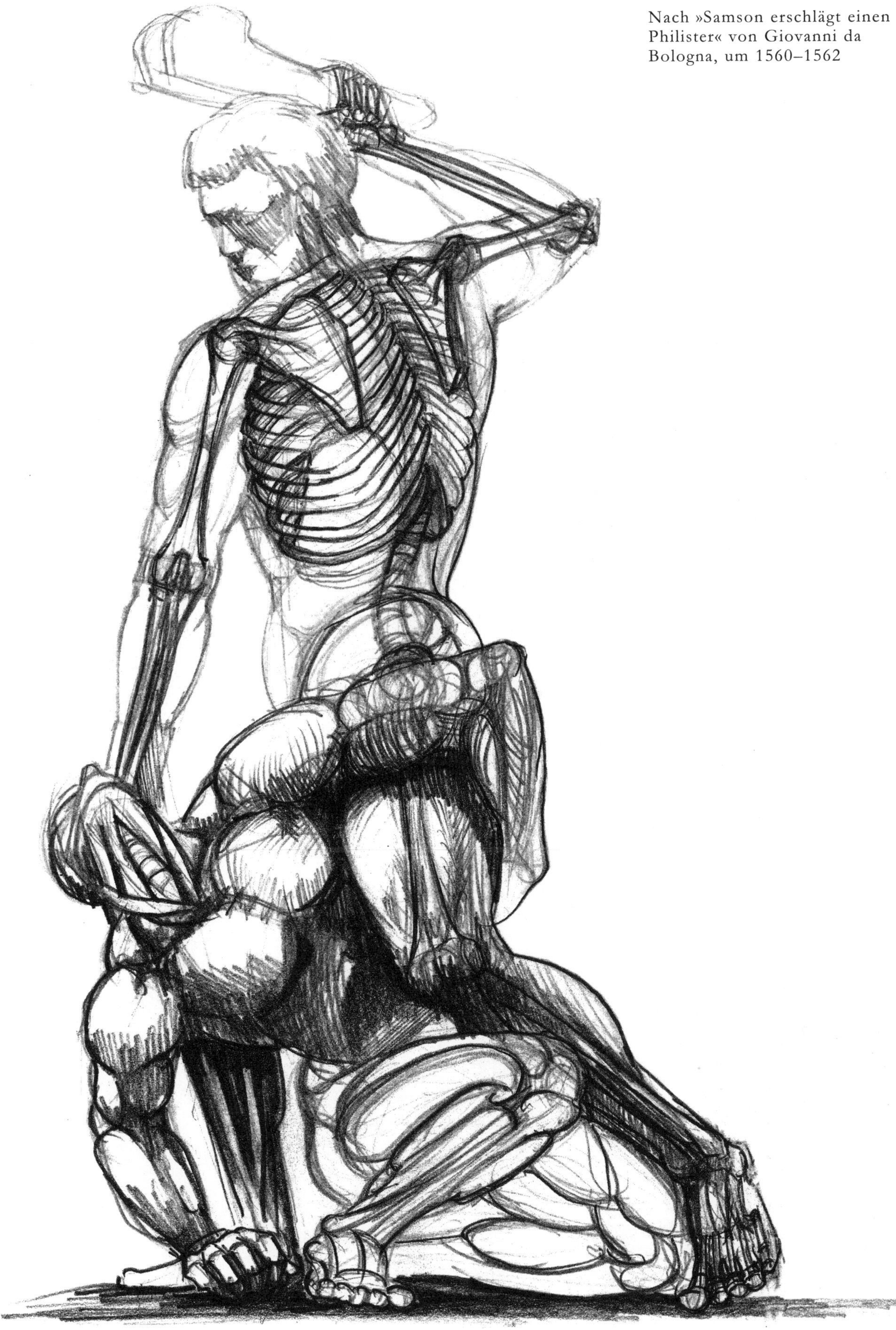

Nach »Samson erschlägt einen Philister« von Giovanni da Bologna, um 1560–1562

Nach »Samson und die Philister« von Vincenzo Foggini, 1749

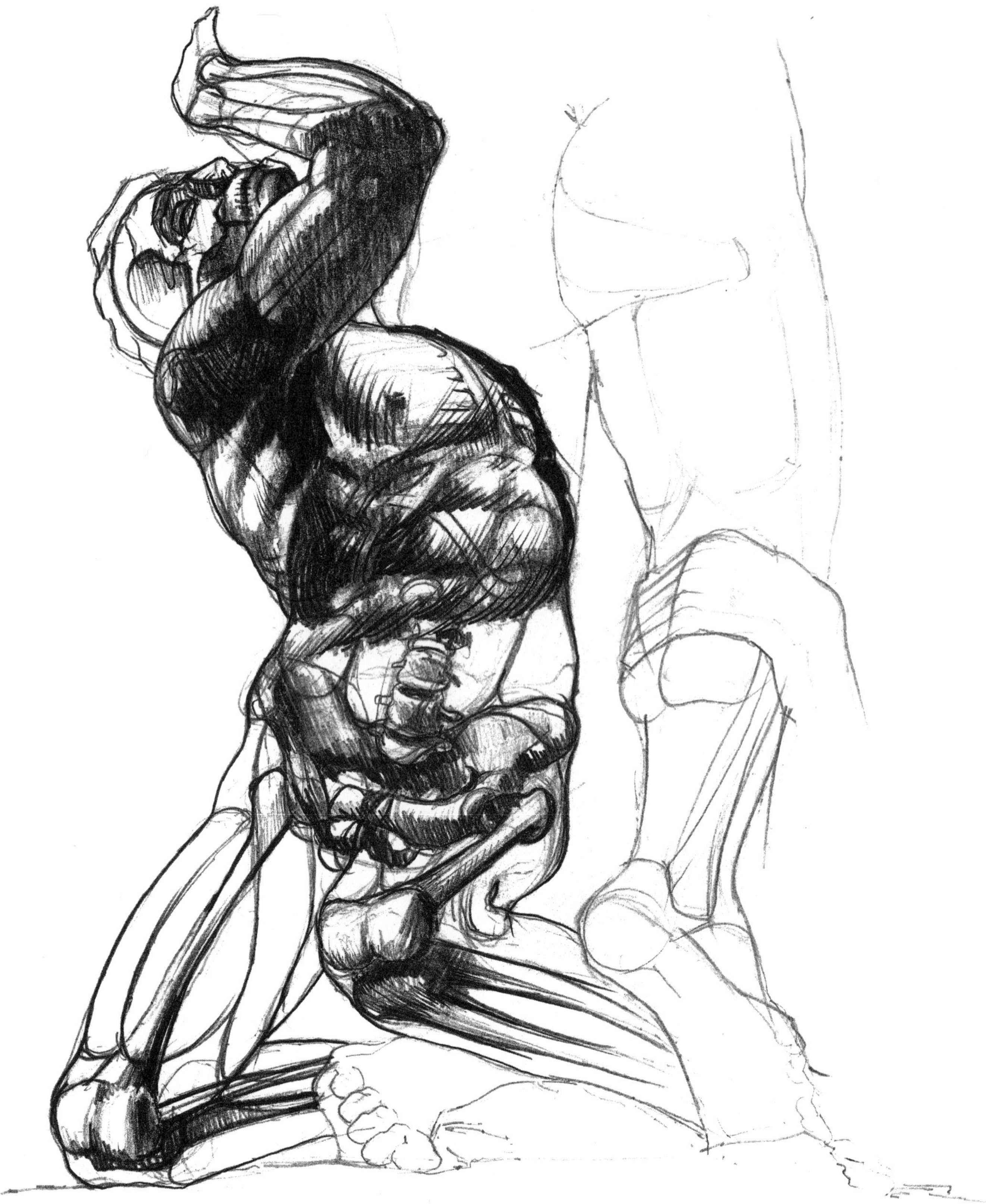

Nach »Theseus und der Minotaurus«
von Antonio Canova

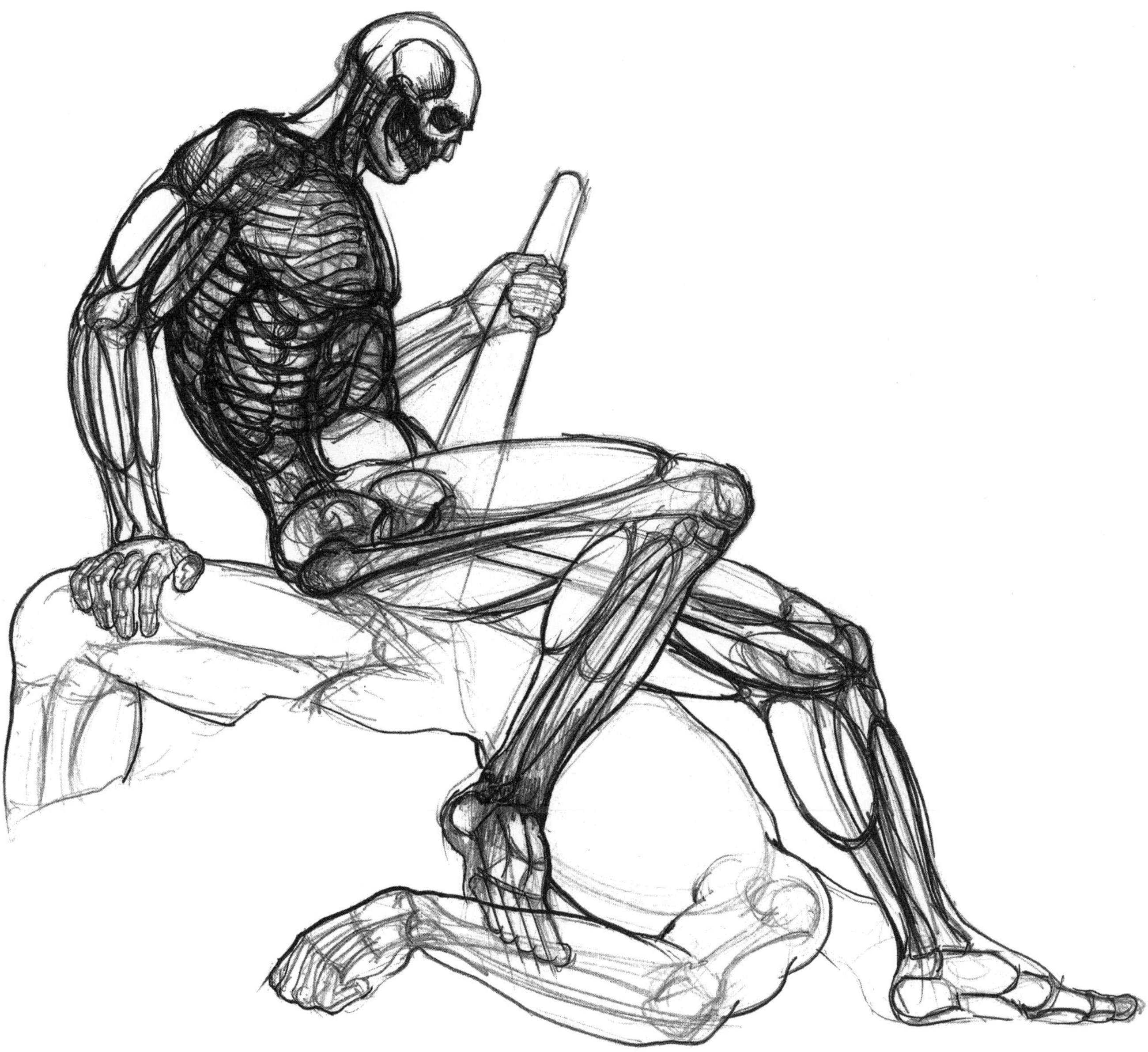

Nach »Kauernder Jüngling« von
Michelangelo, um 1524

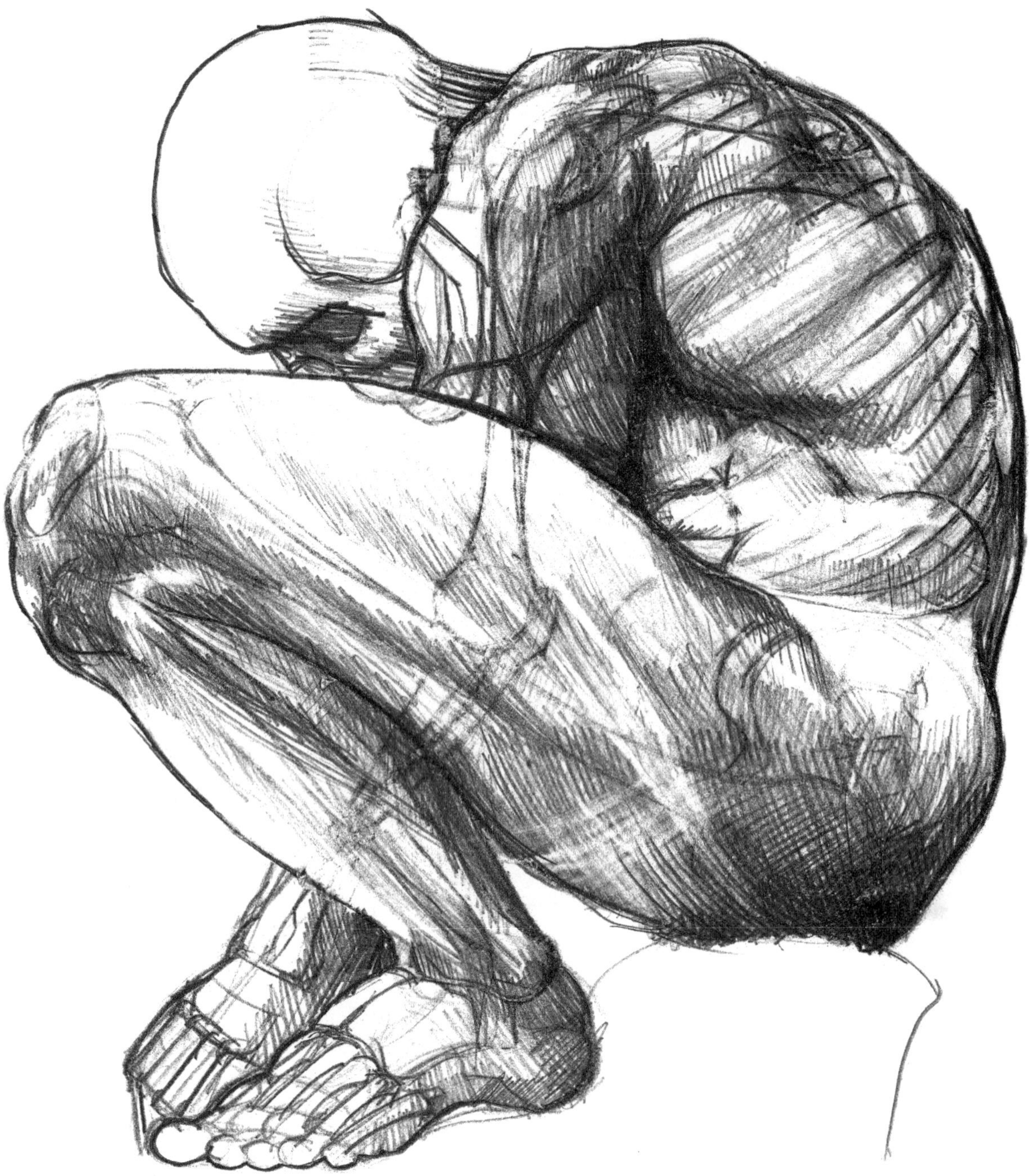

Nach »Sir George Cooke« von Sir Henry Cheere, um 1744–1749

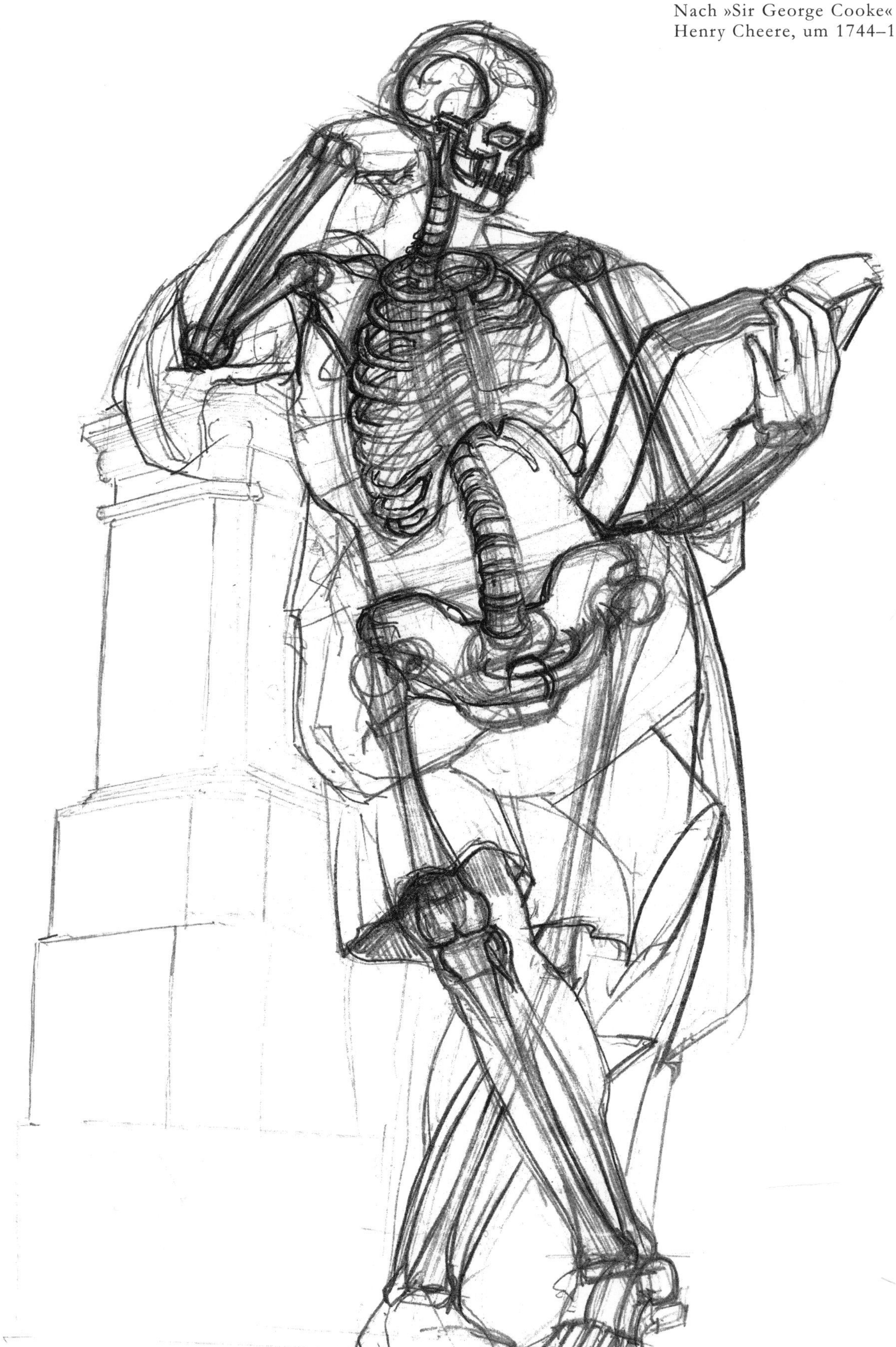

Nach einem Detail der »Arbeitenden« von
Frederic Leighton, 1883

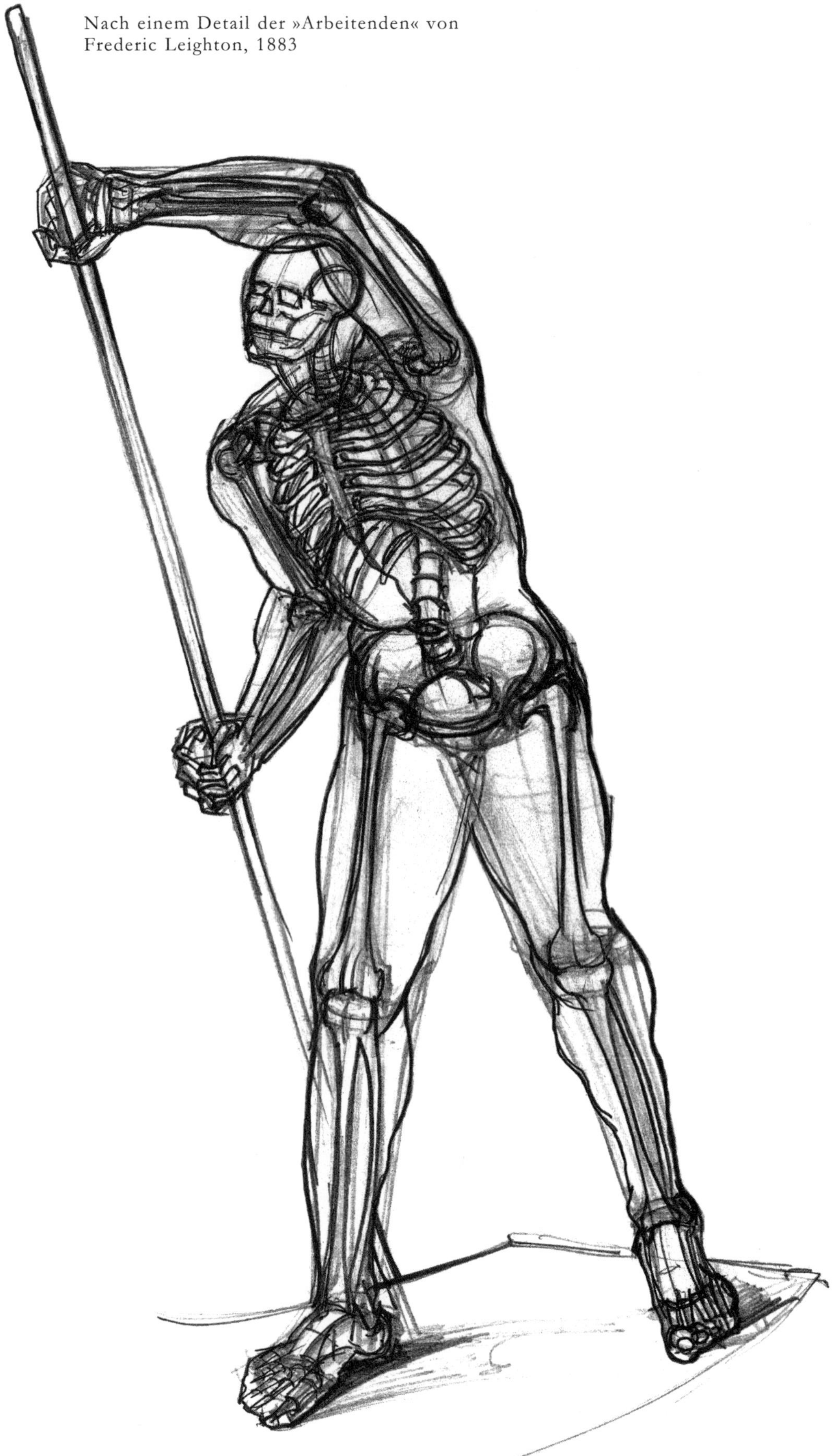

Nach einem Detail der »Arbeitenden«
von Frederic Leighton, 1883

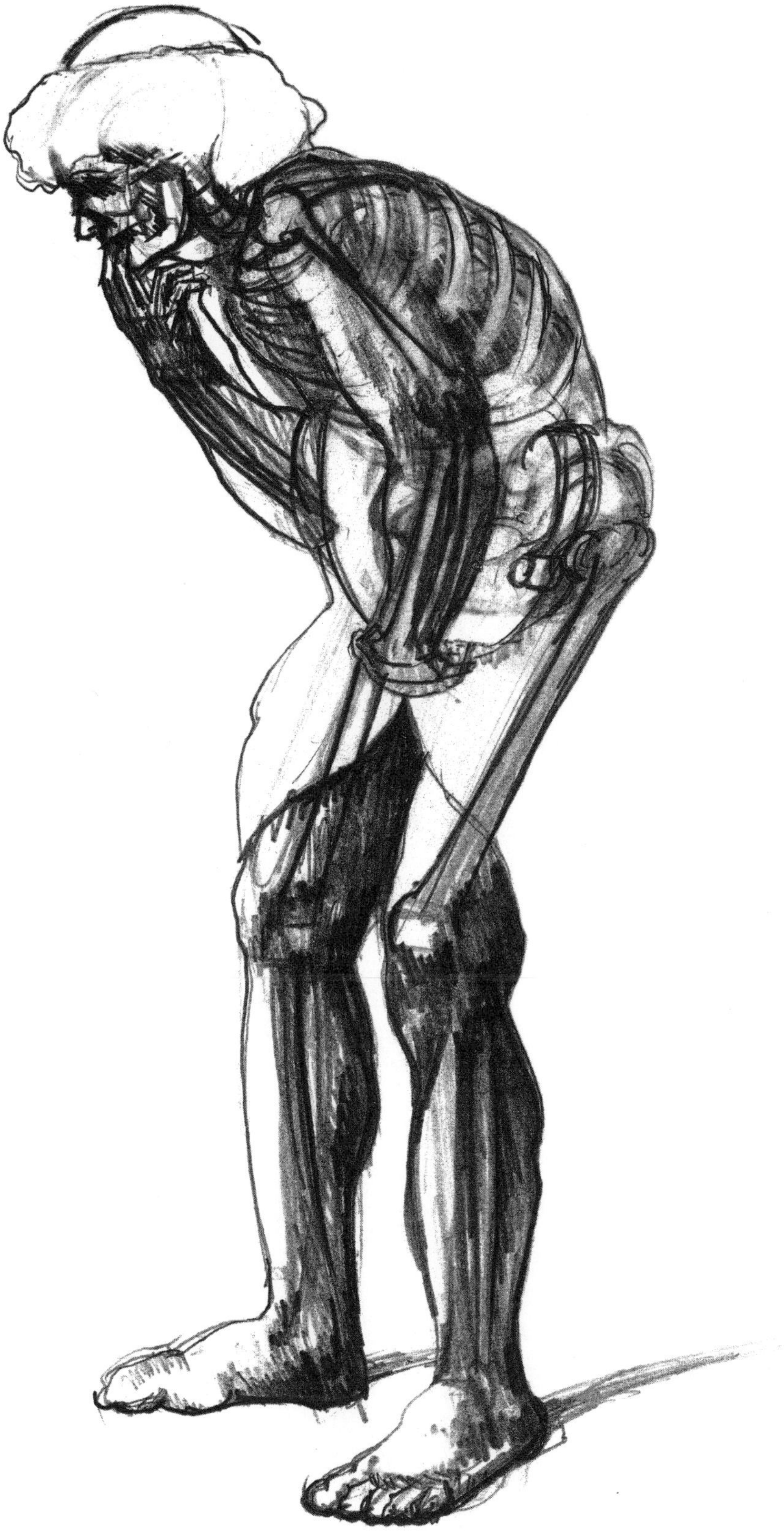

Nach »Schlafende Nymphe« von
Antonio Canova, 1820–1824

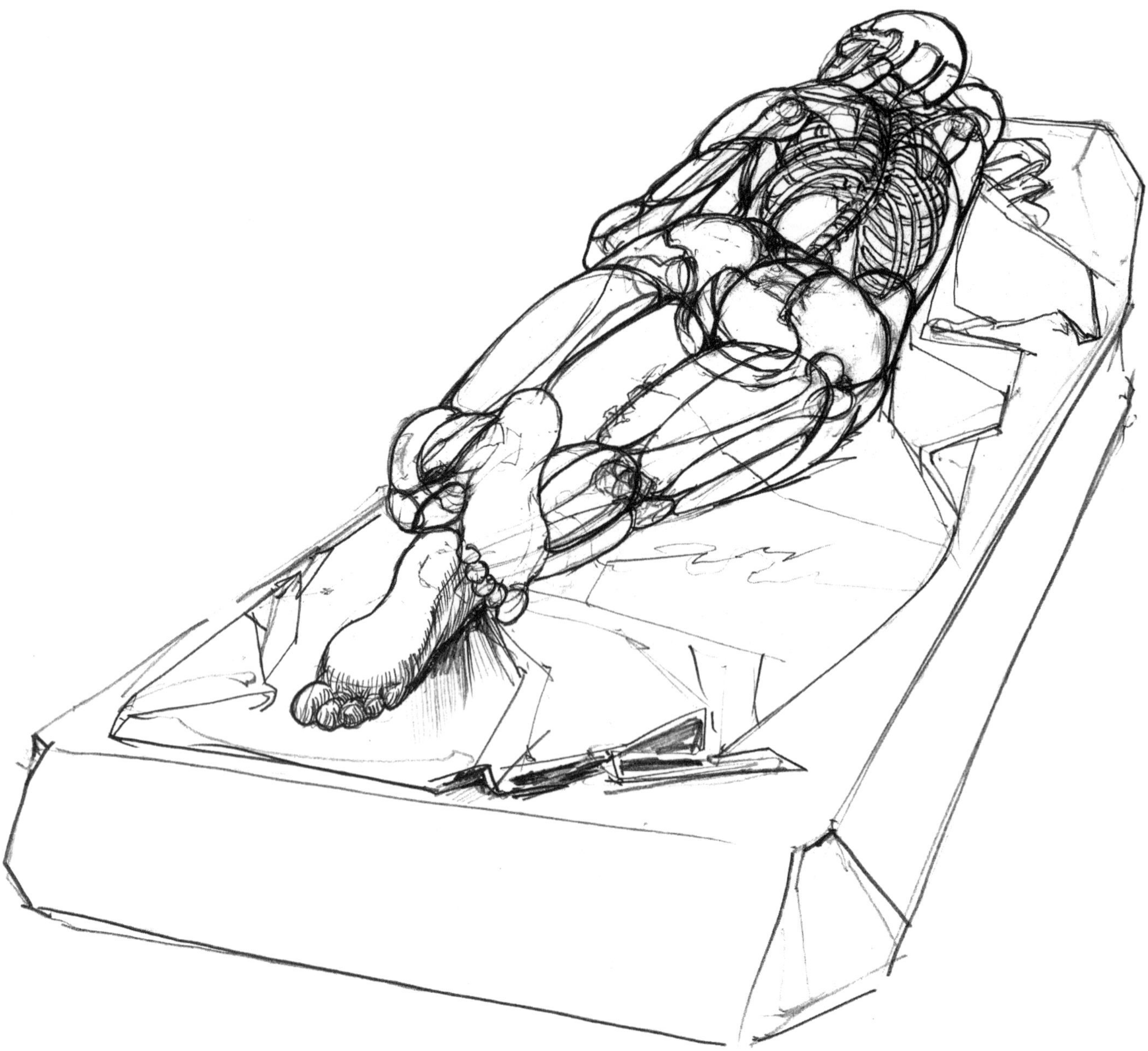

Nach »Liegende beim Schreiben (Geometrie und Astrologie)«, Giovanni da Bologna zugeschrieben, um 1565–1570

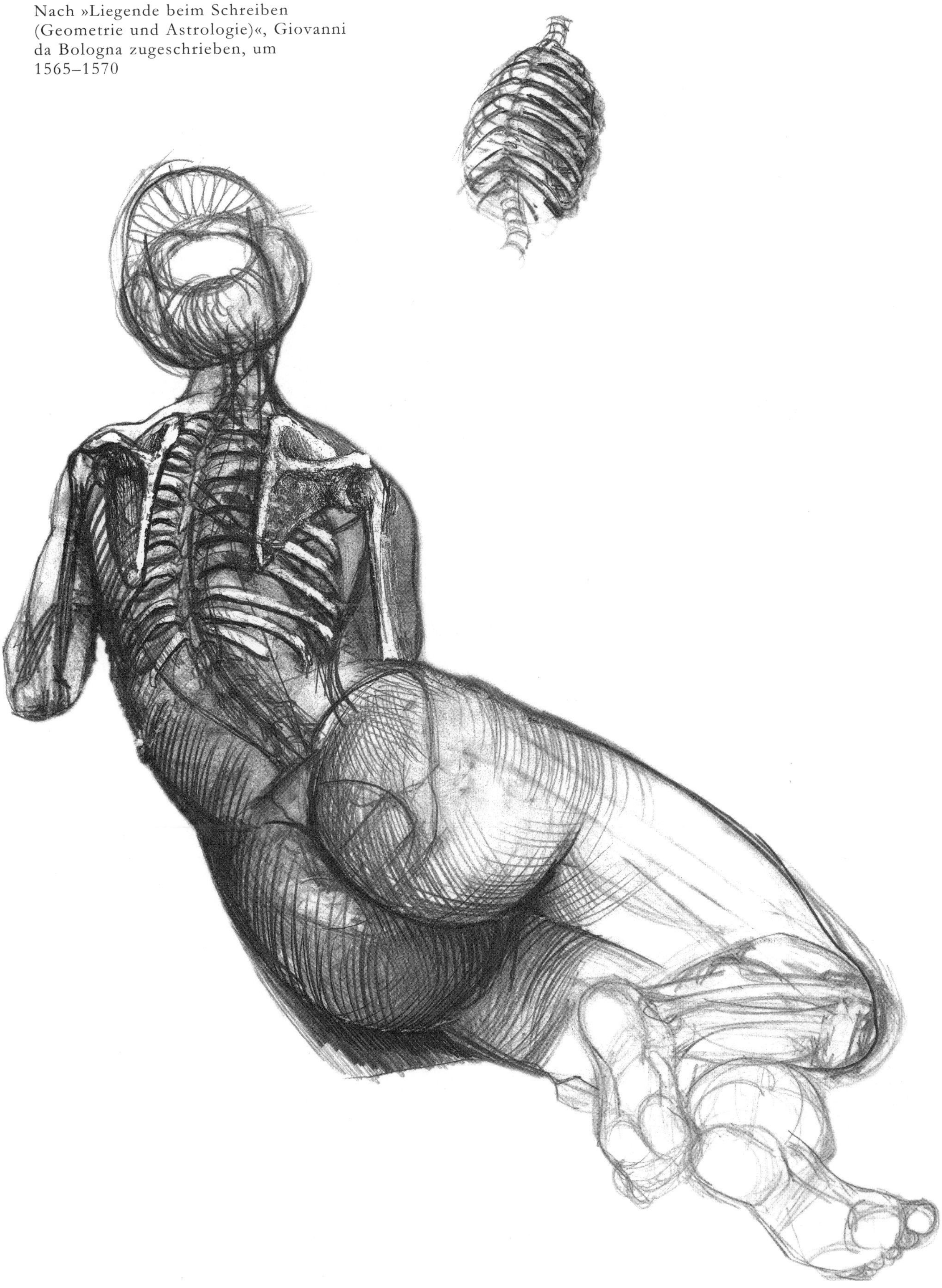

Nach einem Detail aus »Urteil des Salomon«
von Simon Troyer, 1741

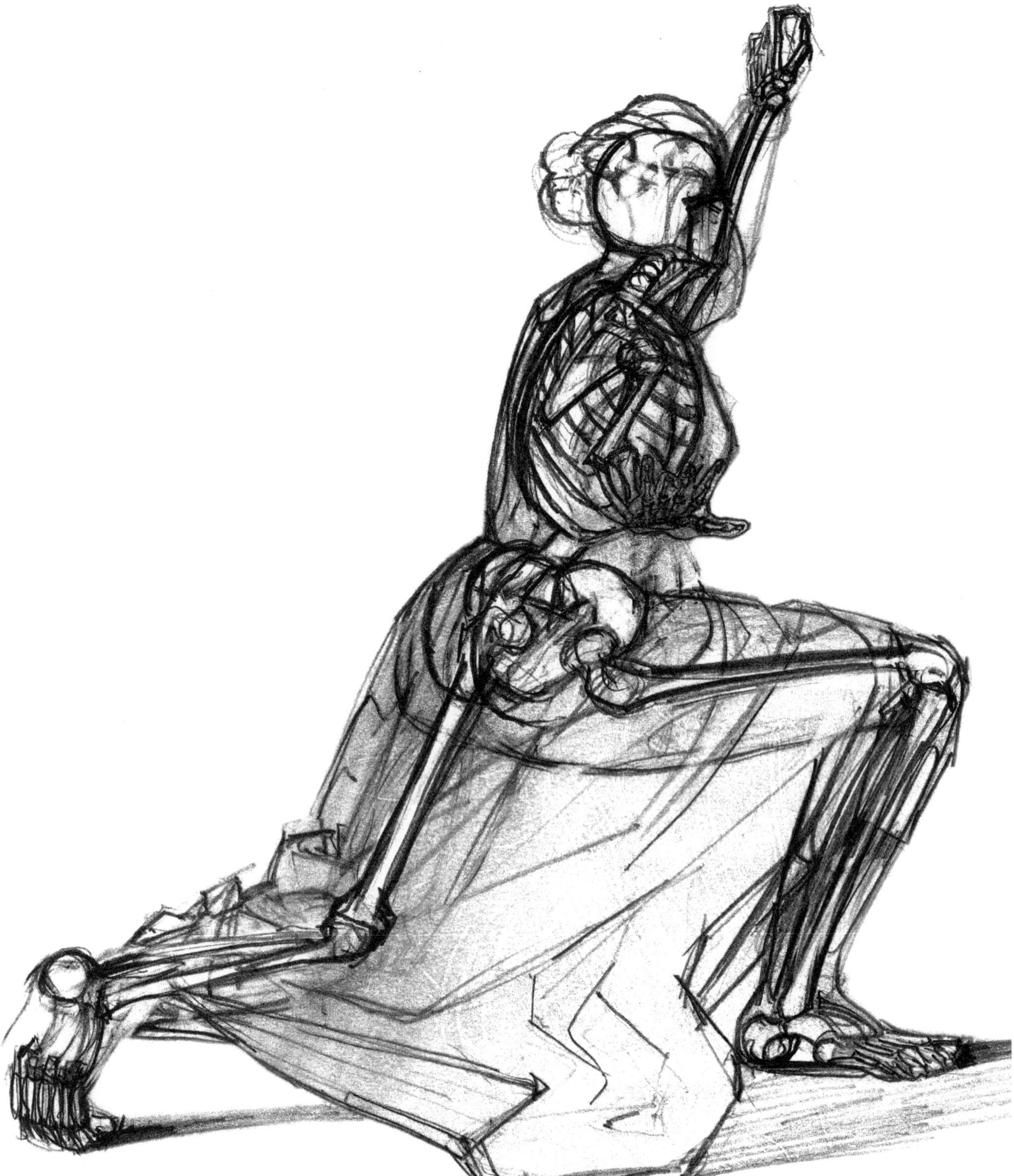

Nach »Henri IV. wirft den Feind nieder«
von Hubert Le Sueur, um 1615–1620

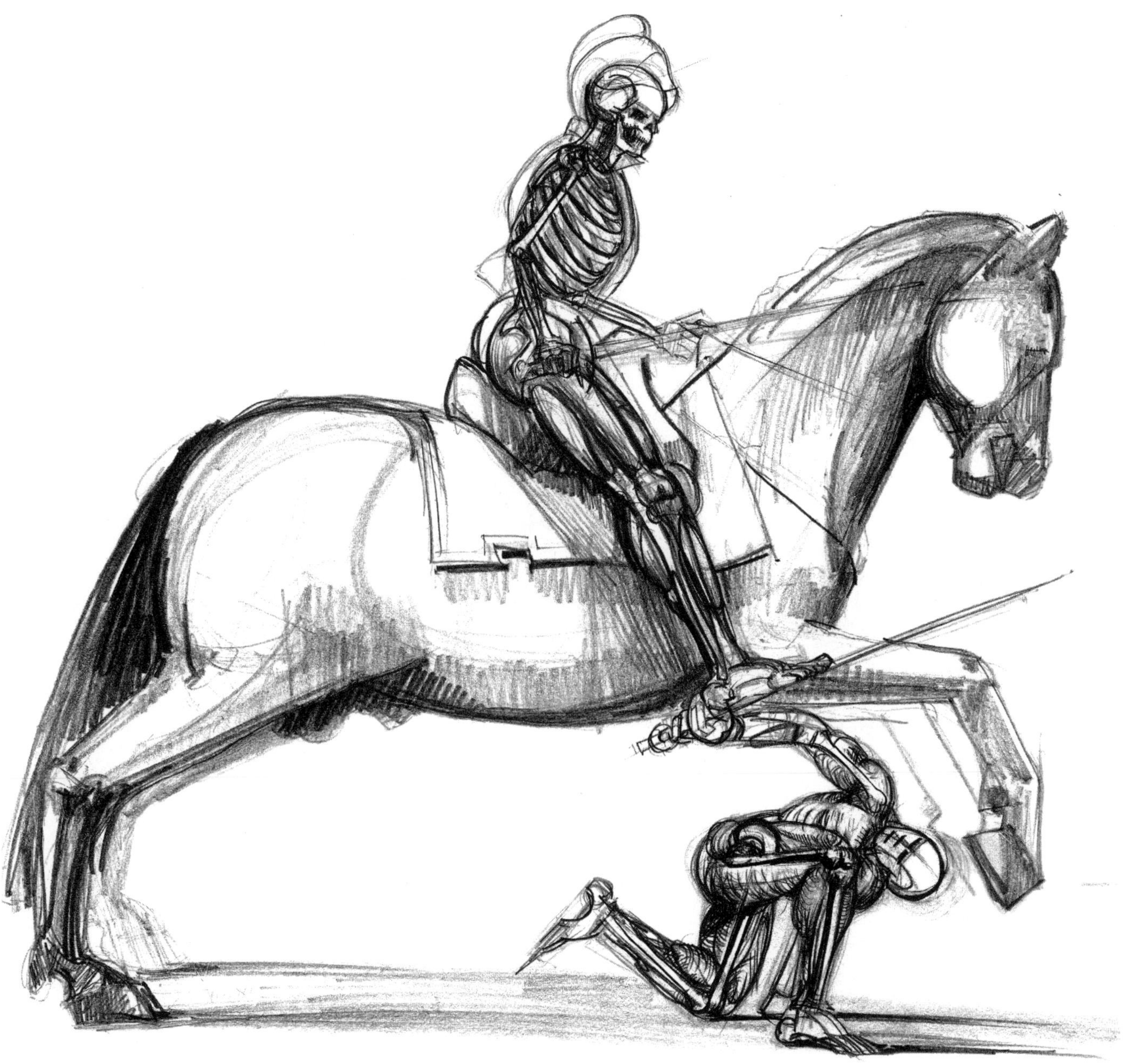

Nach »Liegende beim Schreiben (Geometrie und Astrologie)«, Giovanni da Bologna zugeschrieben, um 1565–1570

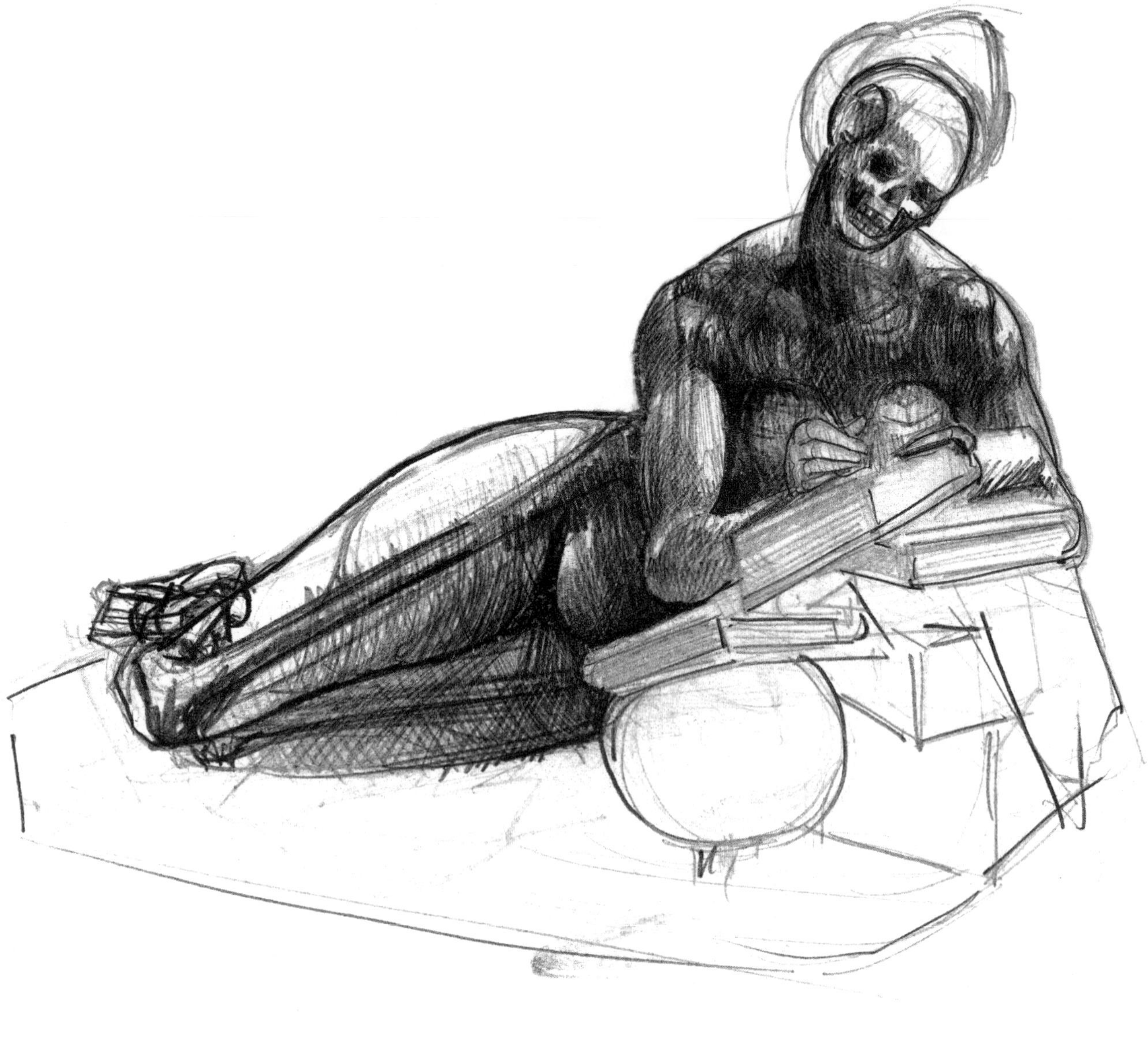

Nach »Die Quelle« von Jean-Auguste-Dominique Ingres, 1856

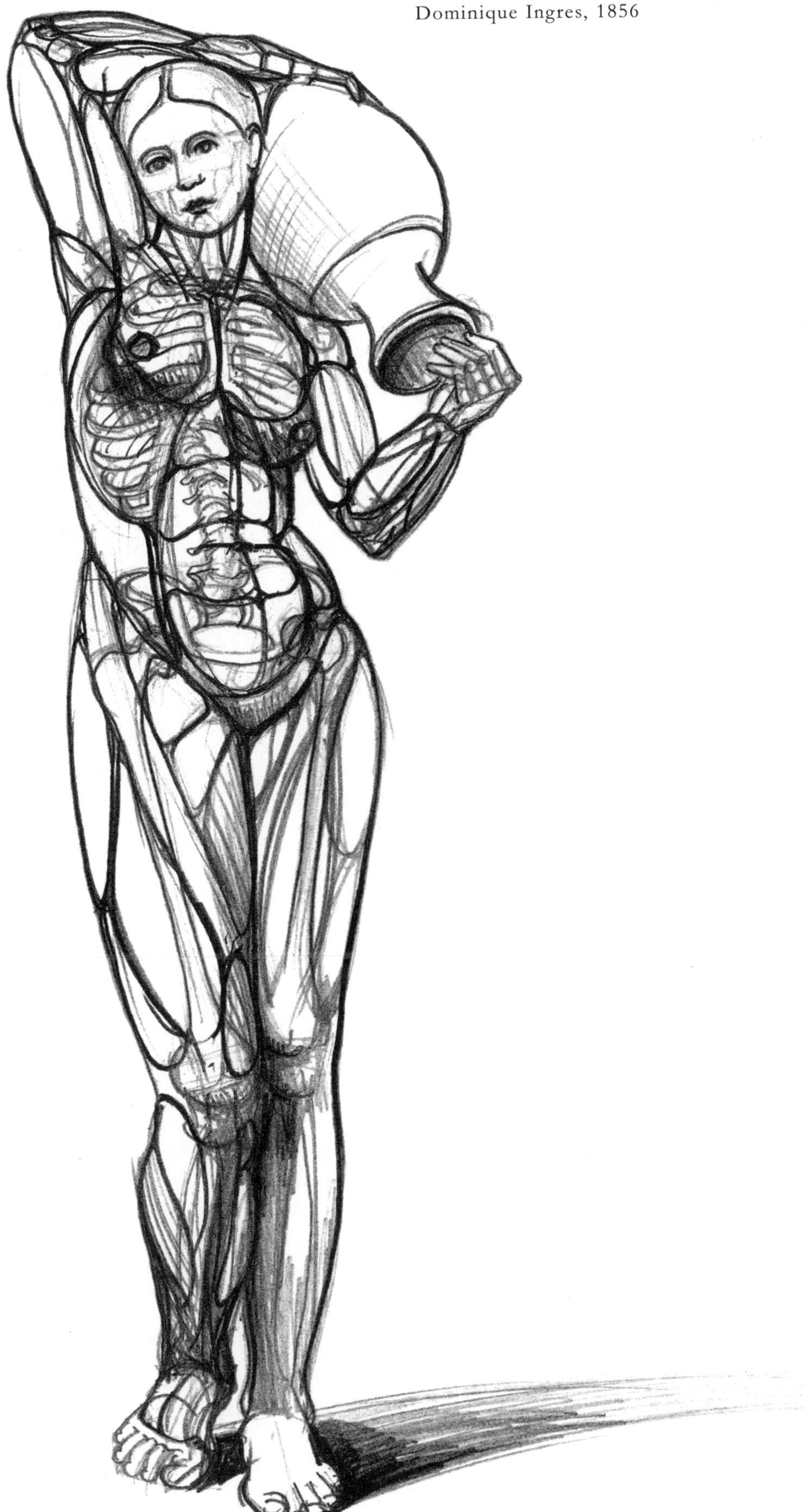

Nach »Der Raub der Proserpina« von Raffaelo Peri, vermutlich nach einer Vorlage von Vincenzo Bossi, um 1565–1570

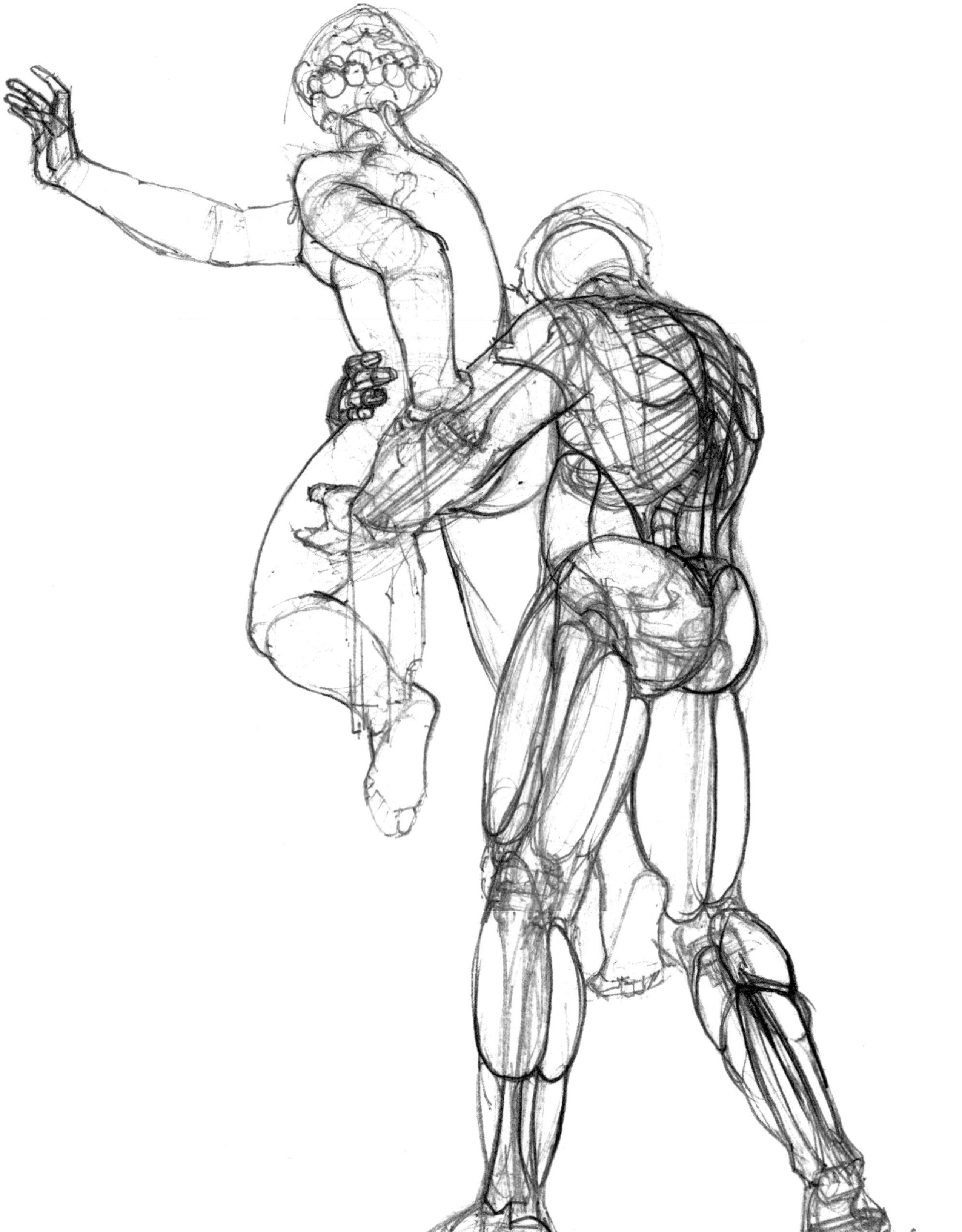

Nach »Tod des Achilles« von
Christopher Veyrier, 1683

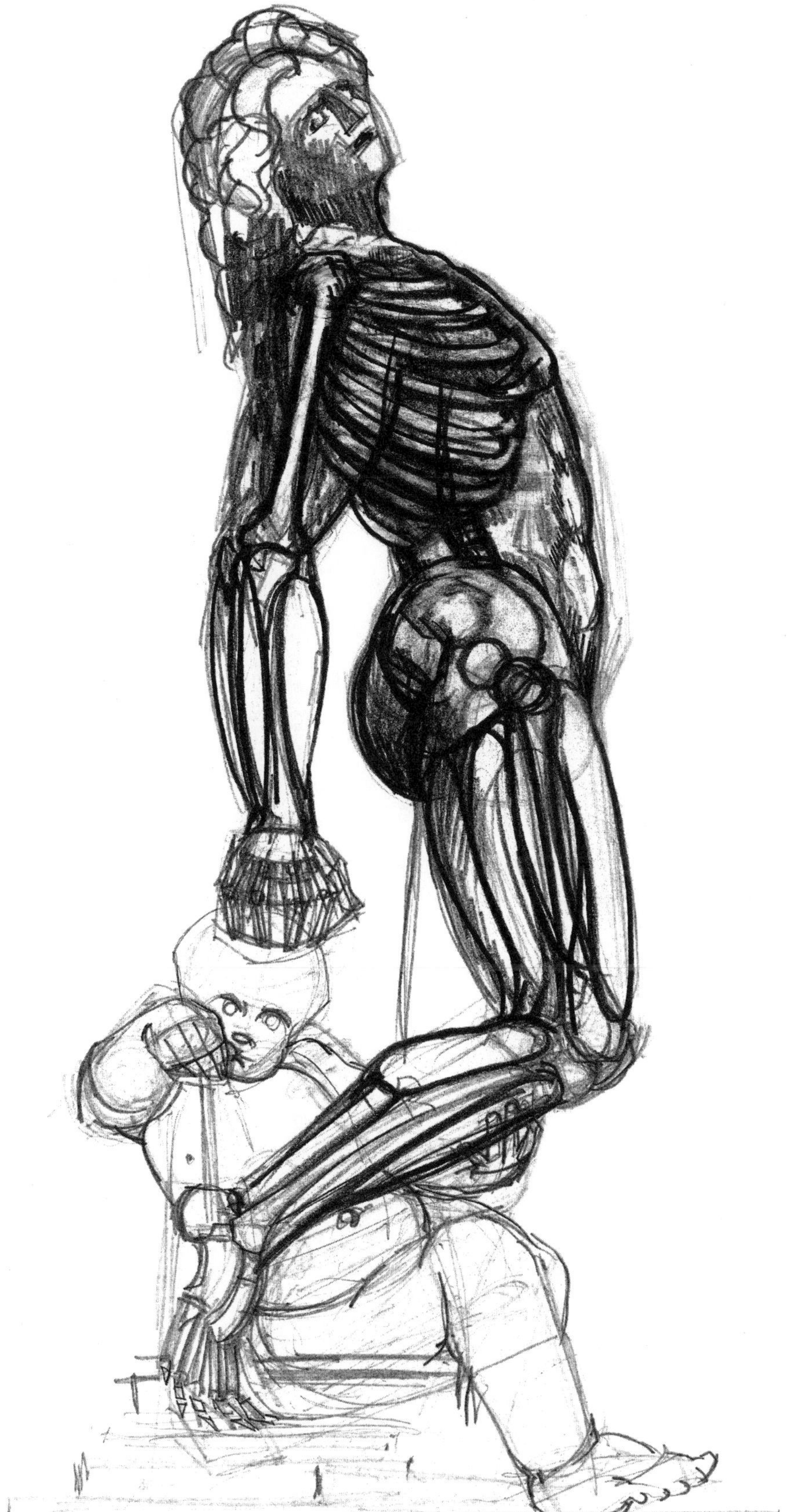

Nach »Christus am Kreuz« von David Le Marchand, um 1710–1720

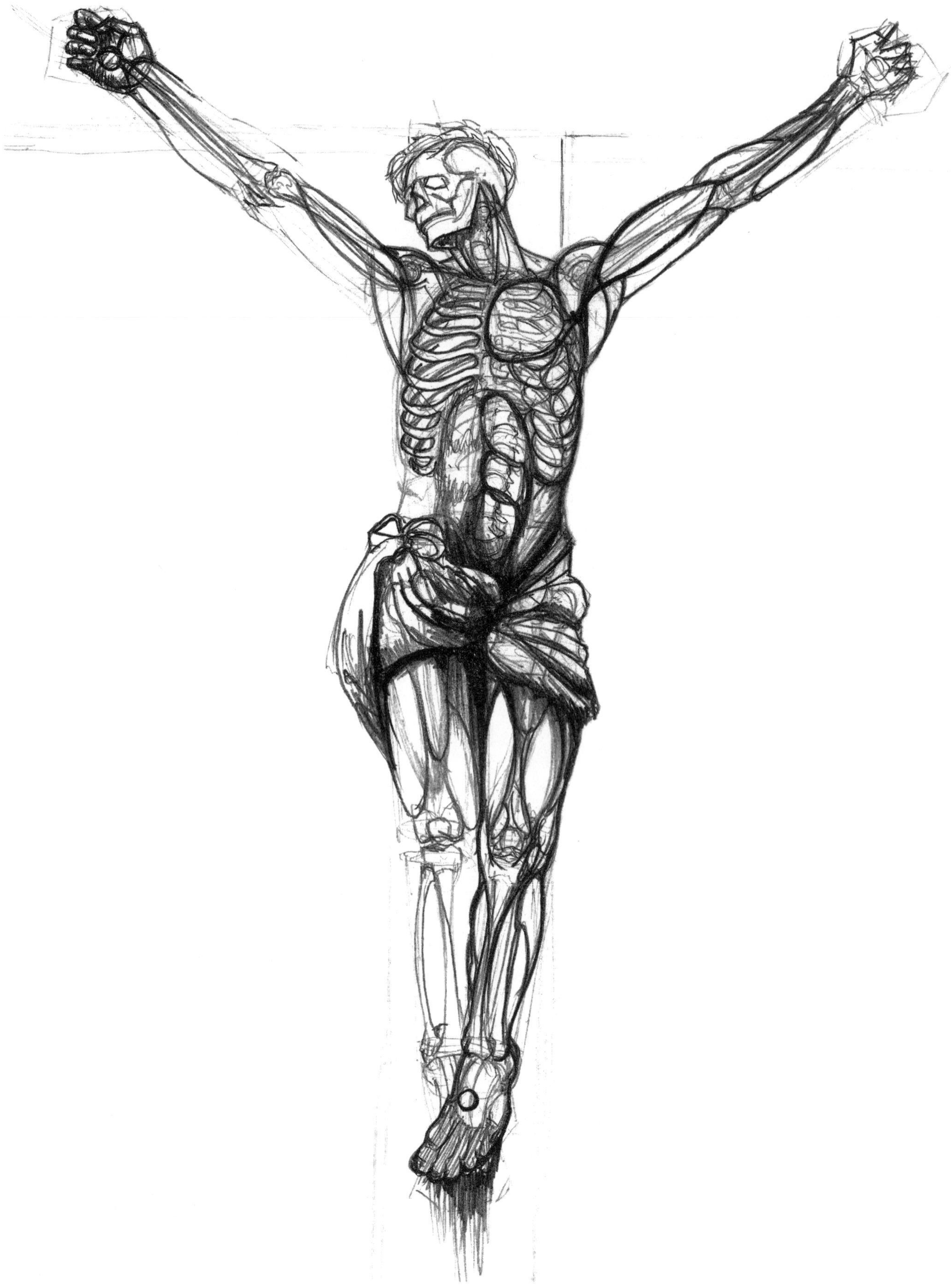

Nach »Campaspe« von Walter Pompe, 1763

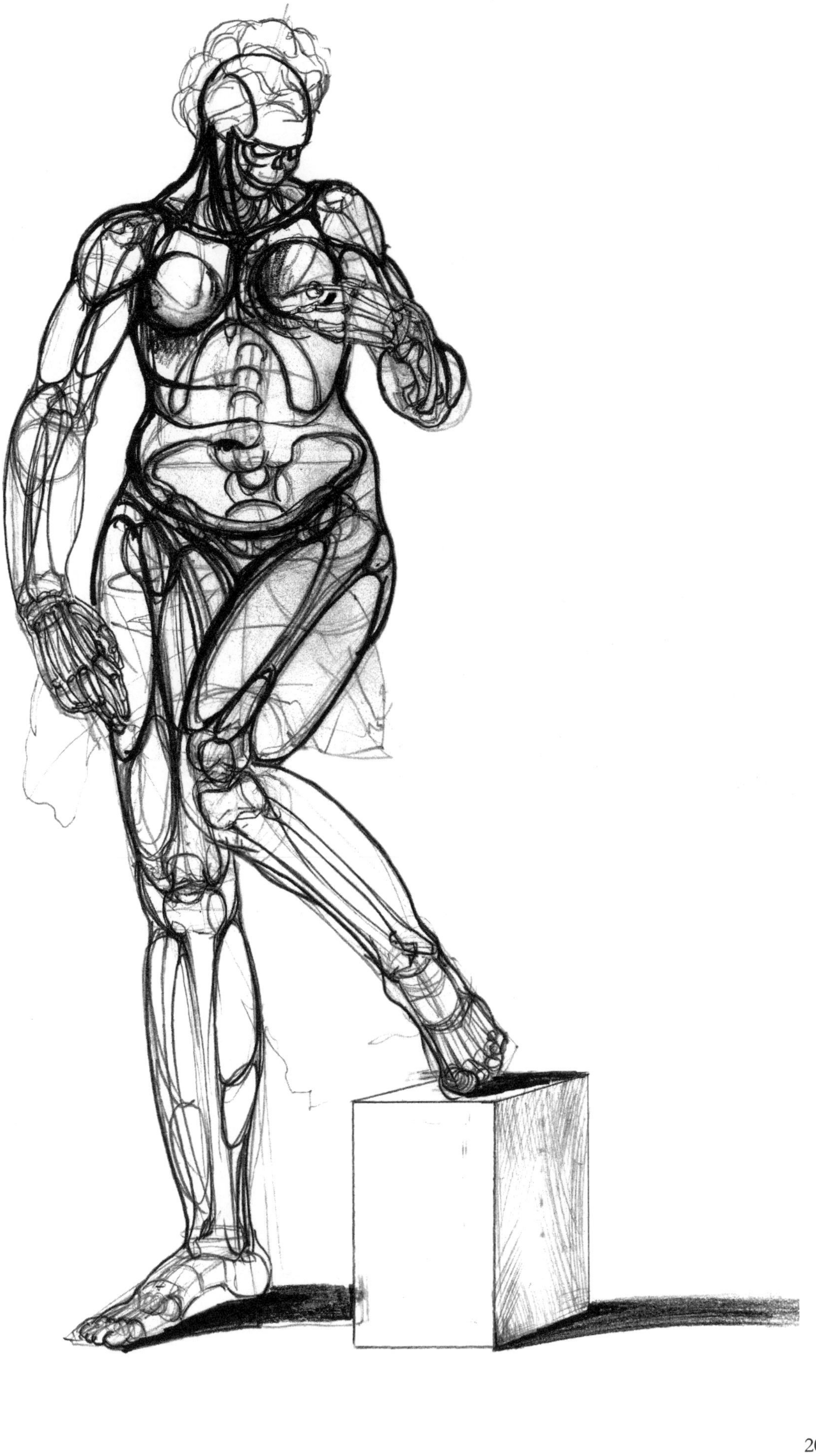

Nach »Der Kuss« von Auguste Rodin, 1886

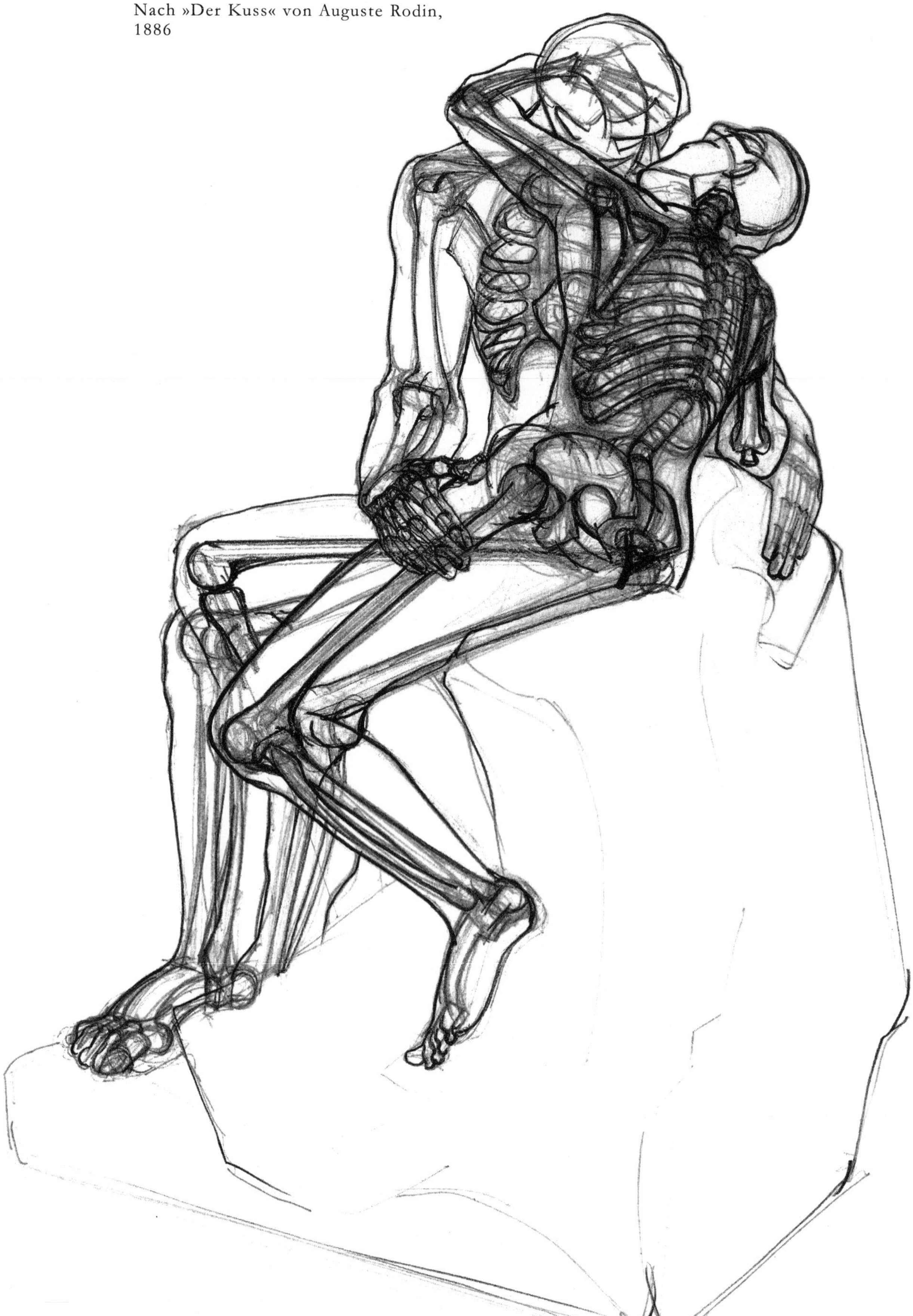